アプリでバッチリ！ポイント確認！

雲の量と天気

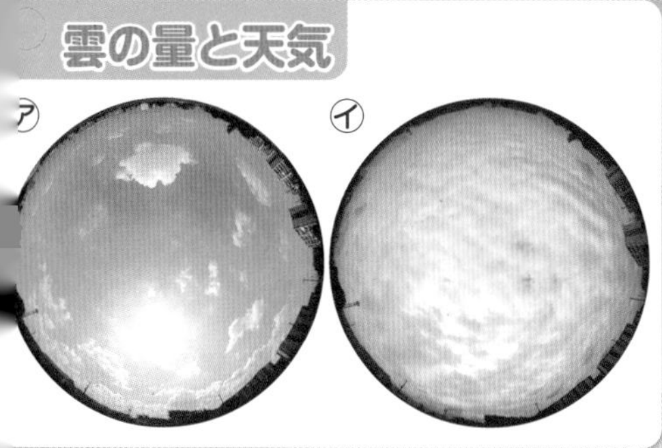

アの天気は？

イの天気は？

❶

いろいろな雲

ア・イの雲の名前は？

雨をふらせる雲はどっち？

❷

鹿児島（かごしま）

（気象庁提供）

白い部分は何？

鹿児島の天気は雨？晴れ？

❸

インゲンマメの種子

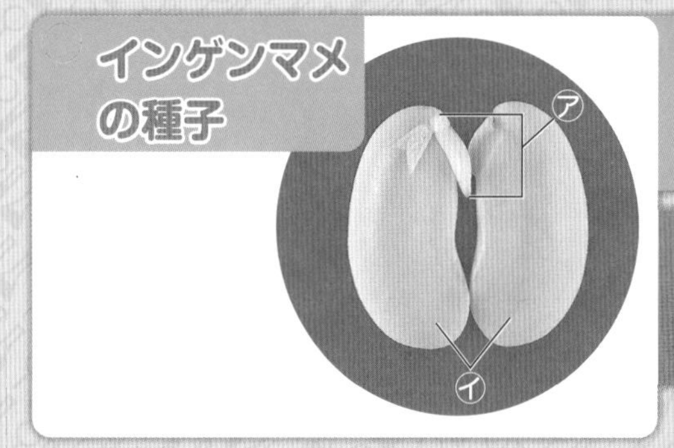

アは何になる？

イには何がある？

❹

発芽・成長と養分

液（えき）

イ発芽（はつが）して成長したインゲンマメの子葉（しよう）

アインゲンマメの種子（しゅし）

でんぷんを調べる液の名前は？

ア・イででんぷんが少ないのは？

❺

けんび鏡

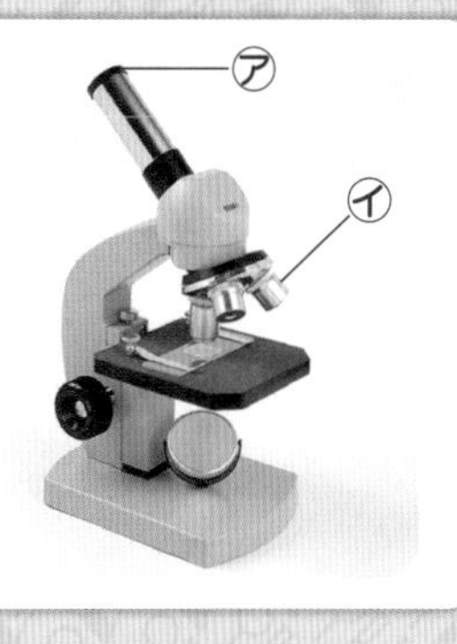

アの名前は？

イの名前は？

❻

花粉

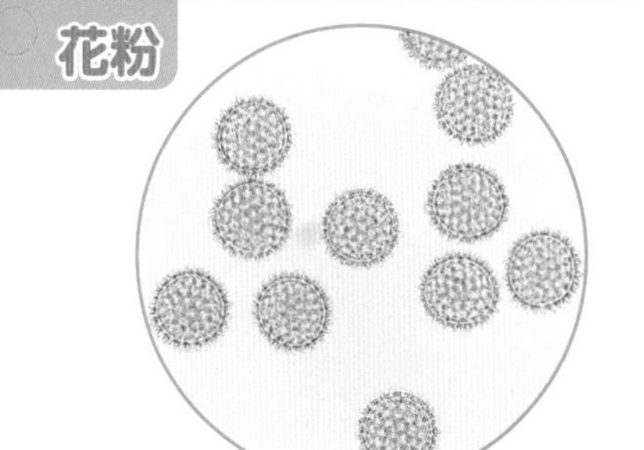

ヘチマ アサガオ どっちの花粉（かふん）？

花粉はどこでつくられる？

❼

かいぼうけんび鏡の使い方

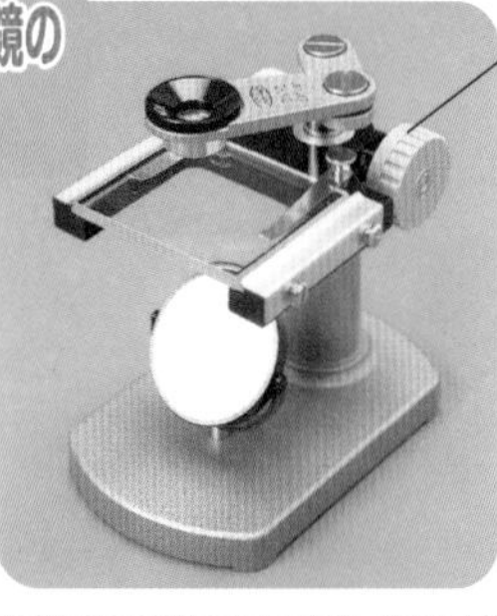

アの名前は？

かた目 両目 どっちで見る？

❽

メダカのおすとめす

めすはア・イのどっち？

ア・イのどこがちがう？

❾

子メダカのようす

ア

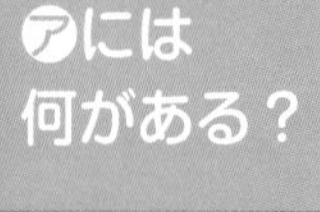

アには何がある？

たんじょうして2～3日の間えさは食べる？

❿

アプリでバッチリ！ポイント確認！

おもての QR コードからアクセスしてください。

※本サービスは無料ですが、別途各通信会社の通信料がかかります。
※お客様のネット環境および端末によりご利用できない場合がございます。
※ QR コードは㈱デンソーウェーブの登録商標です。

使い方

- 切りとり線にそって切りはなしましょう。
- 写真や図を見て、質問に答えてみましょう。
- 使い終わったら、あなにひもなどを通して、まとめておきましょう。

いろいろな雲

㋐の積乱雲ははげしい雨をふらせるよ！

- ㋐は積乱雲（かみなり雲）
- ㋑は巻雲（すじ雲）

2

雲の量と天気

㋐は晴れ　　㋑はくもり

雲の量　0～8　　雲の量　9～10

1

インゲンマメの種子

でんぷんは発芽や成長するときの養分になるんだ。

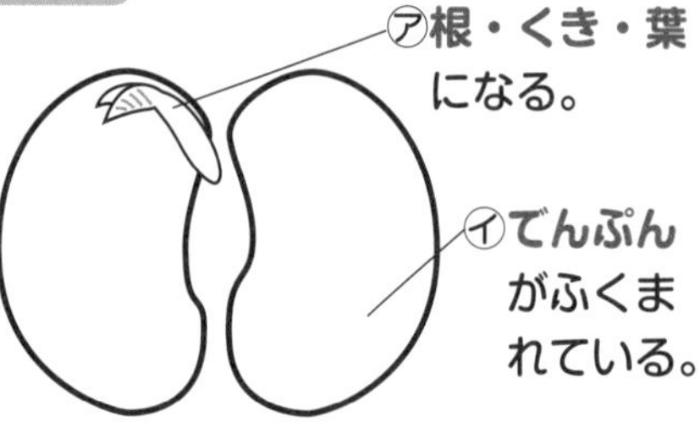

㋐根・くき・葉になる。
㋑でんぷんがふくまれている。

4

雲のようす

白い部分は雲だよ。鹿児島には雲が見られないから、天気は晴れだね。

3

けんび鏡

倍率を大きくすると大きく見えるけれど明るさは暗くなるよ。

- ㋐は接眼レンズ
- ㋑は対物レンズ

けんび鏡の倍率＝接眼レンズの倍率×対物レンズの倍率

6

発芽・成長と養分

- 液の名前はヨウ素液。
- でんぷんが少ないのは㋑。

ヨウ素液はでんぷんがあると青むらさき色になるよ。

5

かいぼうけんび鏡の使い方

- ㋐は調節ねじ。
- かた目で観察する。

見るものをステージの上に置いて観察する。

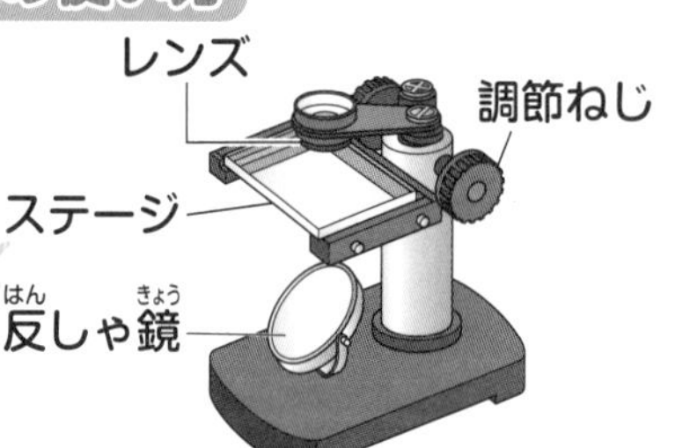

8

花粉

アサガオの花粉

- 花粉はおしべでつくられる。

めしべの先はべたべたしていて、花粉がつきやすくなっているよ。

7

子メダカのようす

たんじょうしてから２～３日はえさを食べない。

かえったばかりの子メダカは、はら(㋐)に養分の入ったふくろがある。

10

メダカのおすとめす

- ㋐がめす。
- めすのせびれには切れこみがなく、しりびれの後ろが短い。おなかがふくらんでいる。

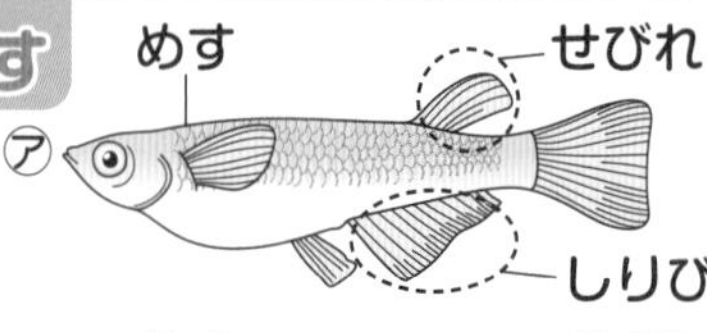

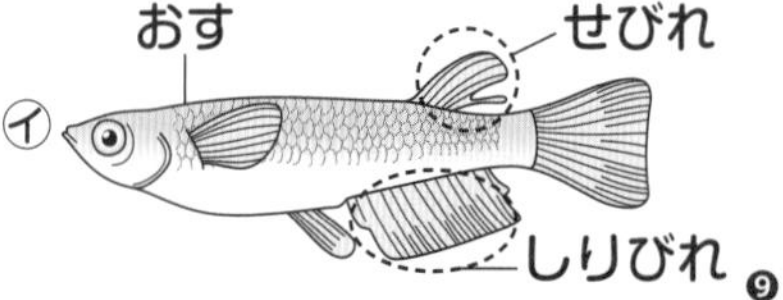

9

アサガオ

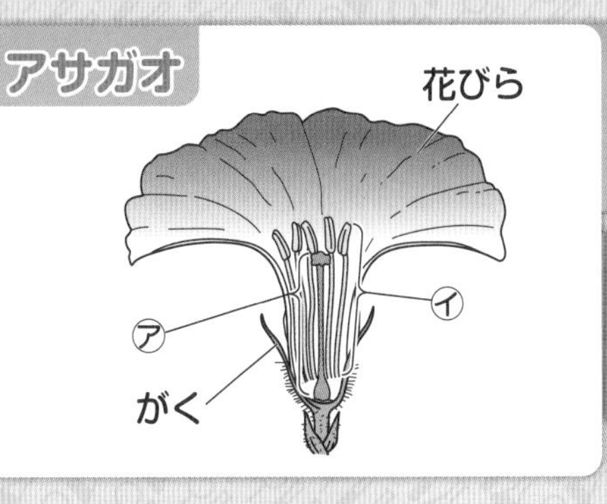

アの名前は？

イの名前は？

⑪

ヘチマ

おばなかめばなか？

アは何になる？

⑫

子宮の中のようす

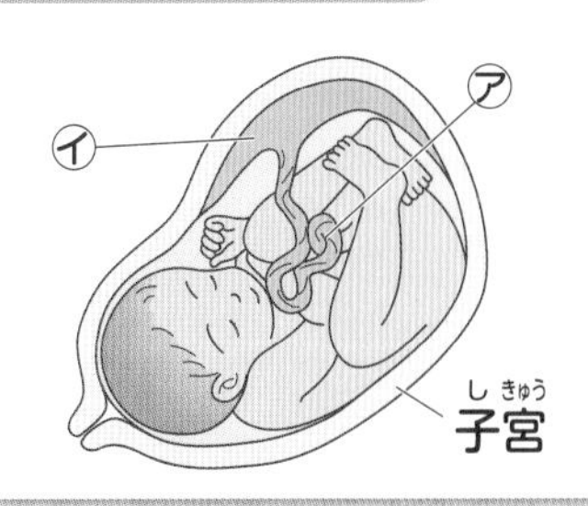

アの名前は？

イの名前は？

⑬

（気象庁提供）

アは何？

アが近づくと雨や風はどうなる？

⑭

川のようす

流れが速いのは？

石などがたい積しているのは？

⑮

山の中を流れる川

山の中での流れの速さは？

石の形、大きさは？

⑯

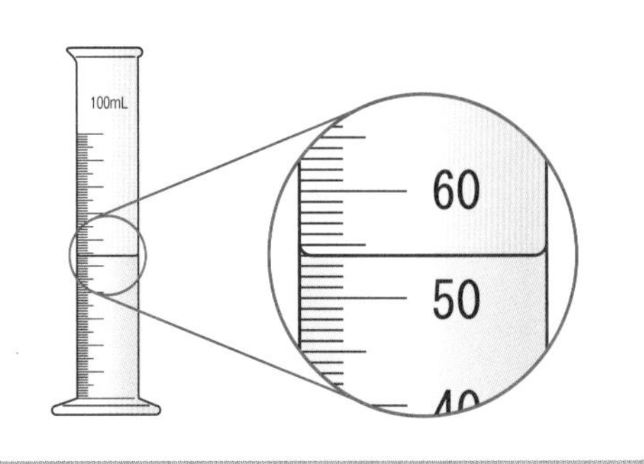

この器具の名前は？

液は何mL入っている？

⑰

ろ過

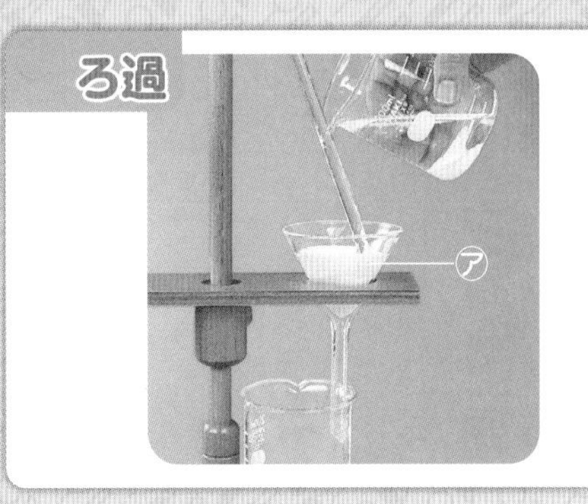

アの紙の名前は？

液はどのように注ぐ？

⑱

ふりこ

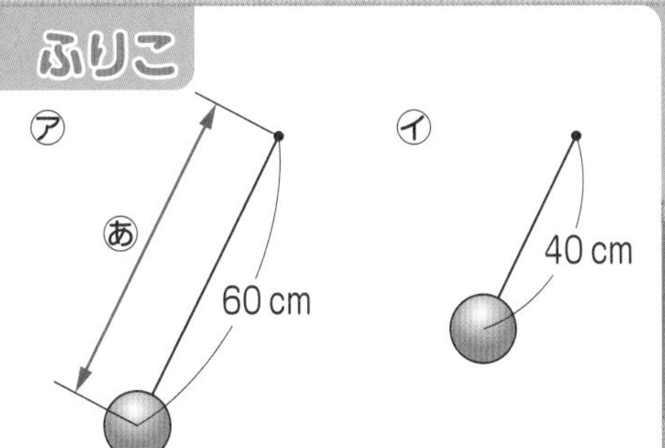

ふりこのあは何という？

ア・イで1往復する時間が短いのは？

⑲

電磁石

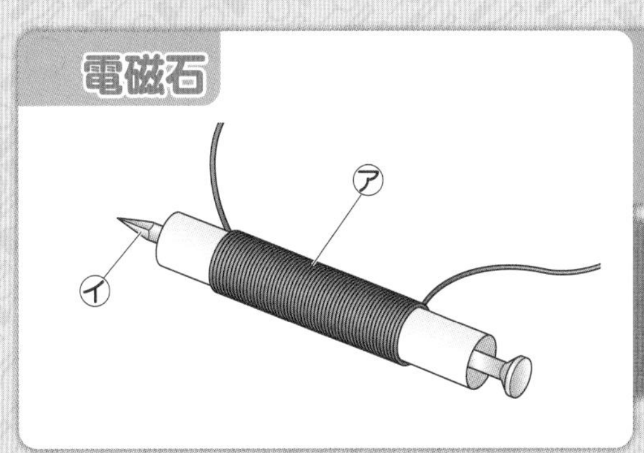

アどう線をまいたものを何という？

イ何をしんにする？

⑳

電磁石の極

電磁石の極はどうなる？

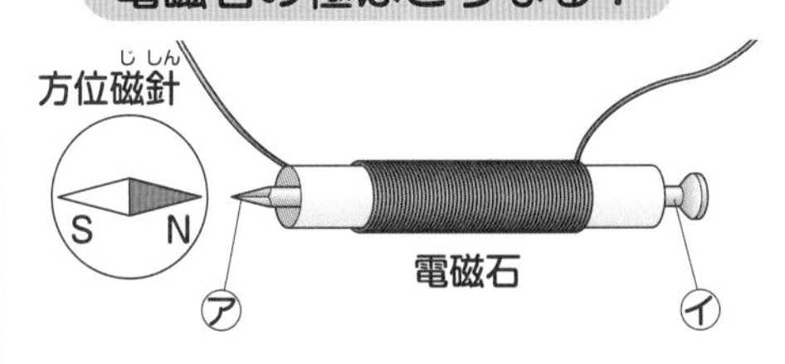

ア・イで電磁石のN極は？

電流が逆向きだとどうなる？

㉑

電磁石の強さ

電磁石を強くするには？

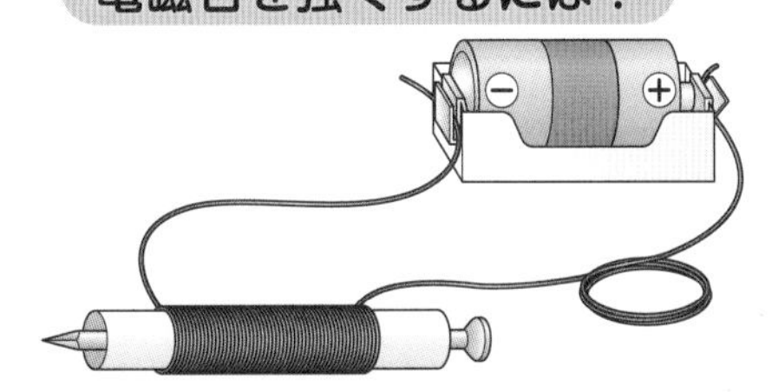

コイルのまき数はどうする？

電流の大きさはどうする？

㉒

ヘチマ

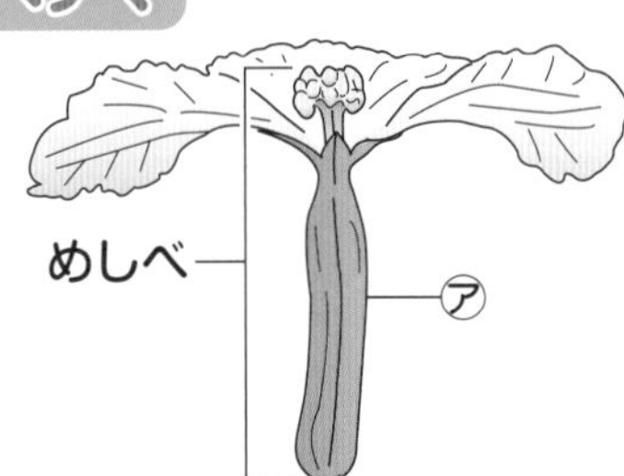

・めしべがあるのでめばな。
・めしべのもと(㋐)は受粉(じゅふん)後実になる。

⑫

アサガオ

アサガオはめしべとおしべが１つの花についているね。

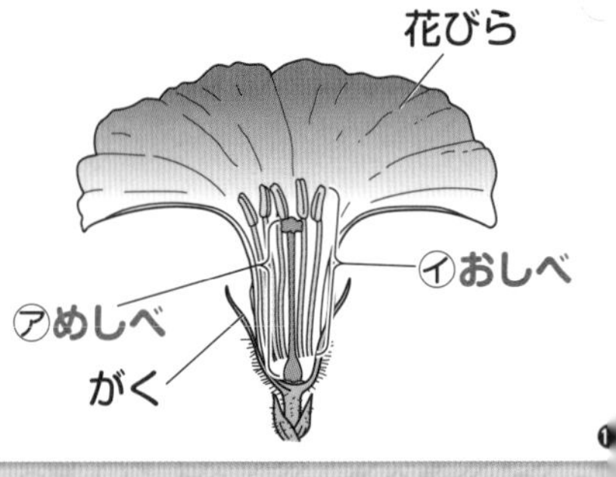

台風

・台風(たいふう)が近づくと雨や風が強くなる。

台風は南の海の上で発生するよ。

⑭

子宮の中のようす

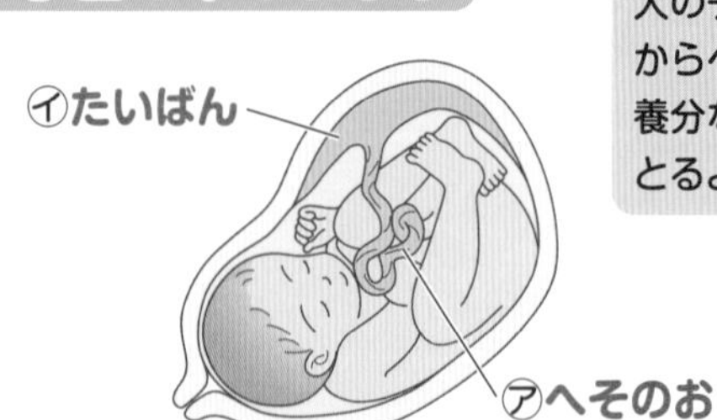

人の子どもは、たいばんからへそのおを通して、養分などを母親から受けとるよ。

⑬

山の中を流れる川

・山の中での流れは速い。 ⇔ 平地では流れはおそくなる。

・山の中の石は角ばっていて大きい。 ⇔ 海に近づくにしたがって石は丸く小さくなる。

⑯

川のようす

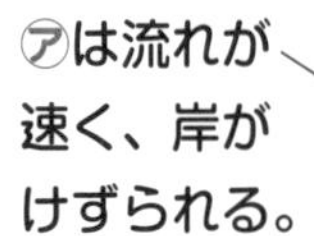

㋐は流れが速く、岸がけずられる。

㋑は流れがおそく、流された石などがたい積する。

⑮

ろ過

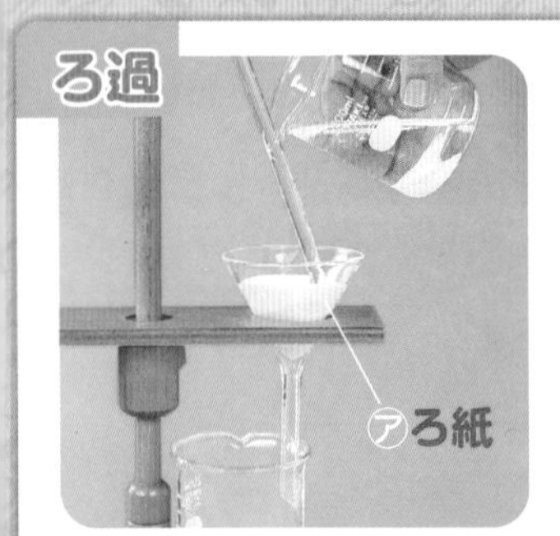

・ろ過(か)する液はガラスぼうなどに伝わらせて注ぐ。

ろうとの先はビーカーのかべにくっつくようにするよ。

⑱

メスシリンダーの使い方

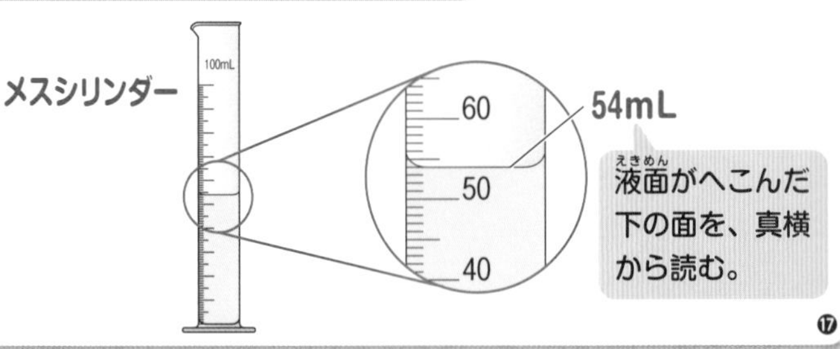

液面(えきめん)がへこんだ下の面を、真横から読む。

⑰

電磁石

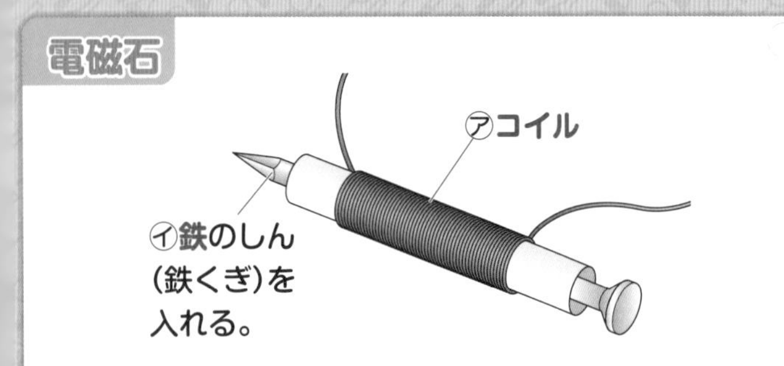

⑳

ふりこ

ふりこの長さが長いほど１往復する時間が長くなるよ！

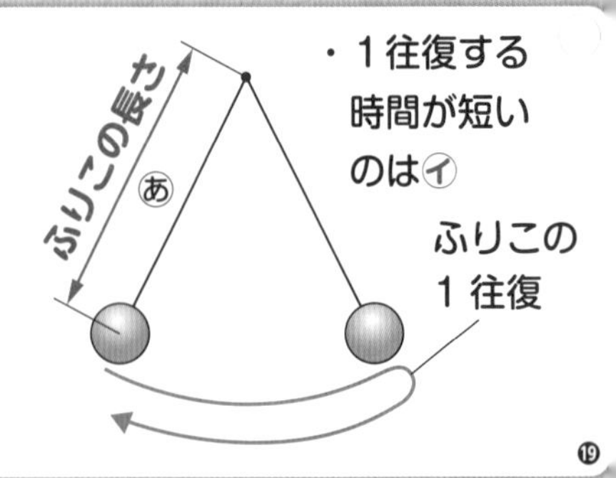

・１往復する時間が短いのは㋑

⑲

電磁石の強さ

かん電池２つを直列つなぎにすると、電流は大きくなるよ。

・電流の大きさを大きくする。

・コイルのまき数を増(ふ)やす。

㉒

電磁石の極

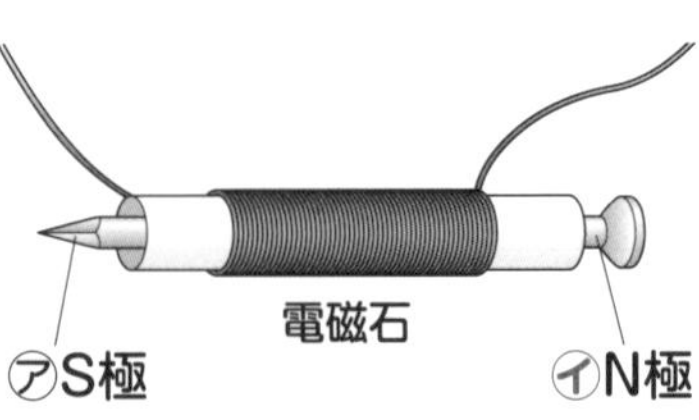

・電流の向きが逆になると、電磁石のＮ極とＳ極が反対になる。

㉑

わくわくシール

★学習が終わったら、ページの上に好きなふせんシールをはろう。
　がんばったページやあとで見直したいページなどにはってもいいよ。
★実力判定テストが終わったら、まんてんシールをはろう。

まんてんシール

ばっちり!

おめでとう!

かんぺき!

ふせんシール

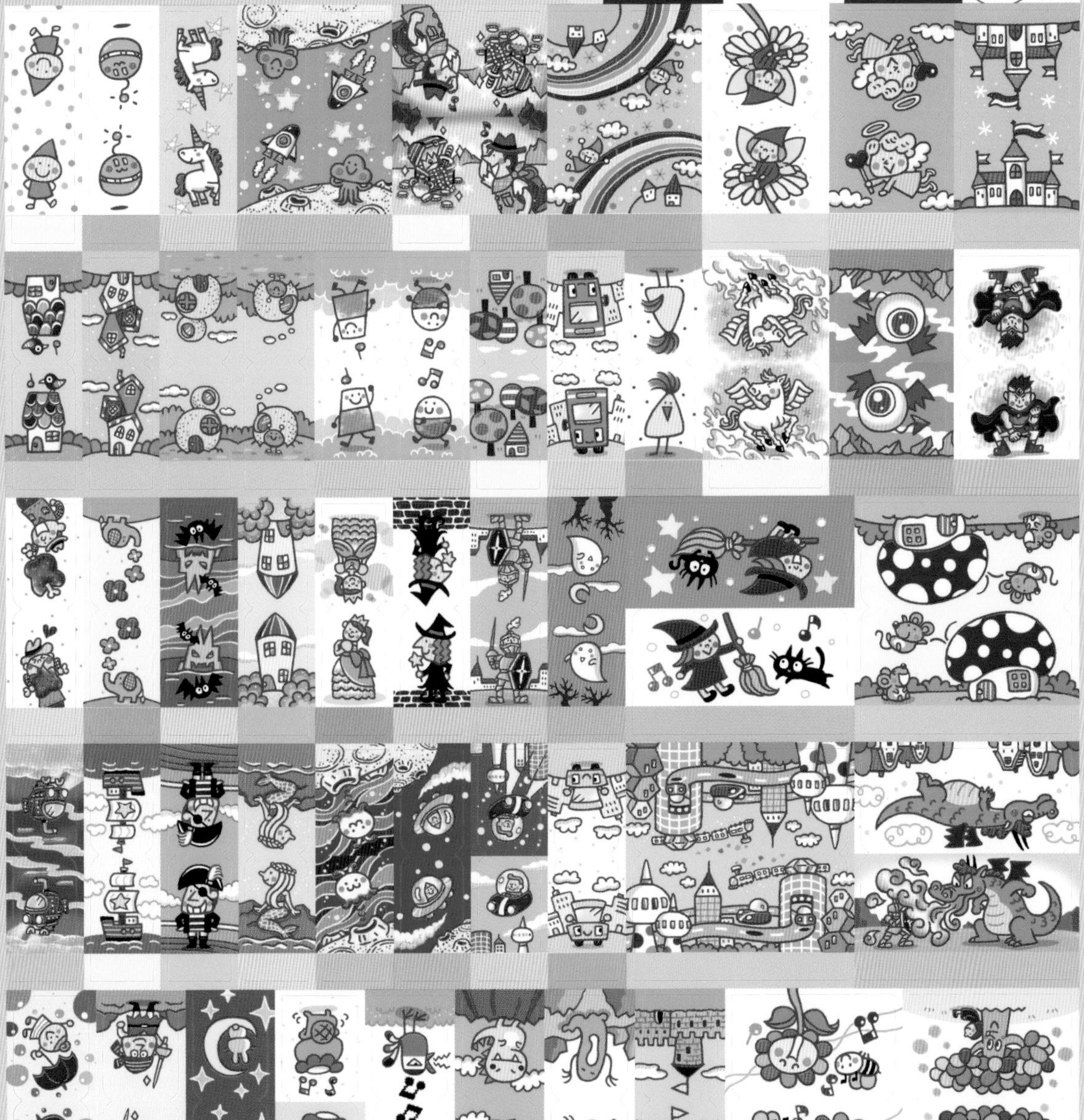

ナイス!

ミス注意!!

復習しよう

解き直し

ほっと一休み

おしい!

天才!!

しらべよう

われながらあっぱれ

ニガテ要注意!!

いろい

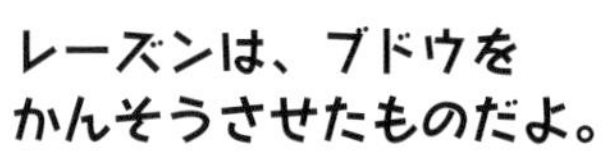

レーズンは、ブドウを
かんそうさせたものだよ。

ブドウ

種子

たねなしブドウは、
薬を使って
種子(しゅし)ができない
ようにしているんだ。

ミカンのなかまは、
かんきつ類とよばれる。

ミカン

愛媛(えひめ)県の「県の花」に選ばれているよ。

種子

リンゴ

青森県の「県の花」に
選ばれているよ。

実にふくろをかけて育てると、
色がきれいになるよ。

ふくろをかけないで育てると、
日光が当たってあまくなるんだ。

名前が「サン」で始まるリンゴは、
ふくろをかけないで育てた
ものだよ。

ここは、花(か)たく(花(か)しょう)というよ。

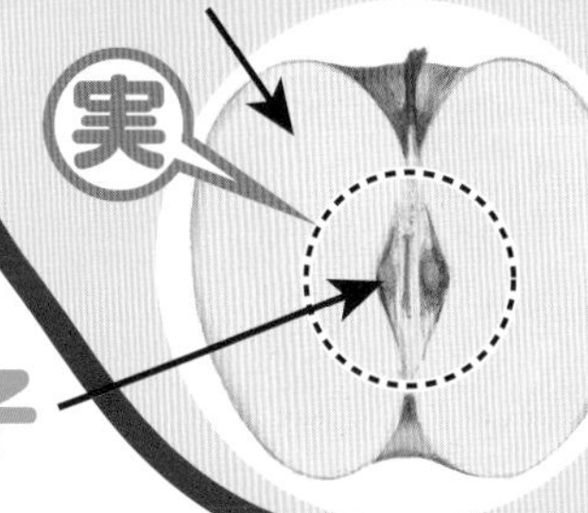

リンゴのしんの部分が
実なんだよ。

ろな花と実②

ダイズ
もやし、豆腐（とうふ）、豆乳（とうにゅう）、
おから、しょうゆ、みそ、
きなこ、納豆（なっとう）、大豆油（だいず）・・・
ダイズはいろいろな形で
食べられているね。
花
実
種子
エダマメは
じゅくす前の種子だよ。
「トマトは
くだもの？野菜？」
ということが、昔、外国で
さいばんになったんだって。
実
ゴマ
ゴマの種子から
とった油がごま油
だよ。
花
実
種子
種子の部分を
食べるんだ。

わくわくポスター 理科 5年

いろい

カボチャ

しゅうかくして数か月後が食べごろなんだって。

カボチャはヘチマのなかまだよ。おばなとめばながあるんだ。

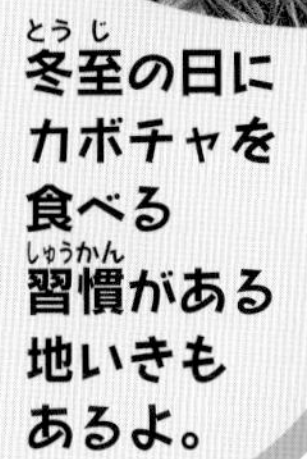

冬至(とうじ)の日にカボチャを食べる習慣(しゅうかん)がある地いきもあるよ。

種子

トマト

種子

トマトはナス
実は、ジャガ
同じなかまな

ピーマン

種子

ピーマンはトウガラシの1種なんだ。形が似(に)ているでしょ？

じゅくすと黄色や赤色などになるよ。パプリカとよばれる品種もあるよ。

教科書ワーク理科5年折込(裏)

ろな花と実①

教科書ワーク

イチゴ
実は、「野菜」に
分類されるよ。
花
実
これは
実じゃないから、
中に種子は
ないよ。
花たく(花しょう)と
いうんだ。
種子のように見える
ツブツブの1つ1つが
イチゴの実なんだ。
秋
実
ンシュウミカンは
子ができにくい
種なんだ。
バナナ
花
これは花じゃないよ。
花をつつんでいるんだ。
実
じゅくすと
黄色くなるよ。
もともとバナナには
種子があったんだ。
野生のバナナには
種子が見られるよ。
種子のなごり

大日本図書版 理科5年

動画 コードを読みとって、下の番号の動画を見てみよう。

●写真提供：アーテファクトリー、アフロ、気象庁、ウェザーマップ、PIXTA
●動画提供：アフロ

勉強した日　月　日

1　雲のようすと天気の変化

基本のワーク

学習の目標
雲のようすと天気の変化について、観察を通して理解しよう。

教科書 4～9ページ　答え 1ページ

図を見て、あとの問いに答えましょう。

1 雲の量と天気

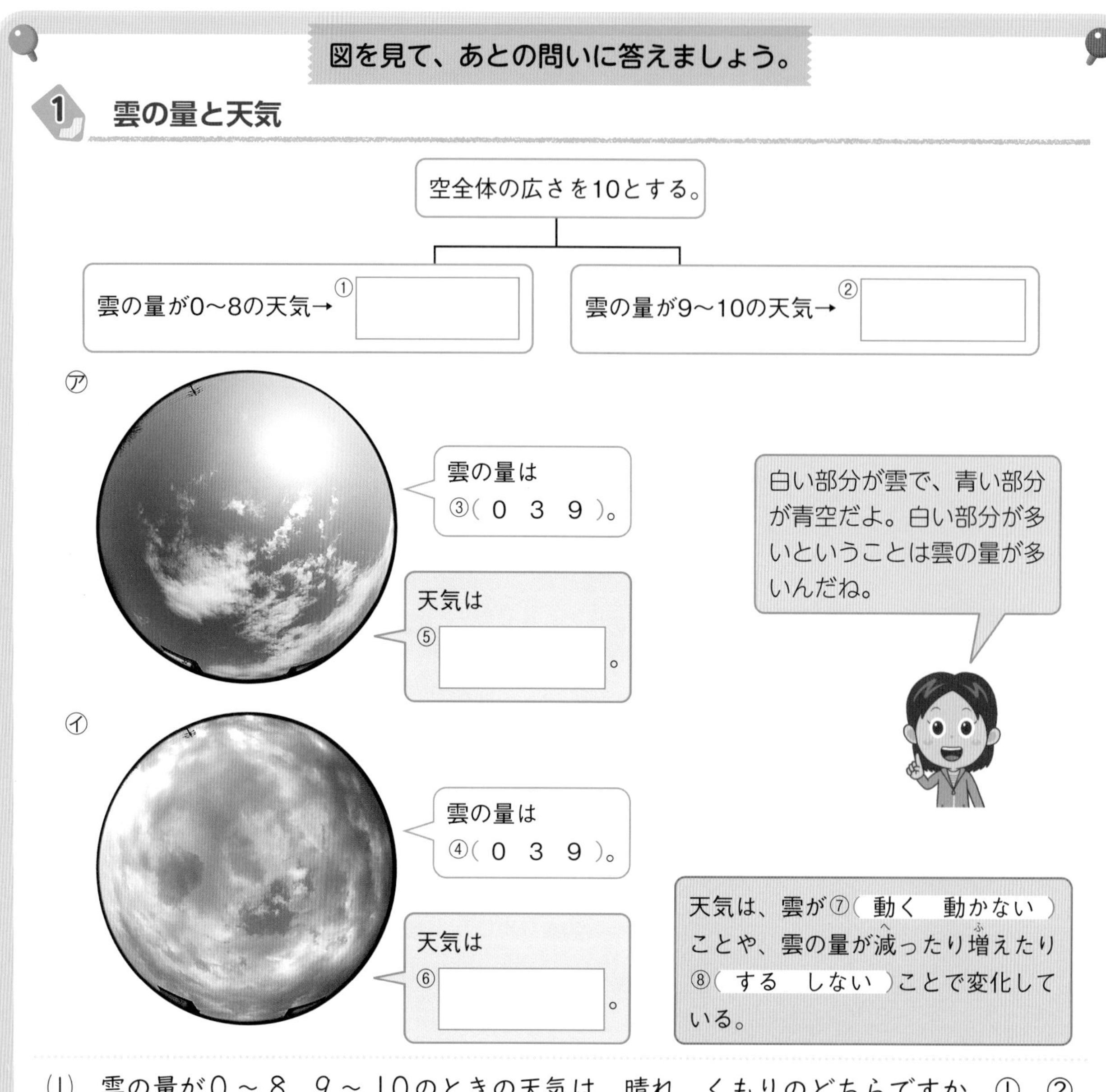

空全体の広さを10とする。
雲の量が0～8の天気→①
雲の量が9～10の天気→②
㋐
雲の量は ③(0 3 9)。
天気は ⑤　。
㋑
雲の量は ④(0 3 9)。
天気は ⑥　。
白い部分が雲で、青い部分が青空だよ。白い部分が多いということは雲の量が多いんだね。
天気は、雲が⑦(動く 動かない)ことや、雲の量が減ったり増えたり⑧(する しない)ことで変化している。

(1) 雲の量が0～8、9～10のときの天気は、晴れ、くもりのどちらですか。①、②の□に書きましょう。

(2) ㋐、㋑の空で、雲の量はそれぞれいくつですか。③、④の(　)のうち、正しいものを⬭で囲みましょう。

(3) ㋐、㋑のときの天気は、晴れ、くもりのどちらですか。⑤、⑥の□に書きましょう。

(4) ⑦、⑧の(　)のうち、正しいほうを⬭で囲みましょう。

まとめ　〔 量　くもり　晴れ 〕から選んで(　)に書きましょう。

●雲の量が0～8のときを①(　　　　)、9～10のときを②(　　　　)とする。

●天気は、雲が動いたり、雲の③(　　　　)が減ったり増えたりして変化する。

雲は、高さと形によって分けられ、巻雲(すじ雲)、巻積雲(うろこ雲・いわし雲)、層積雲(うね雲)、乱層雲(雨雲)、積乱雲(入道雲・かみなり雲)などがあります。

練習のワーク

教科書　4～9ページ　答え　1ページ

できた数　／6問中

1　右の写真は、ある日の午前10時と午後２時に空全体のようすを写したものです。次の問いに答えましょう。

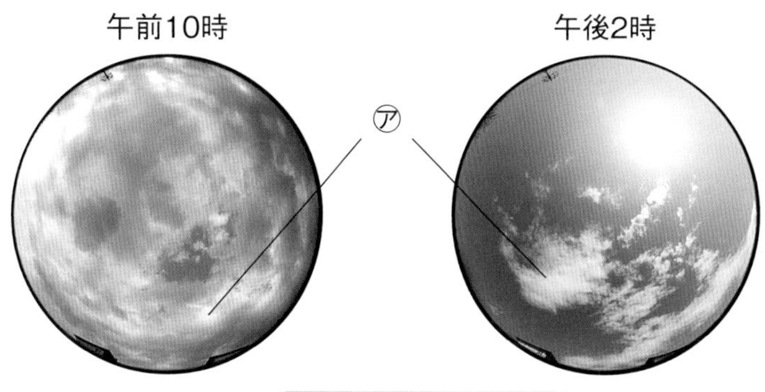

(1)　㋐は、白い色をしていて、この量によって、晴れかくもりかを決めます。㋐は何ですか。

(　　　　　　)

(2)　この日の午前10時から午後２時にかけて天気はどのように変化しましたか。次のア～エから選びましょう。(　　　)

ア　ずっと晴れていた。

イ　ずっとくもりだった。

ウ　晴れていたが、やがてくもりになった。

エ　くもりだったが、やがて晴れた。

上の写真から、午前10時と午後２時の天気がわかるね。

2　右の図は、４月19日の午前10時と午後２時に天気と雲のようすを観察したときの記録カードです。次の問いに答えましょう。

天気と雲のようす　4月19日

	午前10時	午後2時
天　気	くもり	晴れ
雲の量	空全体にあった。	少なかった。
雲の形	そうのように広がった雲。	わたのような形の雲。
雲の動き	雲はゆっくりと動いていた。	雲はとてもゆっくりと動いていた。

天気の変わり方
雲はゆっくりと東のほうへ動いていて、やがて雲の種類が変わった。空全体をしめる雲の量は少なくなり、晴れていった。

(1)　午前10時には、学校の校庭で天気と雲のようすを観察しました。午後２時にはどこで観察しましたか。ア、イから選びましょう。

(　　　)

ア　午前10時に観察したときと同じ校庭の場所。

イ　学校の校舎（こうしゃ）の屋上。

(2)　この日の午前10時、午後２時に、空全体の広さを10としたとき、雲のしめる量は、どのはん囲（い）にありましたか。ア、イからそれぞれ選びましょう。

午前10時(　　　)　午後２時(　　　)

ア　0～8

イ　9～10

(3)　この観察の結果から、天気と雲のようすについてどのようなことがわかりますか。ア～ウから選びましょう。(　　　)

ア　雲の形は変わるが雲の量は変わらないので、１日のうちで天気は変わらない。

イ　午前中に空全体が雲でおおわれている日は、１日中くもりである。

ウ　雲のようすが時（じ）こくによって変わり、１日のうちで天気が変わることがある。

勉強した日　月　日

2 天気の変化のしかた

基本のワーク

学習の目標
雲の動きと天気の変化の関係について理解しよう。

教科書 10〜19ページ　答え 1ページ

図を見て、あとの問いに答えましょう。

1 気象情報

気象衛星の雲画像

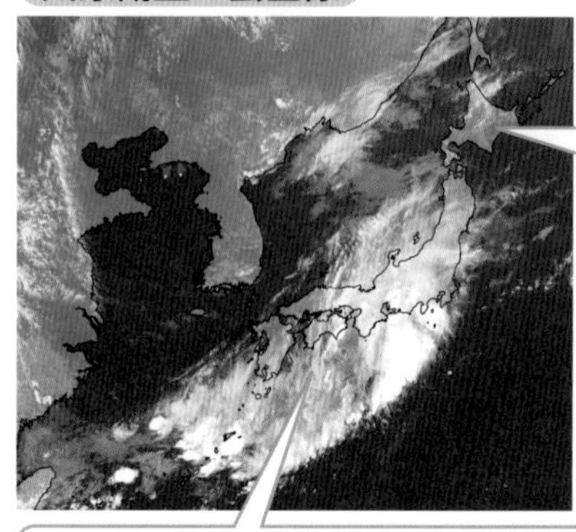

①のないところの天気は②□である。

白いところは①□を表している。

アメダスの雨量情報

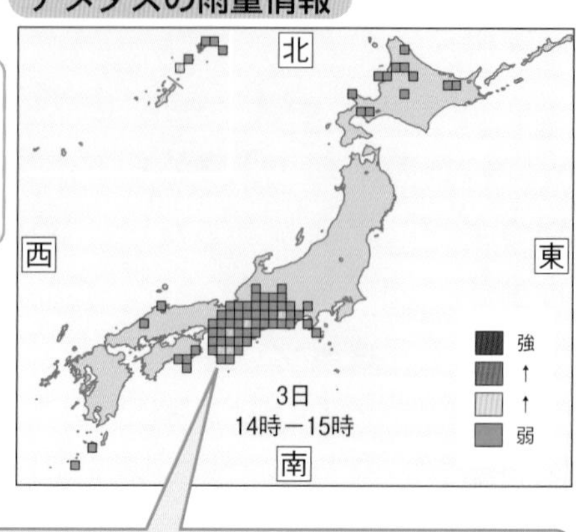

色の□印は、③（ 雨の強さ　風の強さ ）を表す。

(1) 気象衛星の雲画像について、①、②の□にあてはまる言葉を書きましょう。
(2) アメダスの雨量情報について、③の（　）のうち、正しいほうを◯で囲みましょう。

2 連続した2日間の気象衛星の雲画像

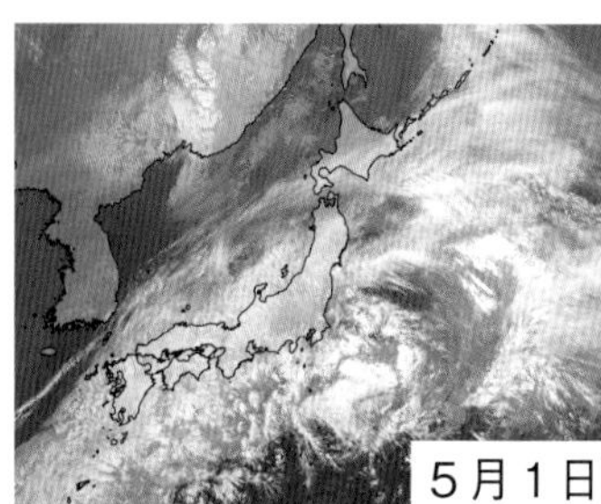
5月1日

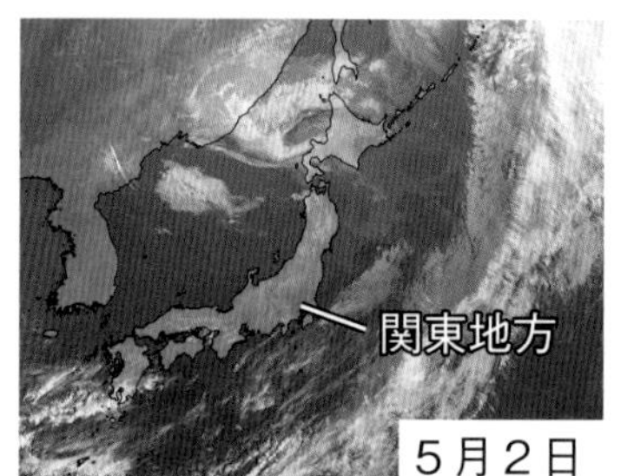

5月2日

雲画像から、5月3日の関東地方の天気は③□であると予想できる。

日本付近の雲は①（ 東から西　西から東 ）へ動いていくので、天気も②（ 東から西　西から東 ）へと変化していく。

(1) ①、②の（　）のうち、正しいほうを◯で囲みましょう。
(2) 5月3日の関東地方の天気は何になると予想されますか。③の□に書きましょう。

まとめ　〔 東　西 〕から選んで（　）に書きましょう。

●日本付近では、雲は①（　　　）から東に動いていく。それとともに、天気もおよそ西から②（　　　）へ変わっていく。

わくわくたんてい団
「夕焼けのときは、明日、晴れ」という天気のいい習わしがあります。これは、雲は西から東へ動くので、西側に雲がない夕焼けが見られる日の次の日は晴れるというわけです。

練習のワーク

教科書 10～19ページ　答え 1ページ

できた数　／8問中

1 次の図は、ある年の4月20日、21日、22日の午後3時の気象衛星の雲画像と、それぞれの日の午後2時から午後3時までのアメダスの雨量情報です。あとの問いに答えましょう。

4月20日　午後3時

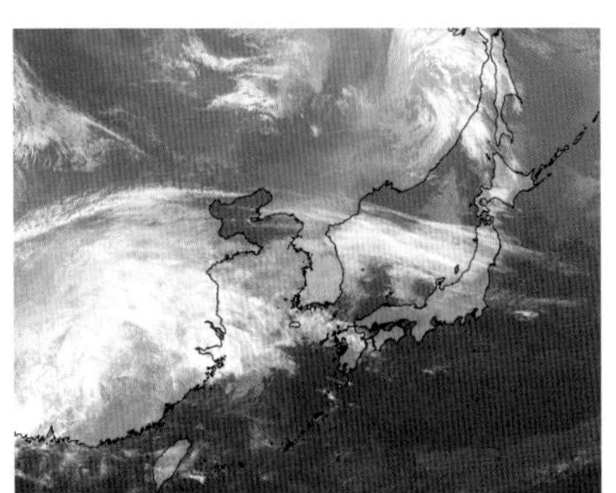

4月21日　午後3時

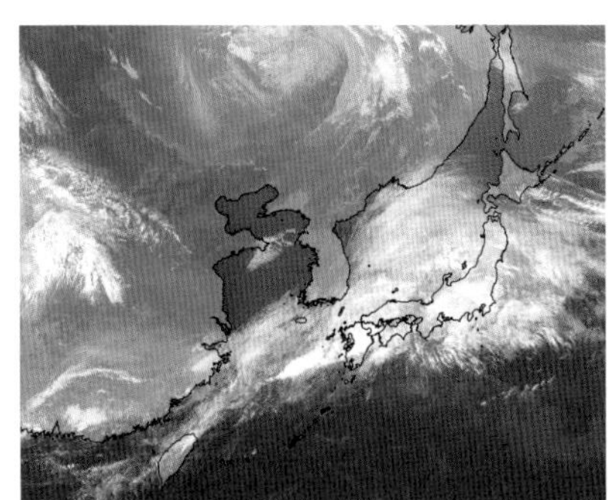

4月22日　午後3時

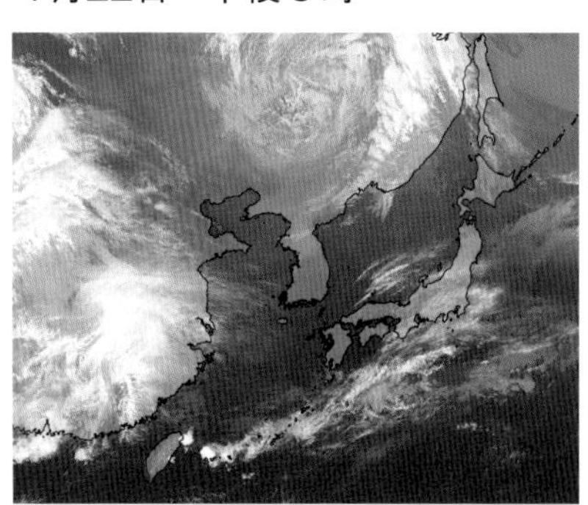

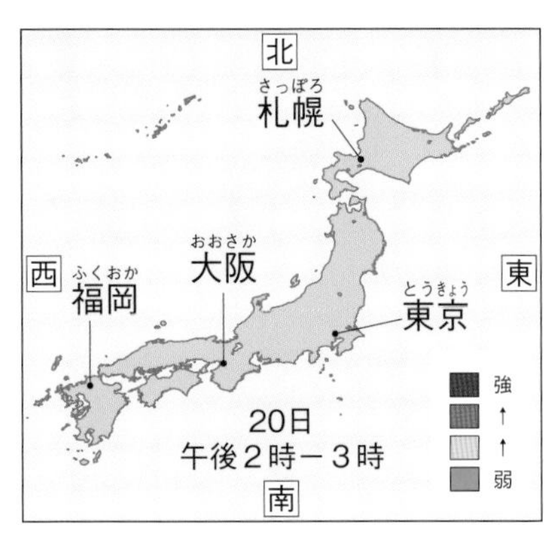

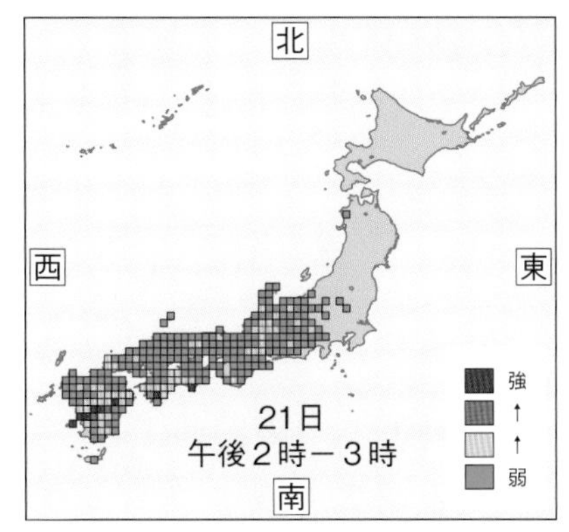

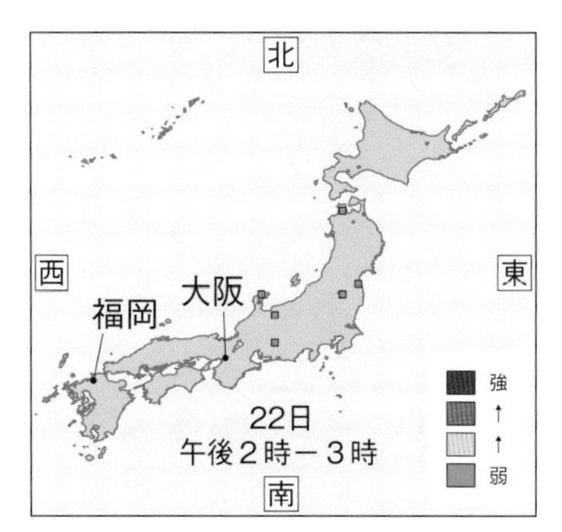

(1) この3日間、日本付近の雲はおよそどのように動いていき、天気はどのように変化していきましたか。次の(　)にあてはまる方位を東、西、南、北から選んで書きましょう。

雲は①(　　　)から②(　　　)へ動いていき、天気も③(　　　)から④(　　　)へ変化していった。

(2) 空をおおう雲が多くなると、その地いきの天気はどのようになりますか。ア、イから選びましょう。(　　　)

ア 晴れる。

イ くもりや雨になる。

雲画像と雨量情報の両方を見ると、その地いきの天気がわかるよ。

(3) 4月21日の午後3時に雨がふっていないのはどこですか。ア～ウから選びましょう。(　　　)

ア 札幌　イ 大阪　ウ 福岡

(4) 4月20日から22日までの間、大阪の天気はどのように変化したと考えられますか。ア～エから選びましょう。(　　　)

ア くもり → 晴れ → 雨　イ 雨 → 晴れ → くもり

ウ 晴れ → 晴れ → 雨　エ 晴れ → 雨 → 晴れ

(5) 4月21日の夜は、東京の天気は晴れと雨のどちらであったと考えられますか。(　　　)

まとめのテスト

1　天気の変化

勉強した日　　月　　日

時間20分

得点　　/100点

教科書　4〜19ページ　答え　2ページ

1 晴れとくもりの決め方　**右の写真は、ある日の午前10時と午後2時の空のようすです。次の問いに答えましょう。**

1つ6〔24点〕

午前10時

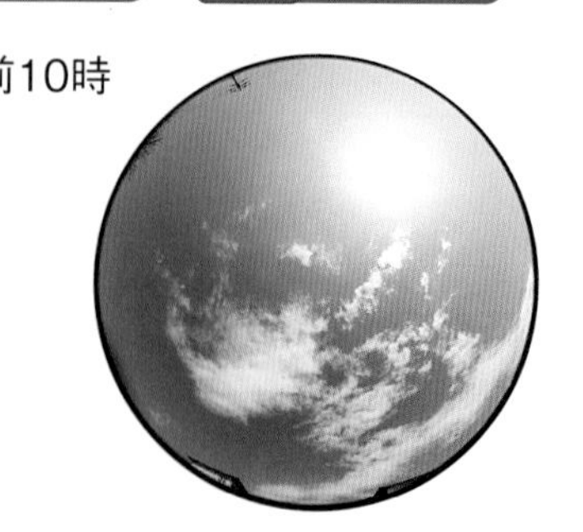

午後2時

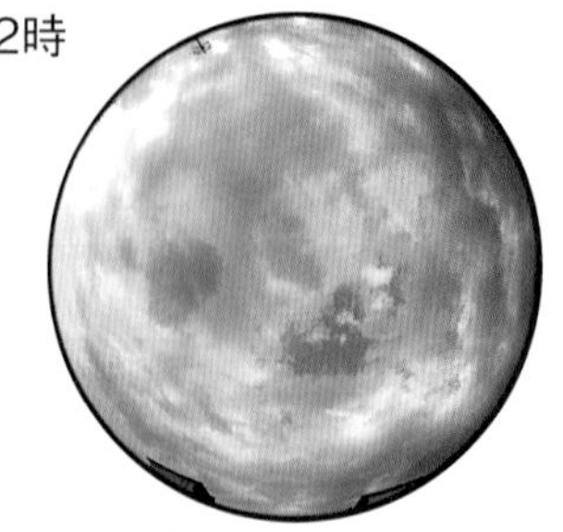

(1)　天気の晴れとくもりは、空全体の広さを10としたときの何によって決めますか。（　　　　）

(2)　午前10時、午後2時の天気は、それぞれ晴れとくもりのどちらですか。

午前10時（　　　　）

午後2時（　　　　）

(3)　雲の量は、午前10時から午後2時にかけてどのように変化しましたか。ア〜ウから選びましょう。

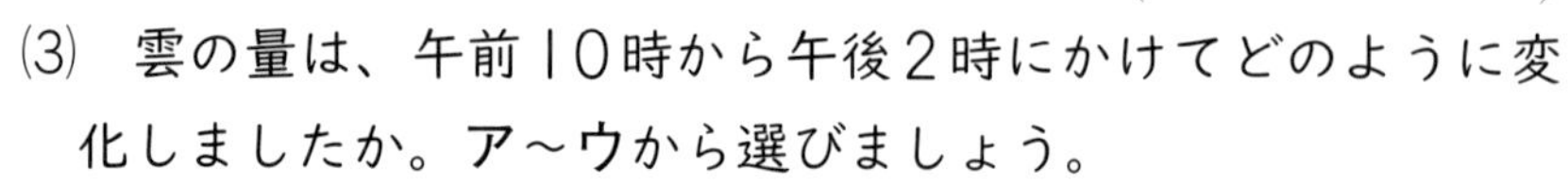

（　　　）

ア　多くなった。

イ　少なくなった。

ウ　変わらなかった。

2 天気と雲のようすの観察　**右の図は、4月20日の午前10時と午後2時に天気と雲のようすを観察したときの記録カードです。次の問いに答えましょう。**

1つ7〔28点〕

天気と雲のようす　　4月20日

	午前10時	午後2時
天　気	くもり	雨
雲の量	空全体にあった。	空全体にあった。
雲の形	そうのように広がった雲。	暗くて形のはっきりしない雲。
雲の動き	雲はゆっくり動いていた。	下のほうの雲が速く動いていた。

天気の変わり方

雲がしだいに厚(あつ)くなったようで、だんだん暗くなって、やがて雨になった。

(1)　1日のうちに天気と雲のようすを何度か観察して変化を調べる場合、どのような場所で観察しますか。ア、イから選びましょう。（　　　）

ア　毎回同じ場所で観察する。

イ　観察のたびに雲が見やすい場所に移動(いどう)する。

(2)　この日の午前10時、空全体の広さを10としたとき、雲のしめる量はどのはん囲にありましたか。ア〜ウから選びましょう。（　　　）

ア　0〜4　　イ　4〜8　　ウ　9〜10

(3)　この観察の結果から、天気と雲のようすについてどのようなことがわかりますか。ア〜エから2つ選びましょう。（　　　）（　　　）

ア　天気は、1日のうちで変わることがある。

イ　雲にはいろいろな種類があるが、どの雲も雨をふらせる。

ウ　午前中に空全体が雲でおおわれている日は、雲はほとんど動かない。

エ　雲のようすが時こくによって変わることがある。

3 **気象情報の読みとり方** 次の㋐、㋑の雲画像は、５月13日の午後３時と５月14日の午後３時のどちらかのものです。また、㋒はどちらかの日の雨量情報で、㋓はどちらかの日の東京の空の写真です。あとの問いに答えましょう。　　1つ4〔20点〕

㋐
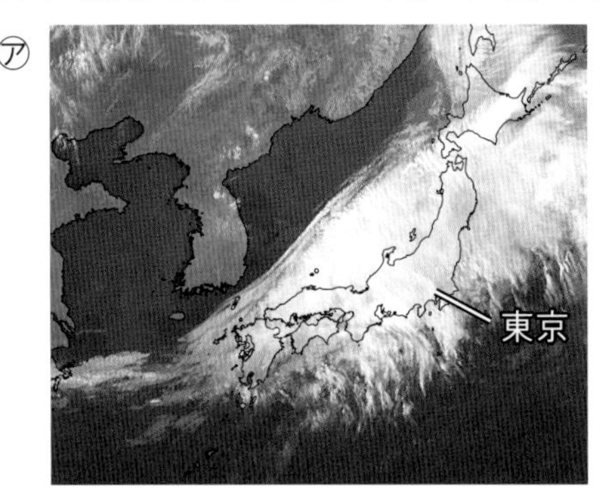

㋑

㋒午後2時～3時の雨量情報
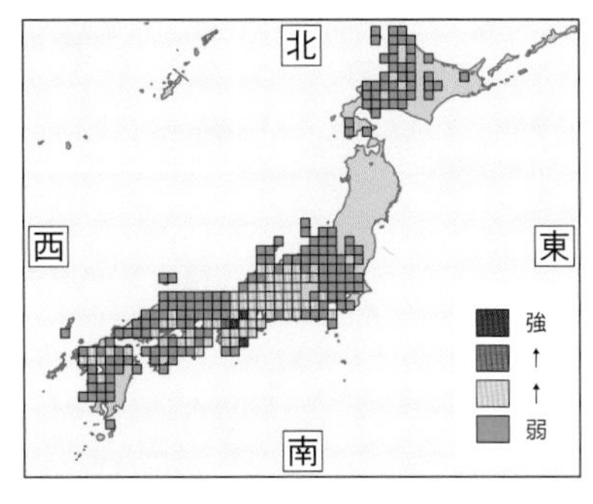

㋓東京の空

(1) 雲画像の白いところには何がありますか。（　　　　）

(2) ５月１３日の午後３時の雲画像は、㋐、㋑のどちらですか。（　　）

(3) ㋒の雨量情報は、㋐、㋑のどちらのときのものですか。（　　）

(4) ㋓の東京の空の写真は、㋐、㋑のどちらのときのものですか。（　　）

(5) 日本付近では、天気はどちらからどちらの方位へ変わっていきますか。

（　　　　　　　　　　　　　　　　）

4 **雲の動きと天気の変化の関係** 右の㋐は５月のある日の雲画像で、㋑はそのときの雨量情報です。次の問いに答えましょう。　　1つ7〔28点〕

㋐
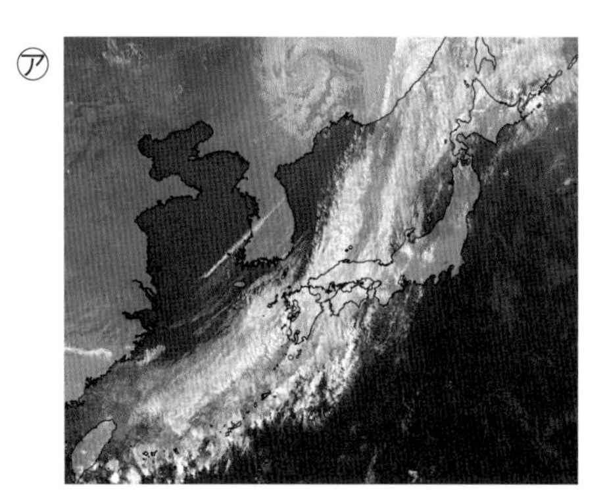

㋑
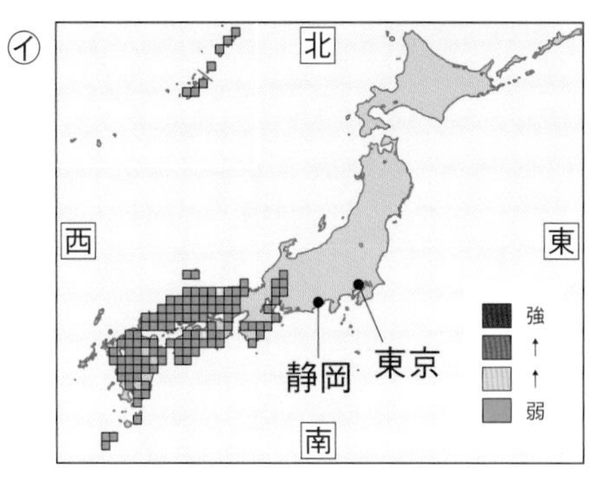

DGs
(1) 気象情報は、テレビや新聞のほかに、何によって集められますか。１つ書きましょう。

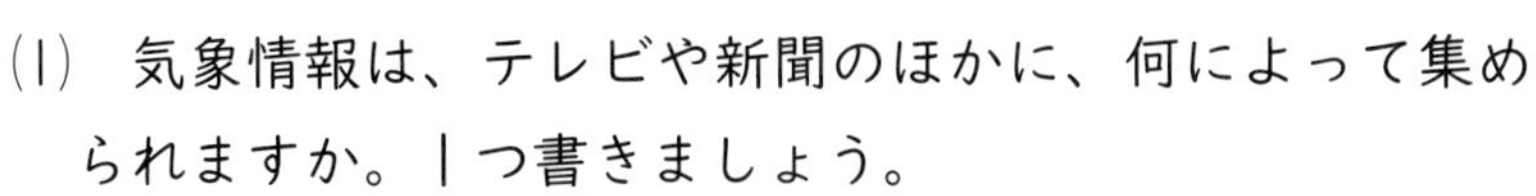
（　　　　）

(2) ㋐と㋑から、このときの東京の天気は、晴れ、くもり、雨のどれであったと考えられますか。

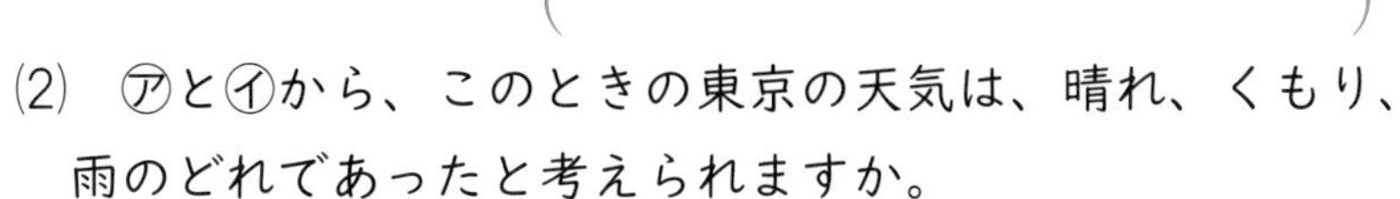
（　　　　）

(3) この後、静岡（しずおか）の天気は、晴れ、雨のどちらになると考えられますか。（　　　　）

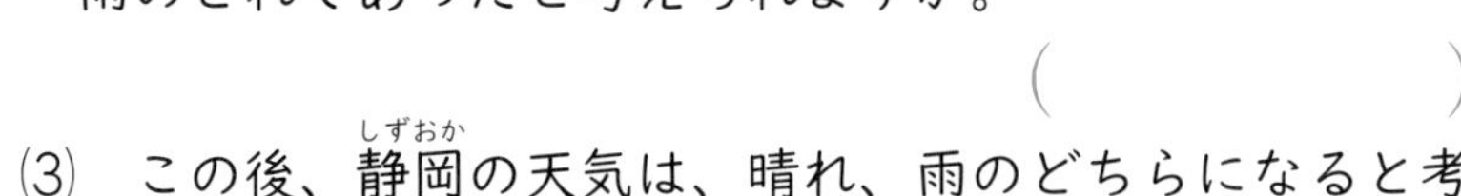
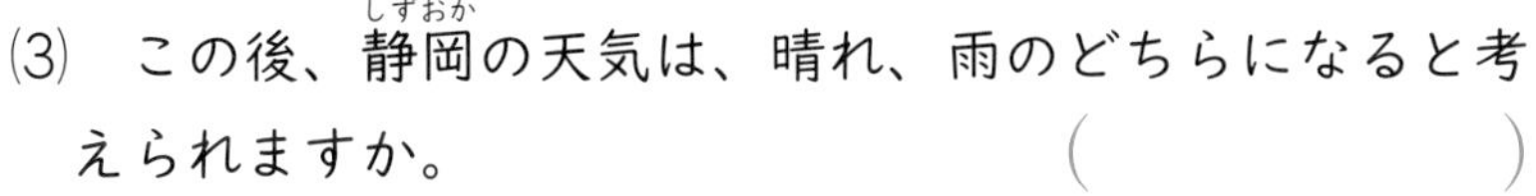

記述
(4) (3)で答えたように考えた理由を、㋐の雲画像に注目して書きましょう。

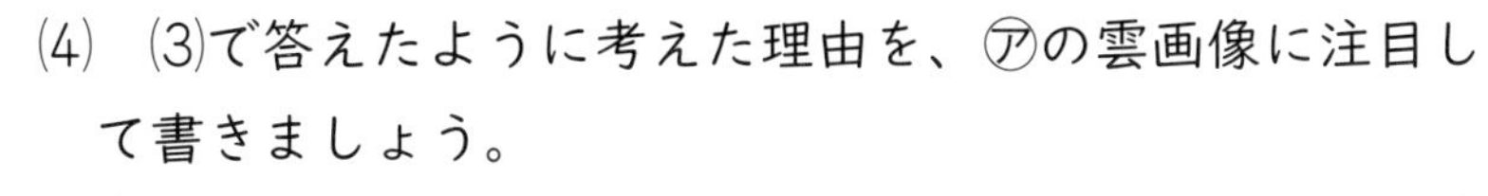
（　　　　　　　　　　　　　　　　）

勉強した日　月　日

1　発芽の条件①

基本のワーク

学習の目標
水が種子の発芽に必要かどうかを理解しよう。

教科書 20～24ページ　答え 3ページ

図を見て、あとの問いに答えましょう。

1 発芽(はつが)に水が必要かを調べる実験

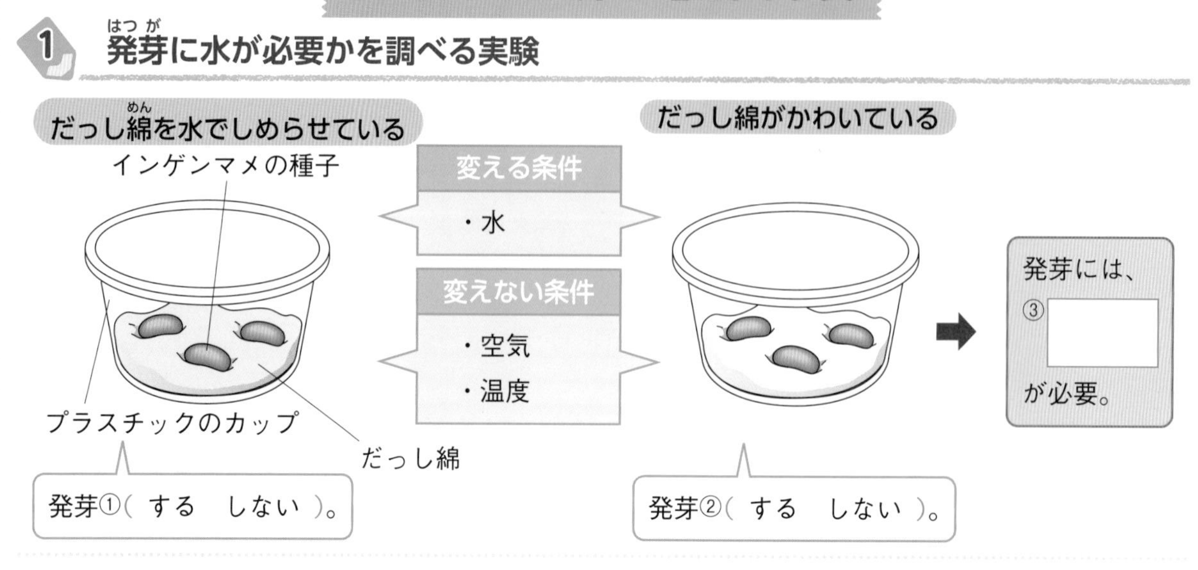

(1) 種子は発芽しますか。①、②の（　）のうち、正しいほうを◯で囲みましょう。

(2) インゲンマメの種子の発芽には、何が必要であることがわかりますか。③の□に書きましょう。

2 実験の条件(じょうけん)の整え方

調べること	発芽に水が必要か	発芽に空気が必要か	発芽に温度が関係するか
変える条件	①	③	⑤
変えない条件	②	水	⑥
	温度	④	空気

● 発芽に水や空気が必要か、温度が関係するかを調べる実験を行うとき、変える条件と変えない条件は何ですか。下の〔　〕から選んで①～⑥の□に書きましょう。〔 水　空気　温度 〕

調べたい条件を１つだけ変えて、ほかの条件は全てそろえるよ。

まとめ　〔 水　発芽 〕から選んで（　）に書きましょう。

● 植物の種子が芽を出すことを①（　　　　）という。

● 種子の発芽には、②（　　　　）が必要である。

わくわくたんてい団
種子が発芽したときに、最初に出てくる葉を子葉といいます。子葉の数は、植物によって決まっていて、１まいのものや、２まいのものがあります。

練習のワーク

できた数　／8問中

教科書　20～24ページ　答え　3ページ

1 **インゲンマメの種子から芽が出るときに、水が必要かどうかを調べる実験を行いました。あとの問いに答えましょう。**

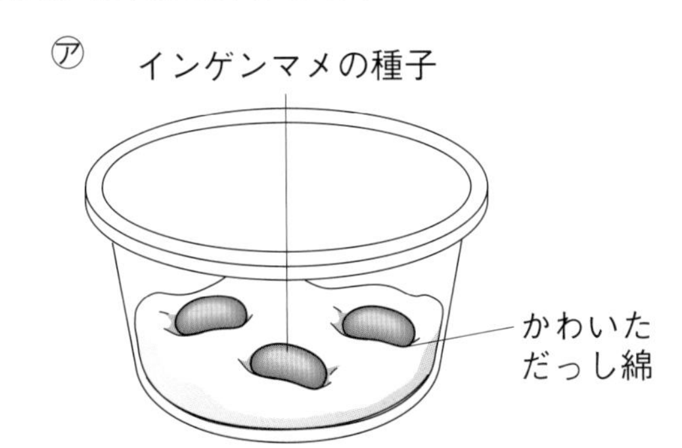
㋐
インゲンマメの種子
かわいた
だっし綿

㋑
水でしめらせた
だっし綿

(1)　種子から芽が出ることを何といいますか。（　　　　　）

(2)　この実験で、㋐と㋑で変えない条件は何ですか。
　次のア～ウから選びましょう。（　　　）
　ア　水の条件と温度の条件
　イ　水の条件と空気の条件
　ウ　水の条件以外の全ての条件

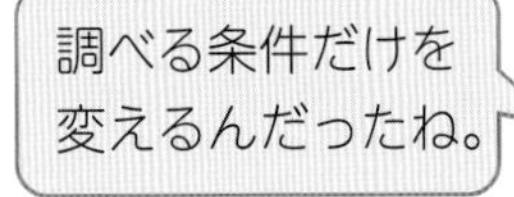
調べる条件だけを
変えるんだったね。

(3)　数日後、種子から芽が出たのは、㋐、㋑のどちらですか。（　　　）

2 **右の図のように、だっし綿を入れたプラスチックのカップを2つ用意し、インゲンマメの種子をそれぞれ置きました。次に、㋐のだっし綿だけを水でしめらせ、数日後、種子が発芽するかどうかを調べました。次の問いに答えましょう。**

インゲンマメの種子
㋐
だっし綿を
水でしめらせている。

㋑
だっし綿は
かわいている。

(1)　この実験では、種子の発芽と何の条件との関係を調べようとしていますか。次のア～ウから選びましょう。

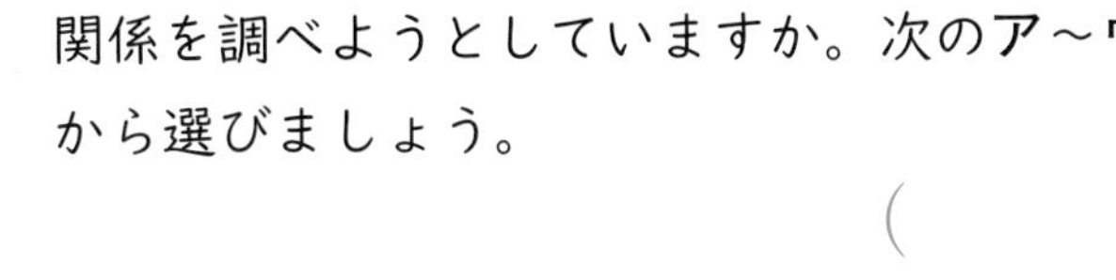

（　　　）

　ア　水の条件　　　イ　温度の条件
　ウ　空気の条件

(2)　この実験をするとき、㋐と㋑で変えない条件は何ですか。(1)のア～ウから全て選びましょう。（　　　　　）

(3)　㋐、㋑の種子はそれぞれ発芽しますか。
㋐（　　　　　）
㋑（　　　　　）

(4)　(3)の結果から、インゲンマメの種子が発芽するには、何が必要であることがわかりますか。（　　　　　）

発芽には肥料(ひりょう)
は必要ないん
だね。

1 発芽の条件②

基本のワーク

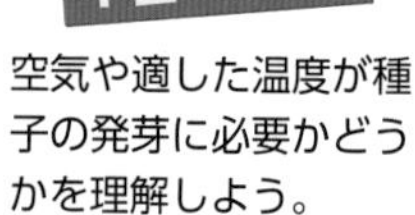

学習の目標
空気や適した温度が種子の発芽に必要かどうかを理解しよう。

教科書 23～28ページ　答え 3ページ

図を見て、あとの問いに答えましょう。

1 発芽に空気が必要かを調べる実験

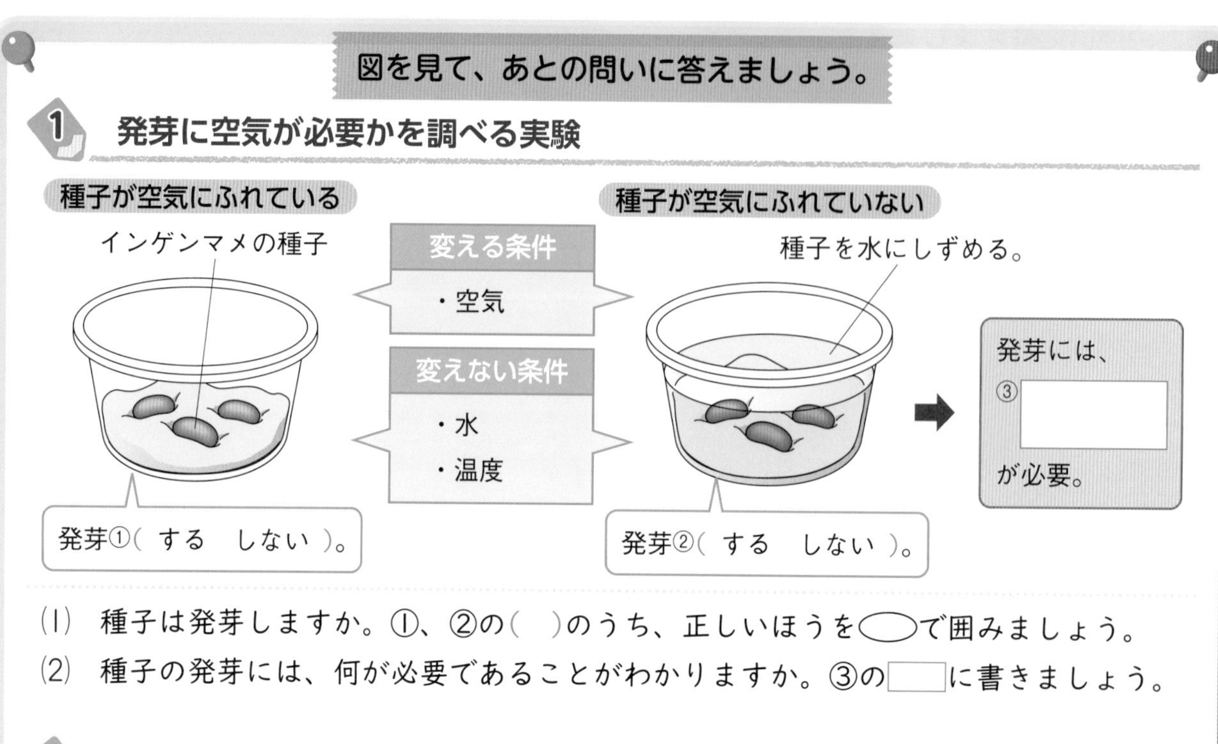

(1) 種子は発芽しますか。①、②の（　）のうち、正しいほうを◯で囲みましょう。

(2) 種子の発芽には、何が必要であることがわかりますか。③の□に書きましょう。

2 発芽に温度が関係するかを調べる実験

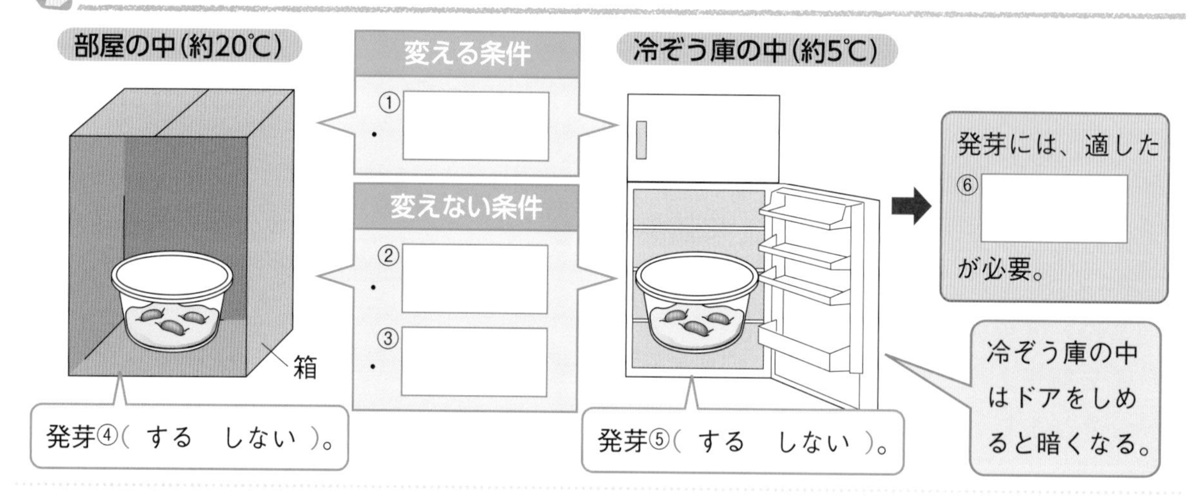

(1) この実験を行うとき、変える条件と変えない条件は何ですか。下の〔 〕から選んで①～③の□に書きましょう。　〔 水　空気　温度 〕

(2) 種子は発芽しますか。④、⑤の（　）のうち、正しいほうを◯で囲みましょう。

(3) 種子の発芽には、何が必要であることがわかりますか。⑥の□に書きましょう。

まとめ　〔 温度　空気 〕から選んで（　）に書きましょう。

●種子が発芽するためには、水、①（　　　　）、適（てき）した②（　　　　）の３つの条件がそろう必要がある。

わくわくたんてい団　インゲンマメの種子は、豆として食べられています。色やもようがちがういくつかの種類があり、金時豆（きんときまめ）、うずら豆などの名前でよばれています。

勉強した日　　月　　日

練習のワーク

教科書　23～28ページ　　答え　3ページ

できた数　　/11問中

1　**右の図のように、だっし綿にインゲンマメの種子を置き、㋐は種子を水にしずめ、㋑はだっし綿をしめらせて、発芽するかどうかを調べました。次の問いに答えましょう。**

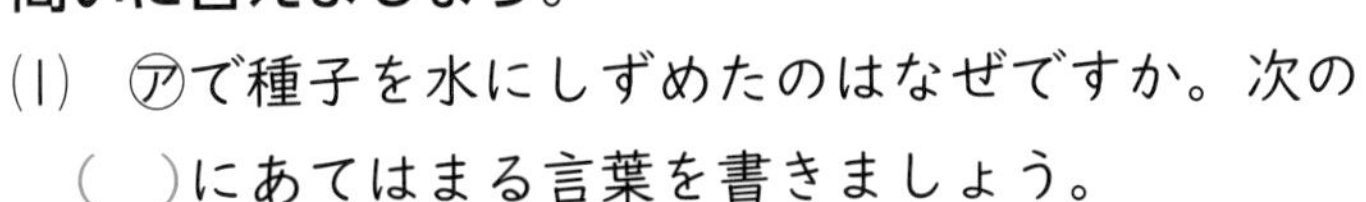

(1)　㋐で種子を水にしずめたのはなぜですか。次の(　)にあてはまる言葉を書きましょう。

種子が(　　　　　)にふれないようにするため。

(2)　この実験では、発芽と何の条件との関係を調べようとしていますか。次のア～ウから選びましょう。(　　　)

ア　水の条件　　　イ　温度の条件

ウ　空気の条件

(3)　この実験をするときに、㋐と㋑で変えない条件を、(2)のア～ウから全て選びましょう。(　　　　)

(4)　種子が発芽したのは、㋐、㋑のどちらですか。(　　　)

(5)　(4)から、インゲンマメの種子が発芽するには、何が必要であることがわかりますか。(　　　　)

2　**水でしめらせただっし綿にインゲンマメの種子を置き、㋐は冷ぞう庫の中に入れ、㋑は部屋の中に置いて発芽するかどうかを調べました。次の問いに答えましょう。**

㋑部屋の中(20℃)

(1)　㋐と㋑の調べたい条件以外の条件をそろえるために、㋑をどのようにする必要がありますか。次の(　)にあてはまる言葉を書きましょう。

冷ぞう庫のドアをしめると暗くなるから、㋑も箱をかぶせて(　　　　　)する。

(2)　この実験では、発芽と何の条件との関係を調べようとしていますか。次のア～ウから選びましょう。(　　　)

ア　水の条件　　　イ　温度の条件　　　ウ　空気の条件

(3)　この実験をするときに、㋐と㋑で変えない条件を(2)のア～ウから全て選びましょう。(　　　　)

(4)　㋐、㋑の種子はそれぞれ発芽しますか。

㋐(　　　　　)　㋑(　　　　　)

(5)　(4)から、インゲンマメの種子が発芽するには、何が必要であることがわかりますか。(　　　　)

勉強した日　月　日

2　発芽と養分

基本のワーク

学習の目標
種子には発芽に必要な養分がふくまれていることを理解しよう。

教科書 29～32ページ　答え 4ページ

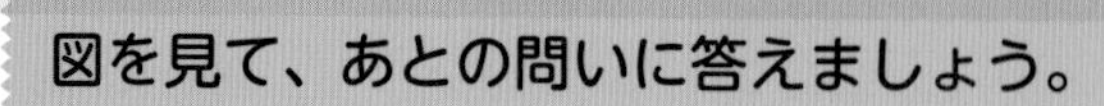
図を見て、あとの問いに答えましょう。

1 インゲンマメの種子のつくり

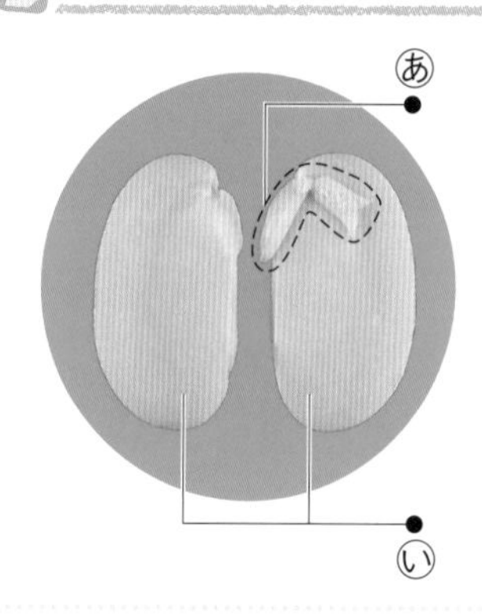
あ
い

①根、くき、葉になる部分。

②養分がふくまれている部分。
③［　　　］という。

種子の中には、デンプンとよばれる養分がふくまれているよ。

(1)　①、②にあてはまる部分は、あ、いのどちらですか。•を線で結びましょう。
(2)　養分がふくまれている部分を何といいますか。③の［　］に書きましょう。

2 種子の子葉と発芽後の子葉にふくまれる養分を調べる実験

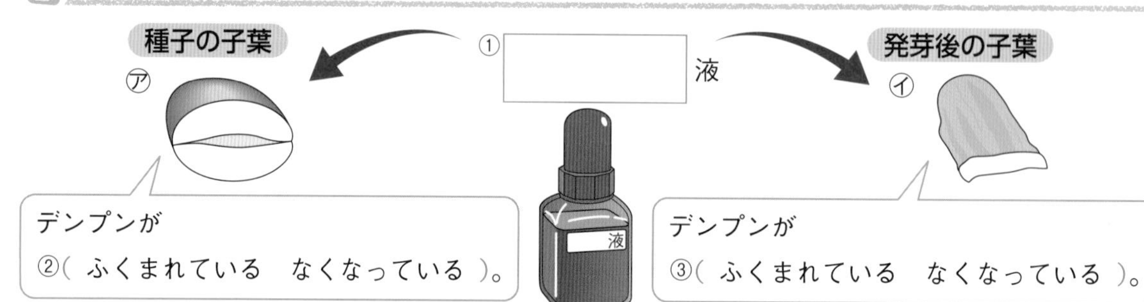
種子の子葉
ア
①［　　　］液
発芽後の子葉
イ
液
デンプンが
②（ ふくまれている　なくなっている ）。
デンプンが
③（ ふくまれている　なくなっている ）。

デンプンは④［　　　］のために使われる。

(1)　デンプンにかけると青むらさき色に変化する液（えき）の名前を、①の［　］に書きましょう。
(2)　ア、イの子葉の切り口に(1)の液をかけたとき、青むらさき色に変化した部分を、黒くぬりつぶしましょう。
(3)　ア、イの子葉にはデンプンがふくまれていますか、なくなっていますか。②、③の（　）のうち、正しいほうを◯で囲みましょう。
(4)　子葉にふくまれるデンプンは何のために使われますか。④の［　］に書きましょう。

まとめ　〔 デンプン　葉 〕から選んで（　）に書きましょう。

- 種子には、根、くき、①（　　　　）になる部分と、養分がふくまれている部分がある。
- 植物は、種子にふくまれる②（　　　　）を使って発芽する。

わくわくたんてい団

ご飯にヨウ素液をかけると青むらさき色に変化します。これは、ご飯(米)のもとであるイネの種子にもデンプンがふくまれているからです。

練習のワーク

できた数　　/12問中

教科書　29～32ページ　　答え　4ページ

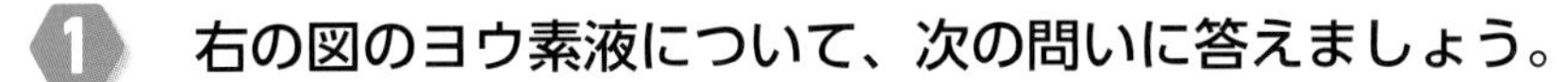

1　右の図のヨウ素液について、次の問いに答えましょう。

(1)　ヨウ素液には、ある養分にかけると色が変化するという性質があります。その養分とは何ですか。　(　　　　)

(2)　ヨウ素液を(1)の養分にかけると、何色に変化しますか。　(　　　　)

(3)　(2)の反応（はんのう）のことを何といいますか。　(　　　　)

2　右の図は、インゲンマメの種子のつくりを表しています。次の問いに答えましょう。

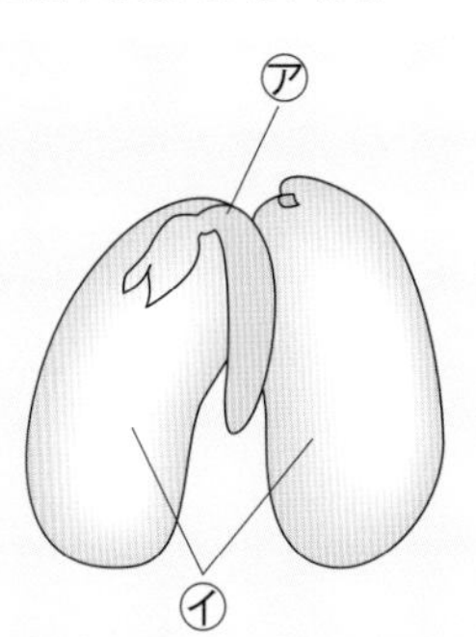

(1)　インゲンマメの種子を半分に切ったときの切り口にヨウ素液をかけたとき、色が変わる部分はどこですか。図の㋐、㋑から選びましょう。　(　　　　)

(2)　(1)の部分を何といいますか。　(　　　　)

(3)　発芽後、根、くき、葉になる部分はどこですか。図の㋐、㋑から選びましょう。　(　　　　)

(4)　発芽後、だんだんしぼんでいく部分はどこですか。図の㋐、㋑から選びましょう。　(　　　　)

3　図の㋐のように、インゲンマメの種子を切った切り口にヨウ素液をかけました。次に、図の㋑のように、発芽して成長したインゲンマメの子葉を切った切り口にヨウ素液をかけました。次の問いに答えましょう。

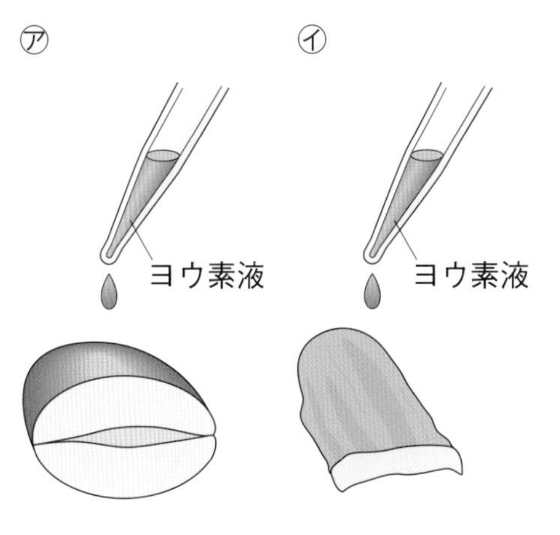

(1)　図の㋐で、インゲンマメの種子を切る前に、種子をどのようにしておきますか。次のア、イから選びましょう。　(　　　　)

ア　種子に日光を当てておく。

イ　種子を水にひたしておく。

種子はかたいから(1)のようにするよ。

(2)　図の㋐、㋑の切り口にヨウ素液をかけたとき、切り口はどのようになりましたか。次のア、イからそれぞれ選びましょう。　㋐(　　　　)　㋑(　　　　)

ア　青むらさき色に変化した。

イ　色はあまり変化しなかった。

(3)　(2)から、どのようなことがわかりますか。次の(　)にあてはまる言葉を書きましょう。

種子にふくまれる①(　　　　)という養分は、②(　　　　)のときの養分として使われる。

勉強した日　月　日

まとめのテスト①

2　植物の発芽と成長

時間 20分

得点　/100点

教科書 20～32ページ　答え 4ページ

1 発芽の条件 **インゲンマメの種子から芽が出るには、何が必要かを調べる計画を立てます。次の問いに答えましょう。** 1つ5〔15点〕

(1)　種子から芽が出ることを何といいますか。（　　　）

(2)　種子を入れたカップを2つ用意して、芽が出るために空気が必要かどうかを調べることにしました。このとき、変える条件は何ですか。ア～ウから選びましょう。（　　　）

ア　水の条件　　イ　温度の条件　　ウ　空気の条件

(3)　(2)のとき、種子を入れた2つのカップで変えない条件は何ですか。(2)のア～ウから全て選びましょう。（　　　）

よく出る **2** 発芽の条件を調べる実験 **次の図の㋐～㋔のような条件で、インゲンマメの種子が発芽するかどうかを調べました。あとの問いに答えましょう。** 1つ5〔45点〕

㋐温度は約20℃

水でだっし綿をしめらせる。

㋑温度は約20℃

かわいただっし綿

㋒温度は約20℃

水をいっぱいに入れる。

㋓温度は約20℃

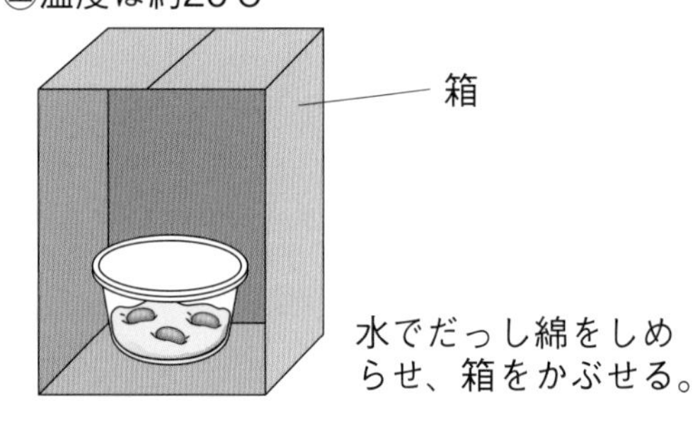

水でだっし綿をしめらせ、箱をかぶせる。

㋔温度は約5℃

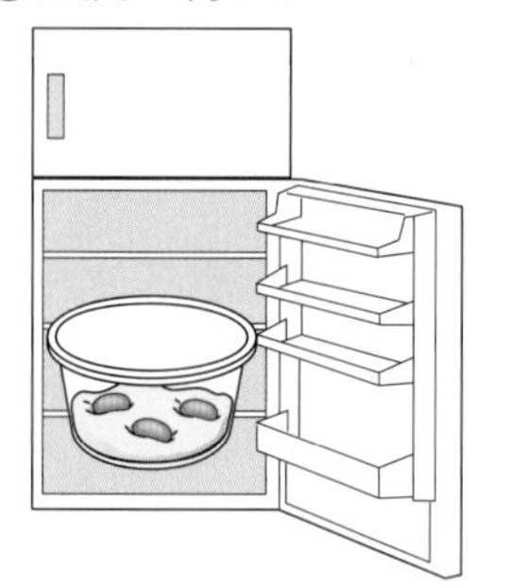

水でだっし綿をしめらせ、冷ぞう庫の中に入れる。

(1)　図の㋐～㋔の種子はそれぞれ発芽しますか。

㋐（　　　）　㋑（　　　）　㋒（　　　）

㋓（　　　）　㋔（　　　）

(2)　発芽に水が必要かどうかを調べるためには、図の㋐～㋔のどれとどれの結果を比べればよいですか。（　　と　　）

(3)　発芽に適した温度が必要かどうかを調べるためには、図の㋐～㋔のどれとどれの結果を比べればよいですか。（　　と　　）

(4)　発芽に空気が必要かどうかを調べるためには、図の㋐～㋔のどれとどれの結果を比べればよいですか。（　　と　　）

記述 (5)　(2)～(4)の結果から、発芽に必要な条件について、どのようなことがわかりますか。

（　　　　　　　　　　　　）

3 種子のつくり 図1は、インゲンマメの種子のつくりを表しています。次の問いに答えましょう。

1つ5〔20点〕

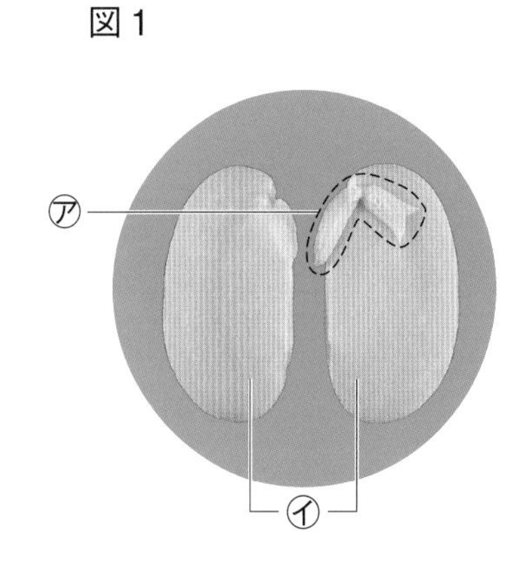

(1) 図1の㋐、㋑の部分を説明したものはどれですか。次のア～エからそれぞれ全て選びましょう。

㋐(　　　　)
㋑(　　　　)

ア　養分がふくまれている。
イ　発芽後、根、くき、葉になる。
ウ　発芽後、だんだんしぼんでいく。
エ　発芽後、だんだん成長していく。

(2) ヨウ素液をかけたとき、色が変わる部分はどこですか。図2の□の中で、色が変わる部分をぬりましょう。

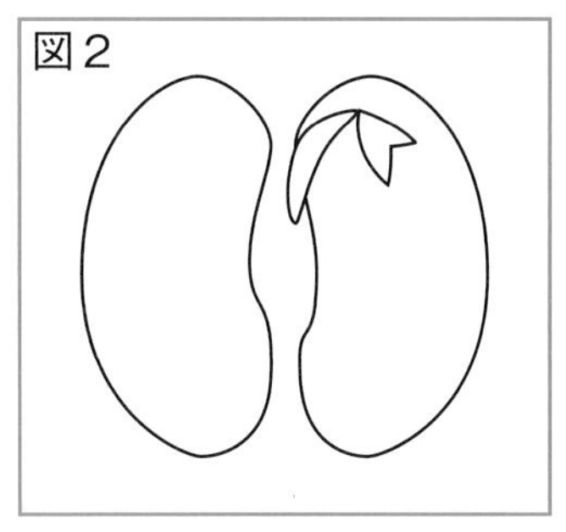

(3) (2)のように、ヨウ素液によって色が変化する反応を何といいますか。

(　　　　　　　　)

4 発芽と養分 図1の発芽前のインゲンマメの種子を切り、図2のようにヨウ素液をかけて色の変化を観察しました。また、発芽して成長したものの子葉を切り、図3のようにヨウ素液をかけました。あとの問いに答えましょう。

1つ4〔20点〕

図1

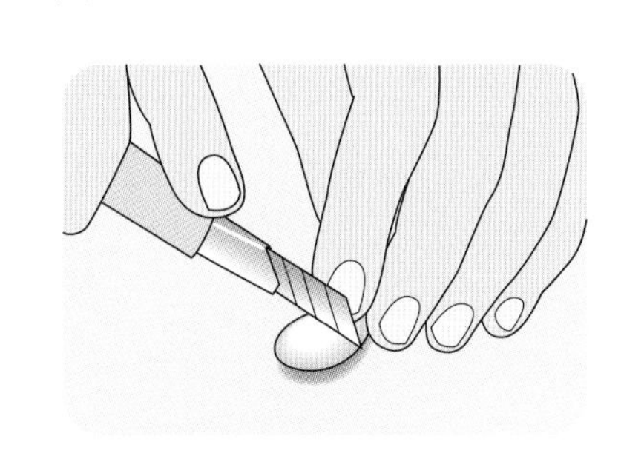

図2

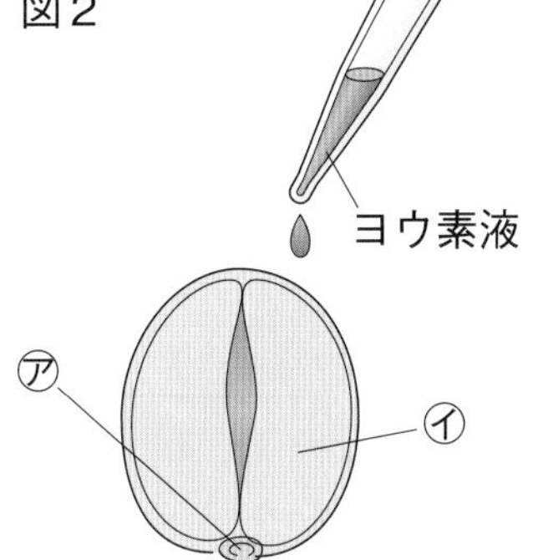

図3

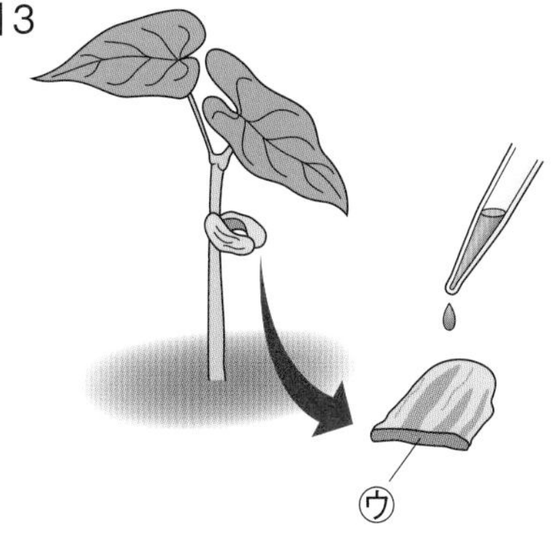

(1) 図1のようにインゲンマメの種子を切る前に、どのようなことをしておきますか。水という言葉を使って書きましょう。(　　　　　　　　)

(2) 図2で、種子の切り口にヨウ素液をかけたときに色が大きく変化するのは、㋐、㋑のどちらの部分ですか。(　　)

(3) 図3で、子葉の㋒の切り口にヨウ素液をかけたとき、色はどのようになりますか。次のア、イから選びましょう。(　　)

ア　色が大きく変化する。
イ　色はあまり変化しない。

(4) 図3で、㋒の中にふくまれるデンプンの量は、発芽する前に比べてどうなっていますか。

(　　　　　　　　)

(5) 図2と図3で、ヨウ素液をかけたときの色の変化から、種子の中にふくまれているデンプンは何に使われることがわかりますか。(　　　　)

学習の目標
植物の成長には日光が必要かどうかを実験を通して理解しよう。

3 植物の成長の条件①

基本のワーク

教科書 33〜39ページ 答え 5ページ

図を見て、あとの問いに答えましょう。

1 植物の成長に日光が必要かを調べる実験

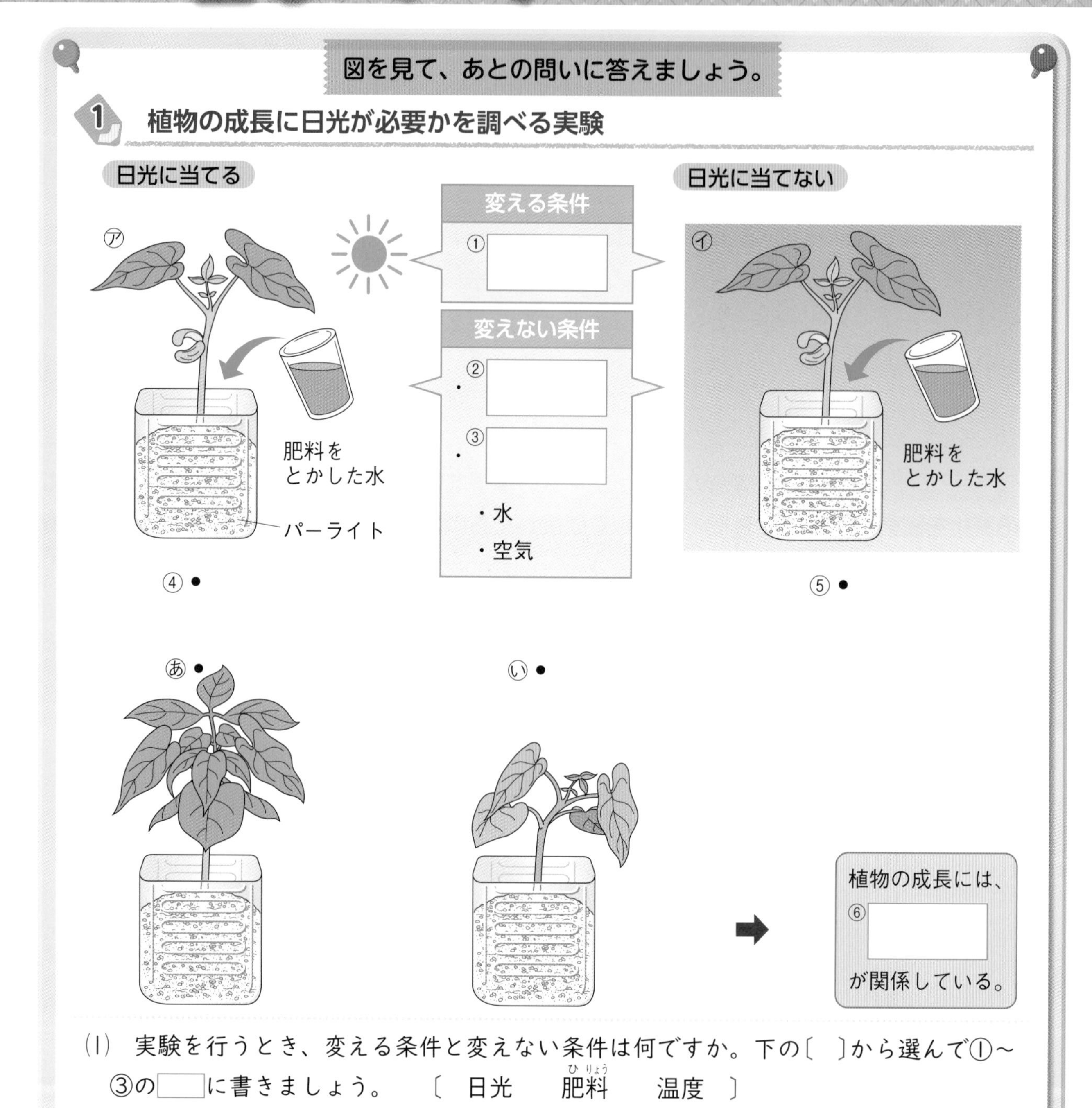

(1) 実験を行うとき、変える条件と変えない条件は何ですか。下の〔 〕から選んで①〜③の□に書きましょう。 〔 日光 肥料(ひりょう) 温度 〕

(2) 2週間後、㋐、㋑のインゲンマメはどのように育っていますか。④、⑤の•とあ、いの•を線で結びましょう。

(3) 植物の成長には、何が関係していることがわかりますか。⑥の□に書きましょう。

まとめ 〔 温度 日光 〕から選んで( )に書きましょう。

●植物の成長には、発芽に必要な水、空気、適した①(　　　　)の３つの条件以外にも、②(　　　　)が関係している。

植物は、日光に当たらないと、緑色がうすくなります。根深ねぎは、のびた部分に土を寄(よ)せて光を当てないことで、白い部分をつくり出します。

練習のワーク

教科書　33〜39ページ　答え　5ページ

できた数　／9問中

1 次の図のように、インゲンマメを2週間育て、育ち方を比べました。あとの問いに答えましょう。

㋐

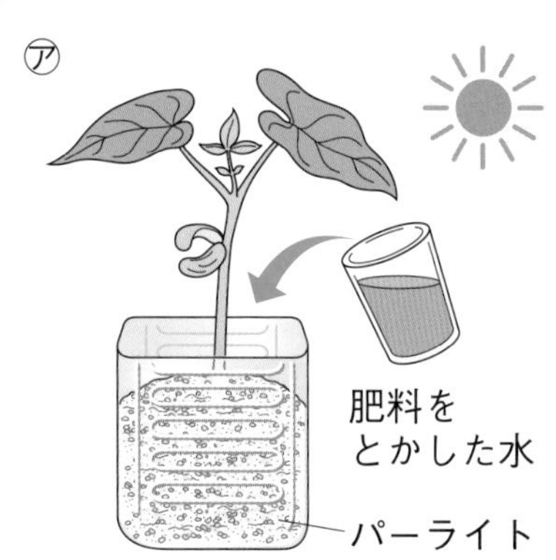

日光に当て、肥料を
とかした水をあたえる。

㋑

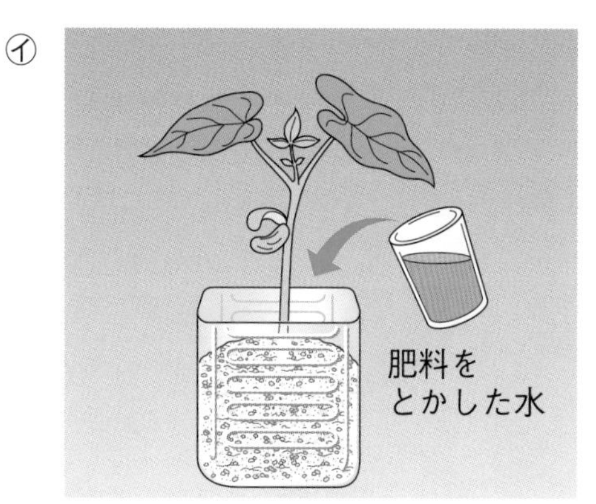

日光に当てず、肥料を
とかした水をあたえる。

(1) この実験の㋐、㋑には、どのように育ったインゲンマメを準備(じゅんび)しますか。次の**ア**、**イ**から選びましょう。（　　）

ア　どちらも同じくらいの大きさに育ったインゲンマメ

イ　㋑には㋐よりも大きく育ったインゲンマメ

(2) この実験では、植物の育ち方と何の条件との関係を調べようとしていますか。次の**ア**〜**オ**から選びましょう。（　　）

ア　水の条件　　**イ**　肥料の条件

ウ　温度の条件　　**エ**　日光の条件

オ　空気の条件

条件を整えて実験する必要があったね。

(3) この実験をするときに、㋐と㋑で変えない条件を、(2)の**ア**〜**オ**から全て選びましょう。（　　）

(4) 2週間後、㋐、㋑のインゲンマメの葉はどのようになっていますか。次の**ア**、**イ**からそれぞれ選びましょう。㋐（　　）㋑（　　）

ア　葉は大きく、数が多い。こい緑色をしている。

イ　葉の数が少なく、黄色っぽくなっている。

(5) 2週間後、㋐、㋑のインゲンマメのくきはどのようになっていますか。次の**ア**、**イ**からそれぞれ選びましょう。㋐（　　）㋑（　　）

ア　くきは短くて細い。また、くきが曲がっている。

イ　こい緑色をしていて、よくのびている。

(6) (4)、(5)から、2週間後、インゲンマメが全体的に大きくなったのは、㋐、㋑のどちらだとわかりますか。（　　）

(7) この実験から、植物の成長には、何が関係していることがわかりますか。（　　）

3 植物の成長の条件②

基本のワーク

学習の目標
植物の成長には肥料が必要かどうかを実験を通して理解しよう。

教科書 33～39ページ　答え 5ページ

図を見て、あとの問いに答えましょう。

1 植物の成長に肥料が必要かを調べる実験

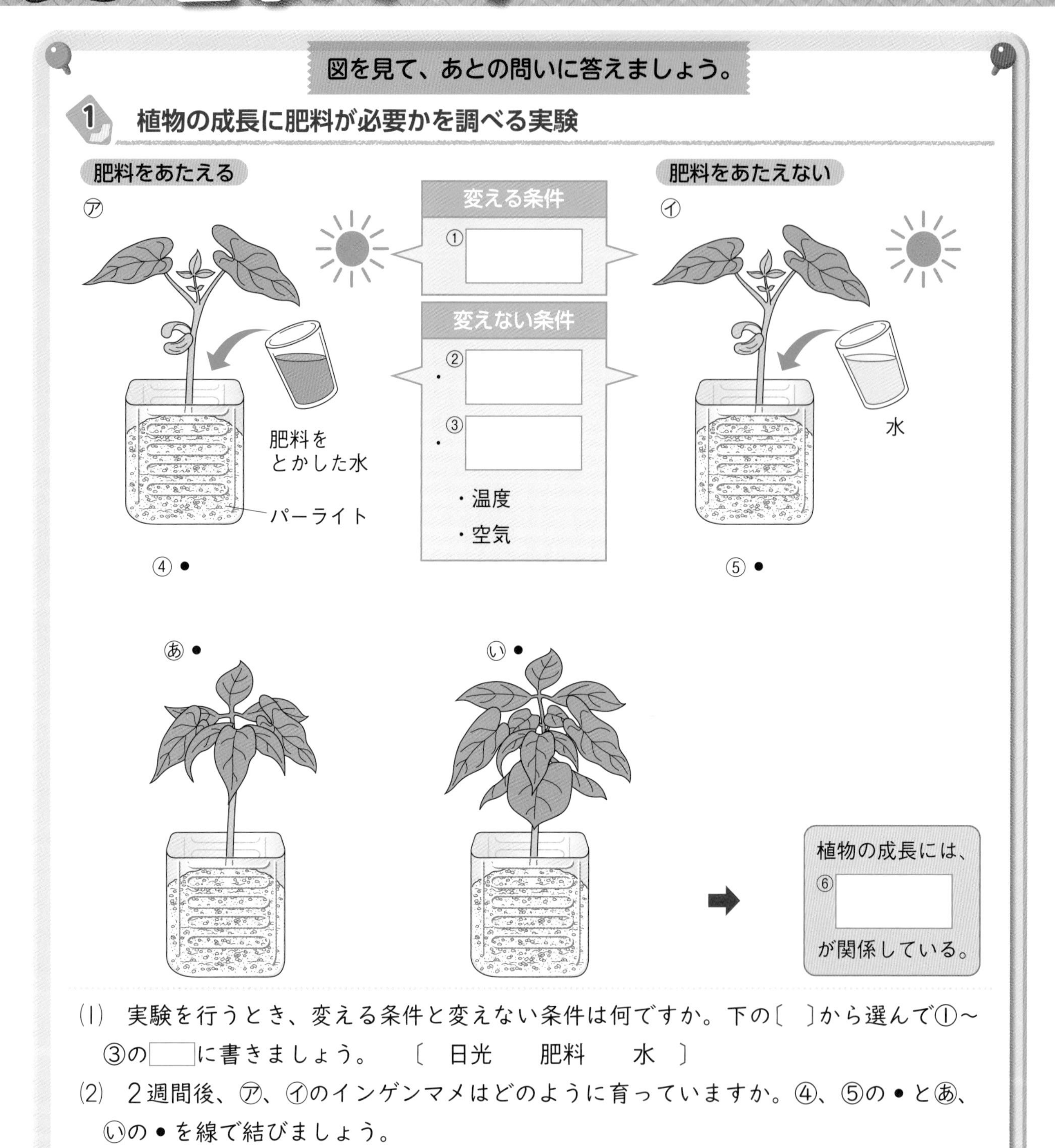

(1) 実験を行うとき、変える条件と変えない条件は何ですか。下の〔 〕から選んで①～③の□に書きましょう。　〔 日光　肥料　水 〕

(2) 2週間後、㋐、㋑のインゲンマメはどのように育っていますか。④、⑤の • とあ、いの • を線で結びましょう。

(3) 植物の成長には、何が関係していることがわかりますか。⑥の□に書きましょう。

まとめ 〔 肥料　水 〕から選んで（ ）に書きましょう。

●植物の成長には、発芽に必要な①（　　　）、空気、適した温度の３つの条件と日光の条件以外にも、②（　　　）が関係している。

わくわくたんてい団

野山に生えている植物は、肥料をあたえなくても、大きく育ちます。これは、植物の落ち葉や動物の死がいがくさって土に混ざり、肥料と同じようなはたらきをするからです。

勉強した日　月　日

練習のワーク

教科書 33～39ページ　答え 5ページ

できた数　／9問中

1 次の図のように、インゲンマメを2週間育て、育ち方を比べました。あとの問いに答えましょう。

㋐

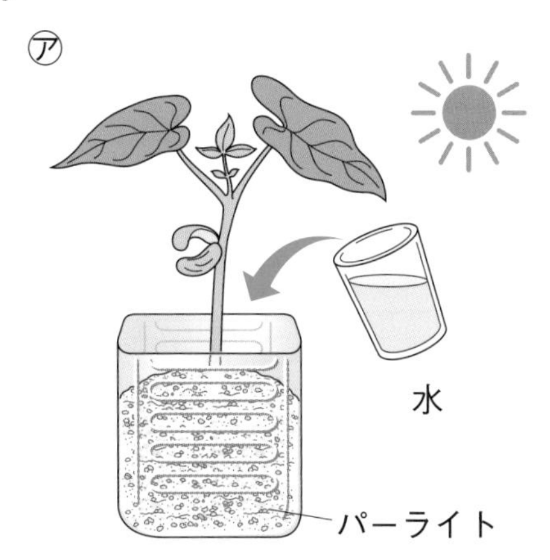

日光に当て、水をあたえる。

㋑

日光に当て、肥料をとかした水をあたえる。

(1) この実験では、植物の育ち方と何の条件との関係を調べようとしていますか。次のア～オから選びましょう。（　　）

ア　空気の条件　　イ　肥料の条件
ウ　日光の条件　　エ　水の条件
オ　温度の条件

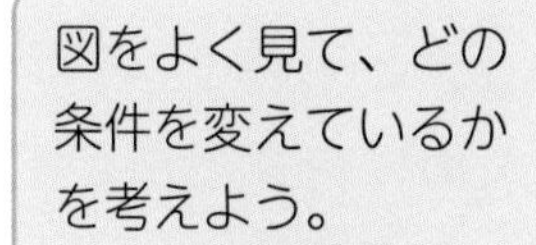

図をよく見て、どの条件を変えているかを考えよう。

(2) この実験をするときに、㋐と㋑で変えない条件を、(1)のア～オから全て選びましょう。（　　）

(3) 2週間後、㋐、㋑のインゲンマメの葉はどのようになっていますか。次のア、イからそれぞれ選びましょう。㋐（　　）㋑（　　）

ア　葉はこい緑色をしているが、数が少ない。
イ　葉はこい緑色をしていて、大きく、数が多い。

(4) 2週間後、㋐、㋑のインゲンマメのくきはどのようになっていますか。次のア、イからそれぞれ選びましょう。㋐（　　）㋑（　　）

ア　くきが短い。
イ　くきは太くて、よくのびている。

(5) 2週間後、㋐、㋑のインゲンマメは全体的にどのようになっていますか。次のア、イからそれぞれ選びましょう。㋐（　　）㋑（　　）

ア　大きく育っている。
イ　小さくて、あまりよく育っていない。

(6) この実験から、植物の成長には、何が関係していることがわかりますか。次のア～オから選びましょう。（　　）

ア　空気　　イ　肥料　　ウ　日光　　エ　水　　オ　温度

勉強した日　　月　　日

まとめのテスト②

2　植物の発芽と成長

時間 20分

得点　　/100点

教科書　33〜39ページ　　答え　5ページ

1 **植物の成長の条件を調べる実験** **植物の成長に必要な条件を調べるために、右の図のように㋐と㋑のインゲンマメを用意して、２週間後に成長のようすを比べました。次の問いに答えましょう。**　1つ4〔24点〕

㋐

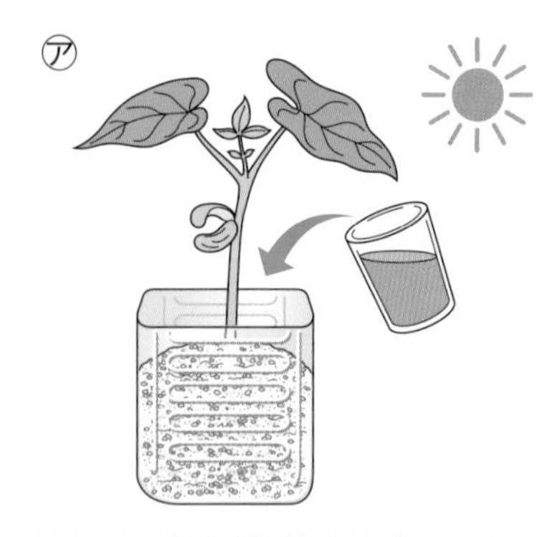

(1)　用意した㋐と㋑のインゲンマメは、同じくらいの大きさですか、ちがう大きさですか。
（　　　　　　　　　　）

(2)　㋐と㋑で変えている条件を、次のア〜エから選びましょう。（　　　）

ア　空気の条件　　　イ　温度の条件

ウ　日光の条件　　　エ　水の条件

(3)　㋐と㋑で変えていない条件を、(2)のア〜エから全て選びましょう。（　　　　　　）

(4)　㋐と㋑のインゲンマメにあたえる水には、成長をよくするために何をとかしていますか。（　　　　）

(5)　２週間後、じょうぶに成長しているのは、㋐、㋑のどちらですか。（　　　）

記述　(6)　実験の結果から、植物がよく成長するには、どのような条件が必要なことがわかりますか。
（　　　　　　　　　　　　　　　　　　）

2 **植物の成長の条件を調べる実験** **植物の成長に必要な条件を調べるために、右の図のように㋐と㋑のインゲンマメのなえを用意して、２週間後に成長のようすを比べました。次の問いに答えましょう。**　1つ4〔16点〕

㋐

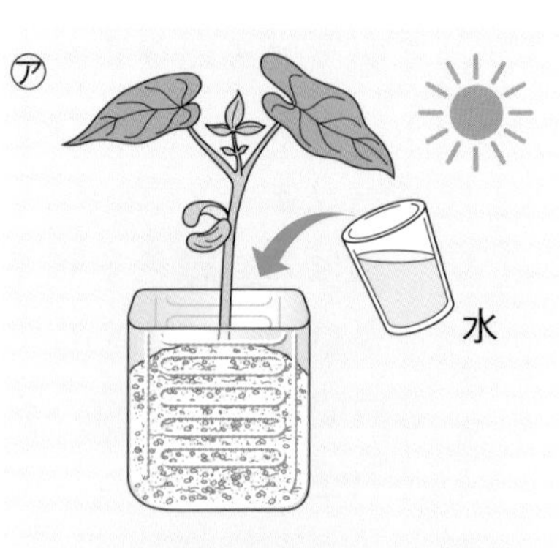

㋑

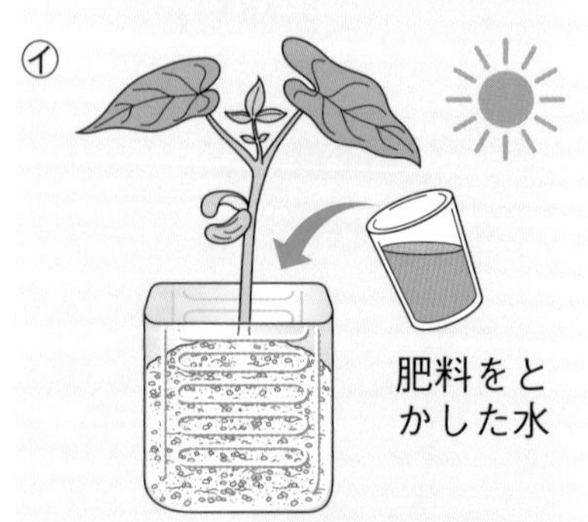

(1)　㋐と㋑で変えている条件を、次のア〜オから選びましょう。（　　　）

ア　水の条件　　　イ　肥料の条件　　　ウ　温度の条件

エ　日光の条件　　オ　空気の条件

(2)　㋐と㋑で変えていない条件を、(1)のア〜オから全て選びましょう。（　　　　　　）

(3)　２週間後、あまり大きく成長していないのは、㋐、㋑のどちらですか。（　　　）

記述　(4)　実験の結果から、植物がよく成長するには、どのような条件が必要なことがわかりますか。
（　　　　　　　　　　　　　　　　　　）

3 **植物の成長の条件を調べる実験** 日光に当てるかどうか、肥料をあたえるかどうかによって、インゲンマメの成長がどのようにちがうのかを、下の表にまとめました。あとの問いに答えましょう。

1つ5〔60点〕

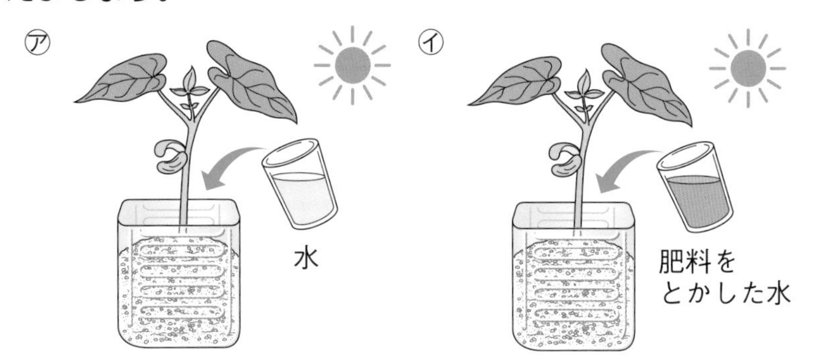

		㋐	㋑	㋒
条件	肥料	なし	あり	あり
	日光	あり	あり	なし
	水	あり	あり	あり
2週間後	葉のようす	①	②	③
	くきのようす	④	⑤	⑥
	全体のようす	⑦	⑧	⑨

(1) 表の①～③にあてはまるものを、次の**ア**～**ウ**から選び、表に書きましょう。

ア こい緑色で、大きく、数が多い。

イ こい緑色で、小さく、数が少ない。

ウ 黄色っぽい葉があり、小さく、数が少ない。

(2) 表の④～⑥にあてはまるものを、次の**エ**～**カ**から選び、表に書きましょう。

エ 細くて短く、曲がっている。

オ こい緑色で、あまりのびていない。

カ こい緑色で太く、よくのび、しっかりしている。

(3) 表の⑦～⑨にあてはまるものを、次の**キ**～**ケ**から選び、表に書きましょう。

キ 葉の数が少なく、全体が小さい。

ク 曲がっていて、弱々しく見え、全体が小さい。

ケ 葉の数が多く、くきが太く、全体が大きい。

(4) インゲンマメの成長に日光が必要かどうかを調べるためには、図の㋐～㋒のどれとどれの結果を比べればよいですか。 (　　と　　)

(5) インゲンマメの成長に肥料が必要かどうかを調べるためには、図の㋐～㋒のどれとどれの結果を比べればよいですか。 (　　と　　)

記述 (6) この実験の結果を比べると、植物の成長には何が関係していることがわかりますか。

(　　　　　　　　　　)

勉強した日　　月　　日

メダカのたまごの変化①

基本のワーク

学習の目標
メダカのおすとめすの見分け方やメダカの飼い方を理解しよう。

教科書　40〜44ページ　　答え　6ページ

図を見て、あとの問いに答えましょう。

1 メダカのおすとめすの見分け方

せびれに切れこみが①（ ある　ない ）。

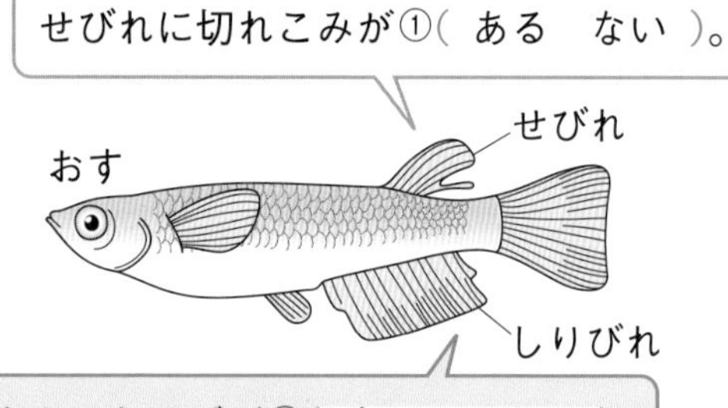

めすよりもはばが③（ 広い　せまい ）。

せびれに切れこみが②（ ある　ない ）。

めす
せびれ
しりびれ

めすは④（ 卵（らん）　精子 ）を産み、おすは⑤（ 卵　精子 ）を出す。

たまご（④）と⑤が結びつくことを⑥［　　　］といい、⑥したたまごを⑦［　　　］という。

(1)　メダカについて、①〜⑤の（　）のうち、正しいほうを〇で囲みましょう。
(2)　⑥、⑦の［　］にあてはまる言葉を書きましょう。

2 メダカの飼い方

水そうは、直しゃ日光の①（ 当たる　当たらない ）明るいところに置く。

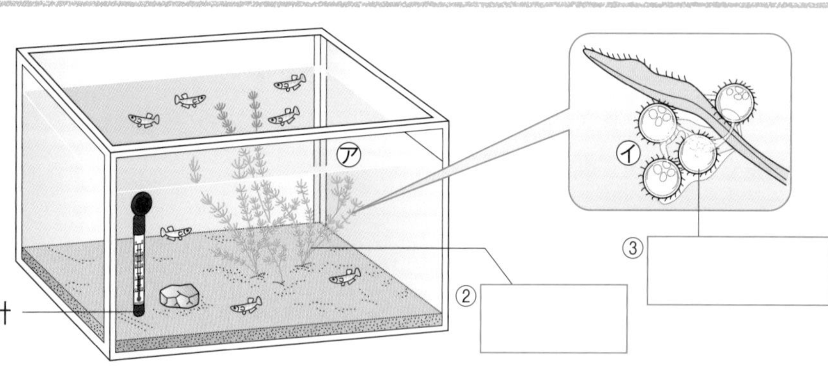

(1)　メダカを飼（か）う水（すい）そうはどのようなところに置きますか。①の（　）のうち、正しいほうを〇で囲みましょう。
(2)　メダカを飼う水そうにアを入れると、メダカはアにイを産みつけます。ア、イの名前を、②、③の［　］に書きましょう。

まとめ　〔 精子（せいし）　受精卵（じゅせいらん） 〕から選んで（　）に書きましょう。

● めすが産んだたまご（卵）とおすが出した①（　　　　）が結びつくことを受精（じゅせい）といい、受精したたまごを②（　　　　）という。

観察のときに飼った、黄色っぽいメダカはヒメダカといいます。池や川にいる野生のメダカは、黒っぽい色をしています。

練習のワーク

教科書 40～44ページ　答え 6ページ

できた数　／15問中

1 右の図は、メダカのおすとめすのすがたを表しています。次の問いに答えましょう。

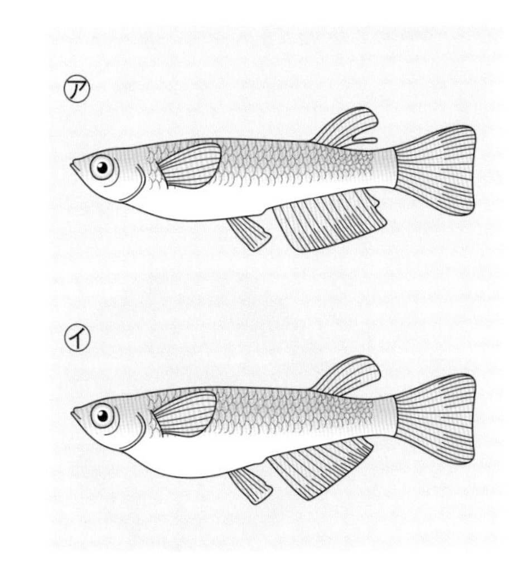

(1) 次の①～④の文は、おすとめすのどちらの特ちょうを表していますか。

① せびれに切れこみがある。（　　　）

② せびれに切れこみがない。（　　　）

③ しりびれのはばが広い。（　　　）

④ しりびれのはばがせまい。（　　　）

(2) 図の㋐、㋑のメダカは、それぞれおすとめすのどちらですか。

㋐（　　　）　㋑（　　　）

(3) 図の㋐のメダカが出すものを、次のア、イから選びましょう。（　　　）

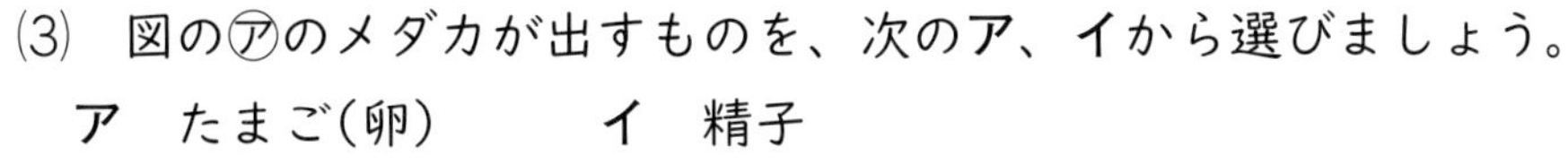

ア たまご(卵)　　イ 精子

(4) メダカのたまごと精子が結びつくことを何といいますか。（　　　）

(5) 精子と結びついたたまごを何といいますか。（　　　）

2 右の図のような水そうでメダカを育て、メダカにたまごを産ませます。次の問いに答えましょう。

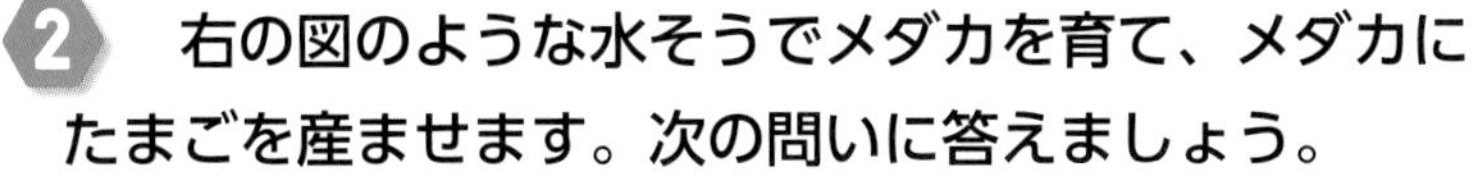

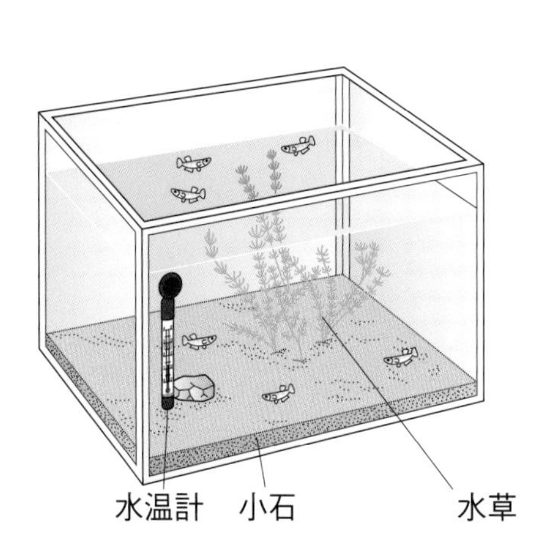

(1) メダカを飼う水そうはどのようなところに置きますか。次のア～ウから選びましょう。（　　　）

ア 直しゃ日光の当たる明るいところ。

イ 直しゃ日光の当たらない明るいところ。

ウ 直しゃ日光の当たらない暗いところ。

(2) メダカにたまごをよく産ませるようにするためには、水温をおよそ何度にすればよいですか。次のア～エから選びましょう。（　　　）

ア 5℃　　イ 15℃

ウ 25℃　　エ 35℃

水温が上がり過(す)ぎないように気をつけよう。

(3) メダカの飼い方について説明した、次の文のうち、正しいものには○、まちがっているものには×をつけましょう。

①（　　）ふえすぎた水草は、自然の川にすてる。

②（　　）1つの水そうには、あまり多くのメダカを入れないようにする。

③（　　）たくさんのたまごを産ませるため、めすのメダカだけを飼う。

④（　　）観察が終わったら、自然の池にメダカをはなす。

勉強した日　　月　　日

メダカのたまごの変化②

基本のワーク

学習の目標
メダカのたまごがどのように変化していくのかを理解しよう。

教科書 44~51ページ　答え 7ページ

図を見て、あとの問いに答えましょう。

1 メダカのたまごの変化

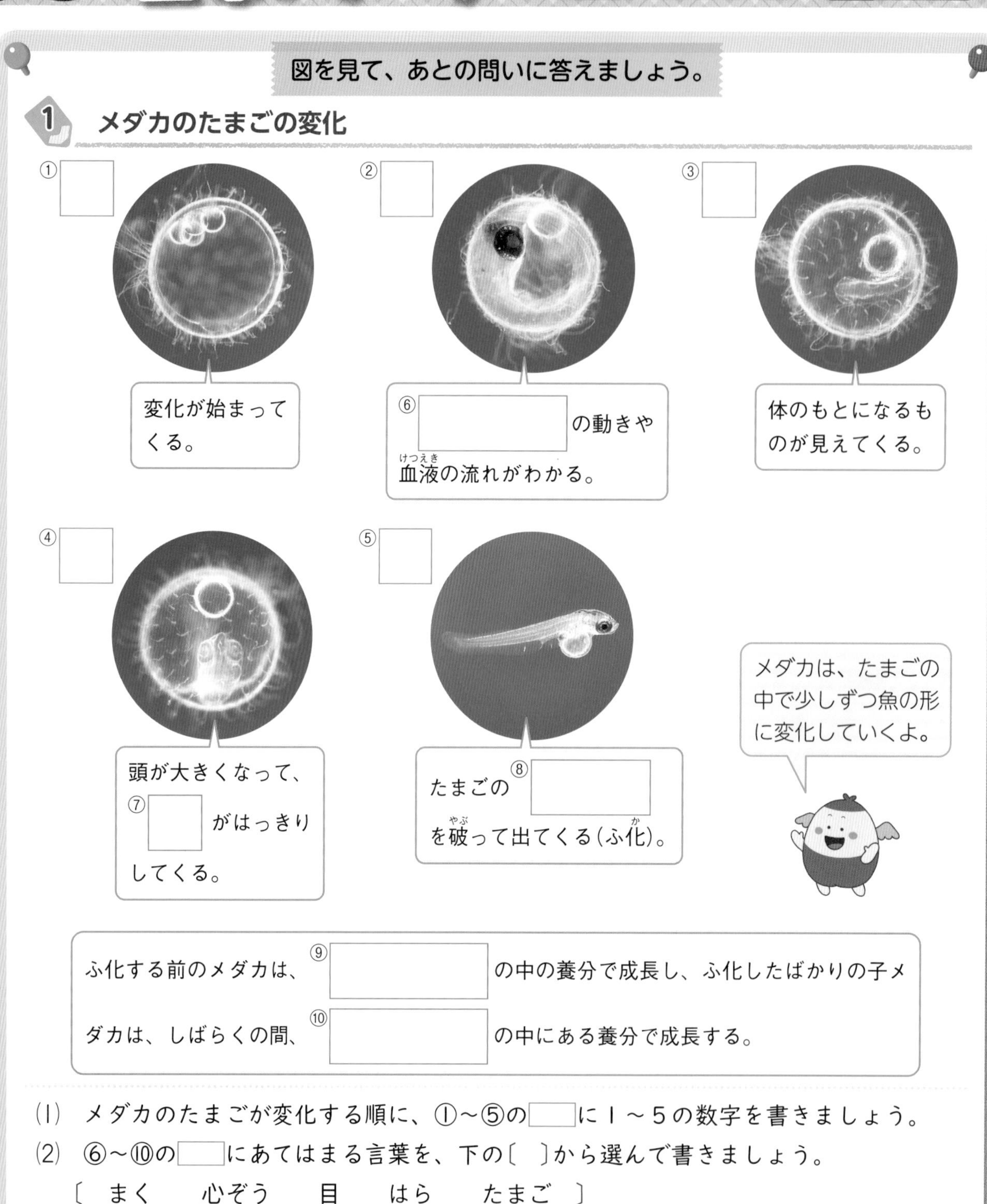

①□ 変化が始まってくる。
②□ ⑥□の動きや血液（けつえき）の流れがわかる。
③□ 体のもとになるものが見えてくる。
④□ 頭が大きくなって、⑦□がはっきりしてくる。
⑤□ たまごの⑧□を破（やぶ）って出てくる（ふ化（か））。
メダカは、たまごの中で少しずつ魚の形に変化していくよ。

ふ化する前のメダカは、⑨□の中の養分で成長し、ふ化したばかりの子メダカは、しばらくの間、⑩□の中にある養分で成長する。

(1) メダカのたまごが変化する順に、①～⑤の□に1～5の数字を書きましょう。

(2) ⑥～⑩の□にあてはまる言葉を、下の〔　〕から選んで書きましょう。

〔 まく　心ぞう　目　はら　たまご 〕

まとめ 〔 はら　養分　ふ化 〕から選んで（　）に書きましょう。

- メダカは、たまごの中の①（　　　　）で成長し、少しずつ変化して、親と似（に）たすがたになる。
- ②（　　　　）した子メダカは、しばらくは、③（　　　　）の中にある養分で成長する。

メダカを飼っている水そうにタニシやモノアラガイなどの貝を入れておくと、メダカのふんやえさの食べ残しを食べてくれるので、水をきれいに保（たも）つことができます。

練習のワーク

できた数
/10問中

教科書 44～51ページ　答え 7ページ

1 次の㋐～㋓の写真は、メダカのたまごを観察したときのようすです。あとの問いに答えましょう。

㋐
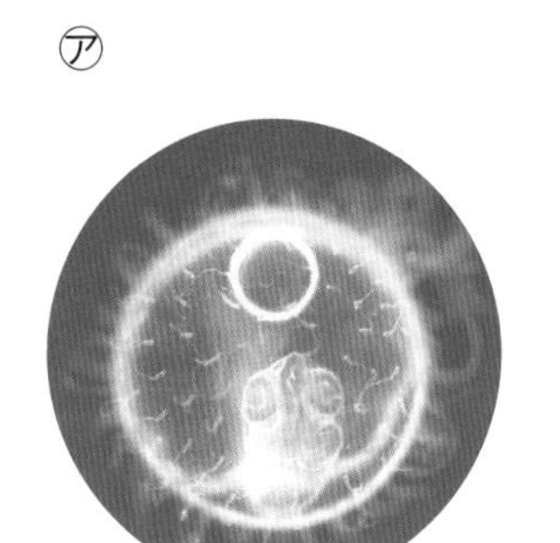

㋑
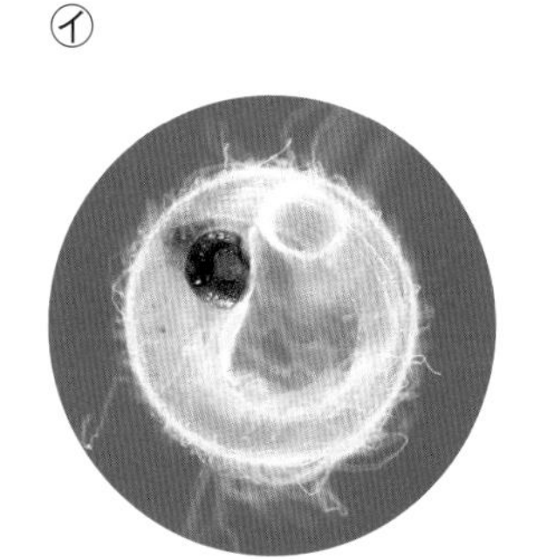

㋒
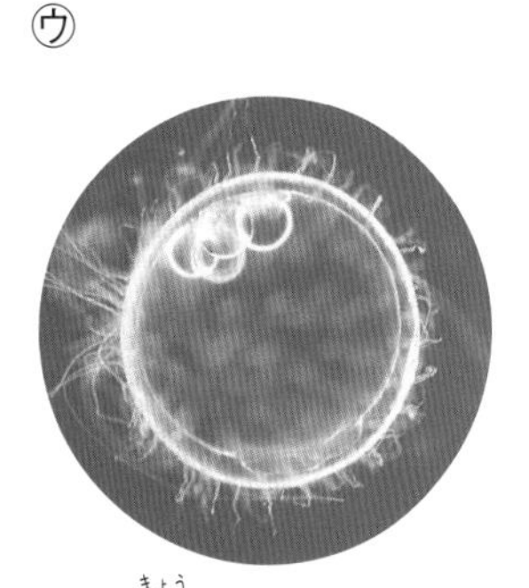

㋓
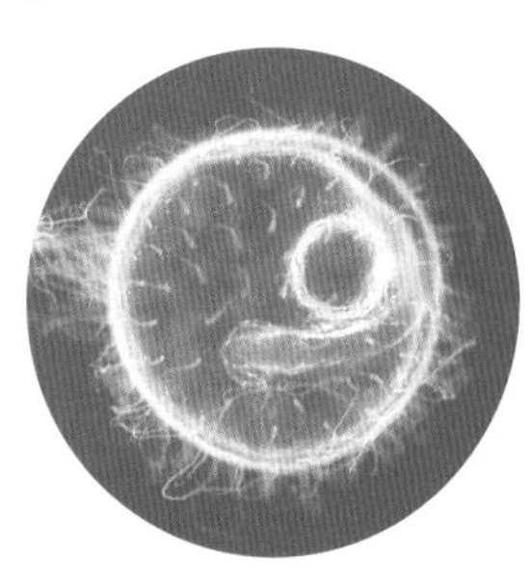

(1) 水草からとったたまごの中を、そう眼実体けんび鏡を使って観察します。次のア、イから、観察のしかたとして正しいほうを選びましょう。（　　）

ア　ジッパーつきのふくろに、たまごだけを入れて、10日おきに観察する。

イ　ジッパーつきのふくろに、たまごと水を入れて、1、2日おきに観察する。

(2) 次の①～④は、それぞれ㋐～㋓のどのころのものですか。

① 心ぞうの動きや血液の流れがよく見える。（　　）

② あわの反対側の部分から変化が始まる。（　　）

③ 頭が大きく、目がはっきりしてくる。（　　）

④ メダカの体のもとになるものができてくる。（　　）

(3) ㋐～㋓を、メダカのたまごが変化する順にならべましょう。

（　　→　　→　　→　　）

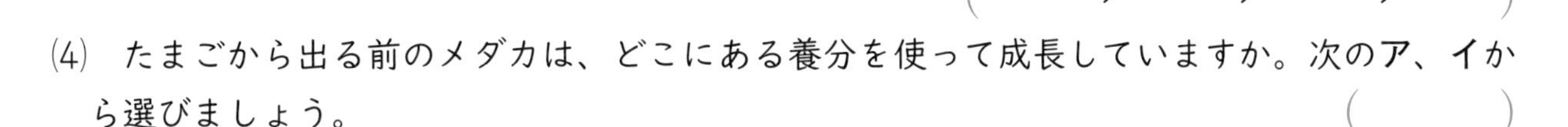

(4) たまごから出る前のメダカは、どこにある養分を使って成長していますか。次のア、イから選びましょう。（　　）

ア　たまごの周りの水中にある養分　　イ　たまごの中にある養分

2 右の写真は、たんじょう（ふ化）したばかりの子メダカのようすです。次の問いに答えましょう。

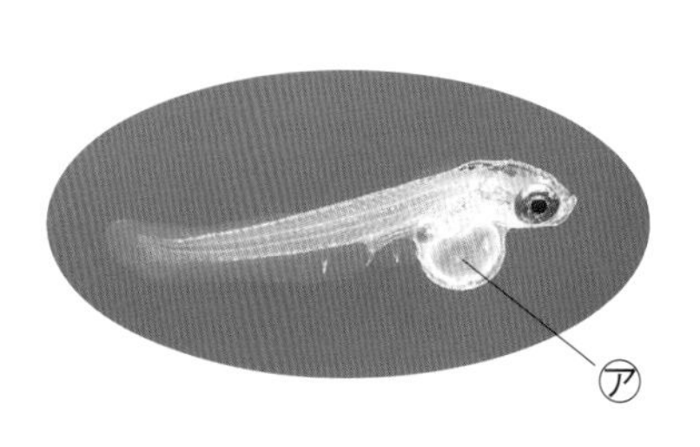
㋐

(1) 受精してから子メダカがふ化するまで、およそ何日かかりますか。次のア～ウから選びましょう。ただし、水温は25℃の場合とします。（　　）

ア　3日　　イ　11日　　ウ　21日

(2) はらにある㋐の中には何がありますか。（　　）

(3) ふ化したばかりの子メダカのようすについて、次のア～ウから正しいものを選びましょう。（　　）

ア　しばらくの間は何も食べず、底のほうでじっとしている。

イ　すぐに活発に動き出して、自分でえさをとり始める。

ウ　すぐに活発に動き出して、親からえさをもらっている。

ふ化するまでの日数は目安だよ。

勉強した日　月　日

まとめのテスト①

3 メダカのたんじょう

時間 20分

得点 /100点

教科書 40~51ページ　答え 7ページ

よく出る

1 メダカのおすとめすの見分け方 メダカのおすとめすの見分け方について、あとの問いに答えましょう。

1つ5〔30点〕

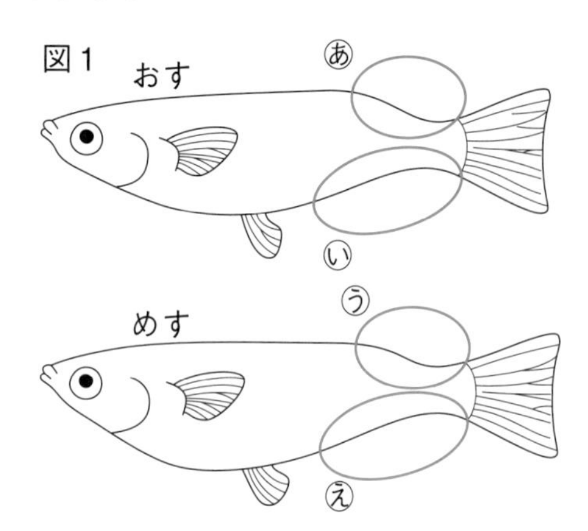

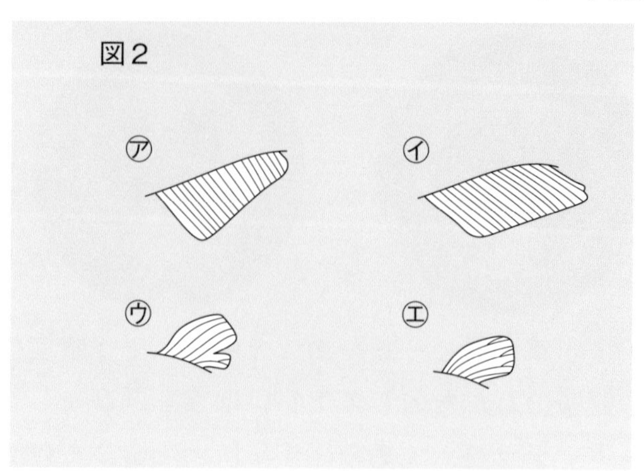

(1) 図1のあやうの部分についているひれを何といいますか。（　　）

(2) 図1のいやえの部分についているひれを何といいますか。（　　）

(3) 図1のおすのあ、い、めすのう、えの部分には、どのようなひれがついていますか。図2のア~エからそれぞれ選びましょう。

あ（　　）　い（　　）　う（　　）　え（　　）

2 メダカの飼い方 右の図のような水そうを用意してメダカを飼い、たまごを産むようすを観察しました。次の問いに答えましょう。

1つ4〔20点〕

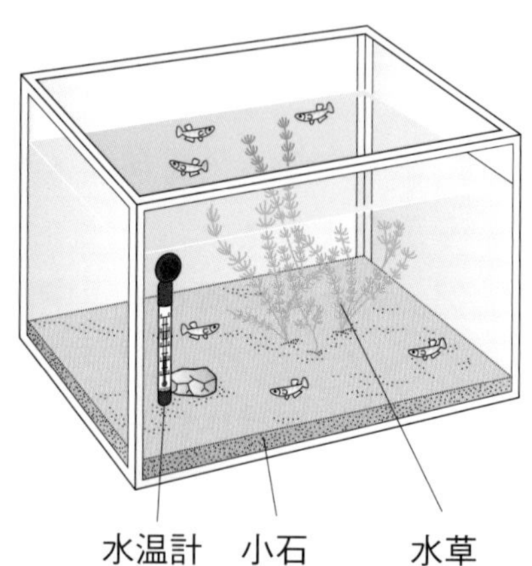

(1) 水そうは、どのようなところに置きますか。直しゃ日光という言葉を使って書きましょう。

（　　）

(2) 水そうに入れるのは、どのような水がよいですか。ア、イから選びましょう。（　　）

ア くんだばかりの水道水　　イ くみ置きの水道水

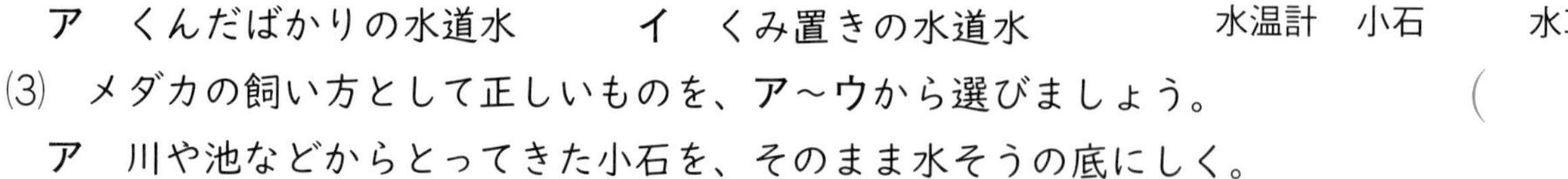

(3) メダカの飼い方として正しいものを、ア~ウから選びましょう。（　　）

ア 川や池などからとってきた小石を、そのまま水そうの底にしく。

イ たまごを産むようにするため、水そうにはおすとめすを入れる。

ウ メダカのえさとして、水草を入れておく。

(4) メダカがたまごをよく産むようにするためには、水温をどのくらいにしますか。ア~ウから選びましょう。（　　）

ア 15℃くらい　　イ 25℃くらい　　ウ 35℃くらい

(5) メダカのえさは、どのくらいあたえますか。ア、イから選びましょう。（　　）

ア 食べ残しが出ないくらい。　　イ 少し食べ残しが出るくらい。

3 **メダカがたまごを産むようす** **右の写真は、たまごをつけためすのメダカのようすです。次の問いに答えましょう。** 1つ4〔20点〕

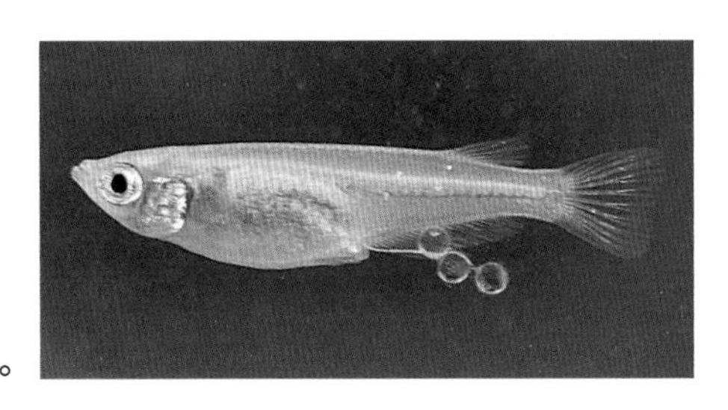

(1) メダカのたまごが変化を始めるためには、めすの産んだたまごとおすの出した何が結びつく必要がありますか。
（　　　　　　　）

(2) めすの産んだたまごと、おすの出した(1)が結びつくことを何といいますか。
（　　　　　　　）

(3) (2)でできたたまごを何といいますか。（　　　　　　　）

(4) めすのメダカがたまごを産むようすについて、ア～ウを正しい順にならべましょう。

（　　→　　→　　）

ア　めすとおすが体をこすり合わせ、おすが(1)をかける。
イ　めすの周りをおすが泳ぐ。
ウ　めすが産んだたまごを水草につける。

(5) メダカのたまごの大きさはどのくらいですか。ア～ウから選びましょう。（　　　）

ア　0.1mmくらい　　イ　1mmくらい　　ウ　1cmくらい

4 **メダカのたまごの変化** **次の図は、メダカのたまごが変化していくようすです。あとの問いに答えましょう。** 1つ5〔30点〕

㋐
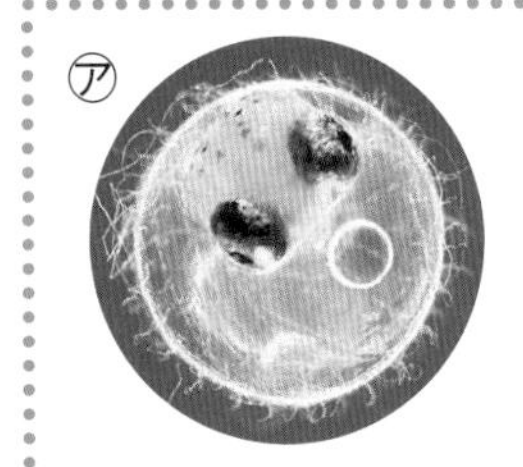
体が大きくなりさかんに動く。

㋑
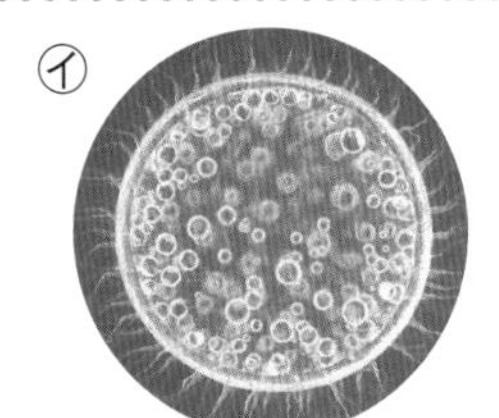
あわのようなものが全体に散らばっている。

㋒
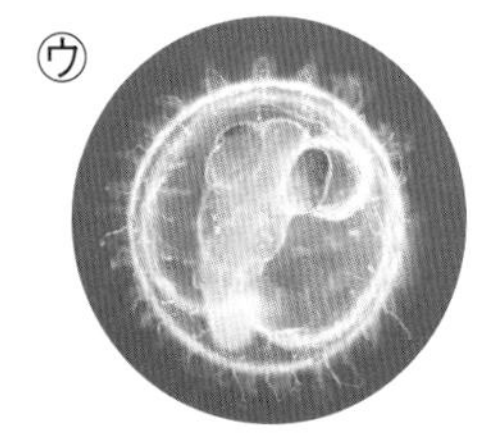
目がはっきりしてくる。

㋓
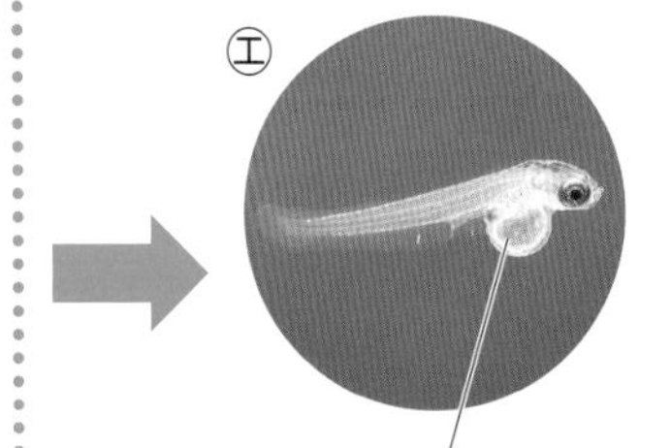

(1) 心ぞうの動きや、血液の流れがよく見えるのは、どのころですか。図の㋐～㋒から選びましょう。（　　　）

(2) メダカのたまごは、どのような順で変化していきますか。図の㋐～㋒を、たまごが育つ順にならべましょう。（　　→　　→　　）

(3) たまごが成長するための養分は、どこにありますか。（　　　　　　　）

(4) ㋓の子メダカは、はらがふくらんでいます。このふくらんだはらの中には何が入っていますか。（　　　　　　　）

(5) たまごから出てきたばかりの㋓の子メダカは、どのようにしていますか。次のア、イから選びましょう。（　　　）

ア　水そうの上のほうで泳いでいる。　　イ　水そうの底のほうでじっとしている。

記述 (6) たまごから出てきたばかりの㋓の子メダカが、しばらくの間、何も食べなくても生きていられるのはなぜですか。
（　　　　　　　　　　　　　　　　　　　　）

けんび鏡の使い方

基本のワーク

学習の目標

けんび鏡の各部分の名前や使い方を理解しよう。

教科書 45、182～183ページ　答え 8ページ

図を見て、あとの問いに答えましょう。

1 そう眼実体けんび鏡と解ぼうけんび鏡

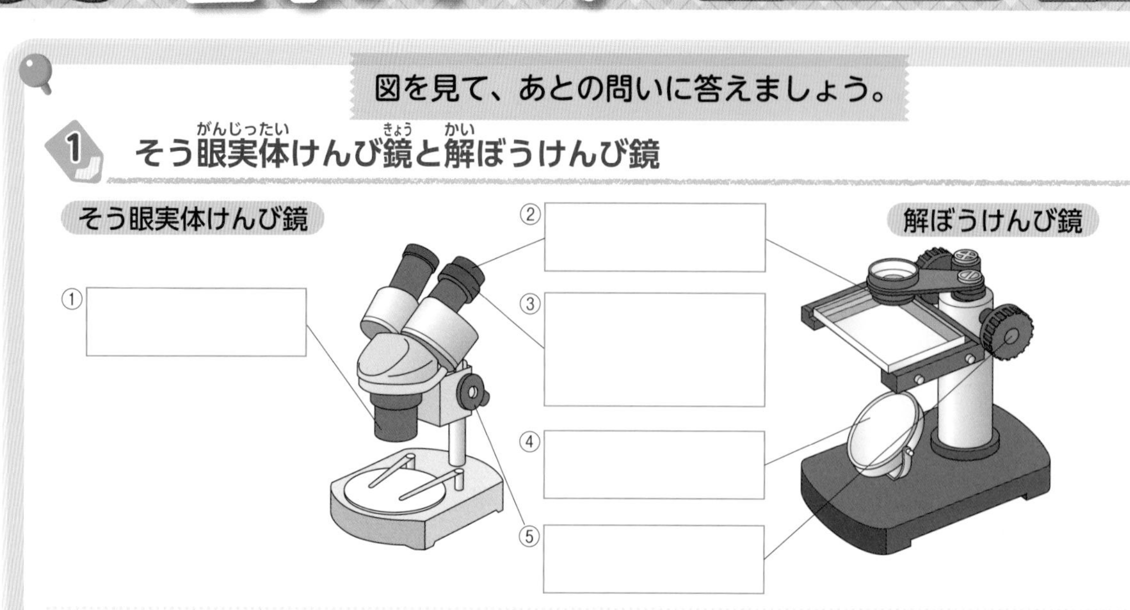

● そう眼実体けんび鏡と解ぼうけんび鏡の各部分の名前について、①～⑤の□にあてはまる言葉を下の〔 〕から選んで書きましょう。

〔 接眼レンズ　対物レンズ　調節ねじ　反しゃ鏡　視度調節リング 〕

2 けんび鏡

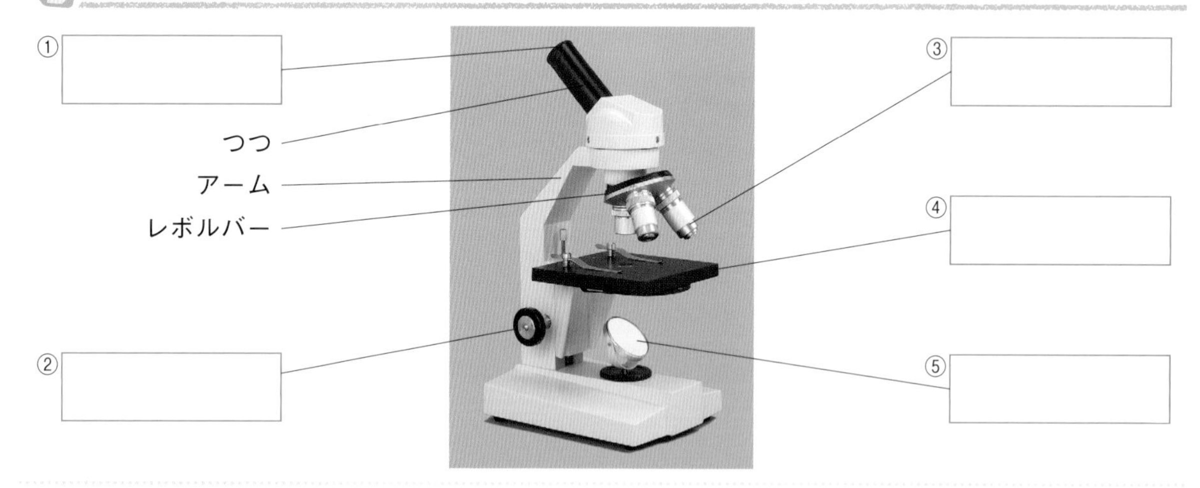

● けんび鏡の各部分の名前について、①～⑤の□にあてはまる言葉を下の〔 〕から選んで書きましょう。

〔 接眼レンズ　対物レンズ　調節ねじ　反しゃ鏡　ステージ 〕

まとめ 〔 けんび鏡　対物　大きく 〕から選んで（ ）に書きましょう。

●けんび鏡は、小さなものを①（　　　）して見ることができる器具である。

●②（　　　）の倍率は、接眼レンズの倍率×③（　　　）レンズの倍率で求める。

けんび鏡は小さいものを観察するのに適していて、倍率は約40～600倍です。解ぼうけんび鏡の倍率は約10～20倍、そう眼実体けんび鏡の倍率は約20～40倍です。

練習のワーク

教科書 45、182～183ページ　答え 8ページ

1 **右の図は、そう眼実体けんび鏡と解ぼうけんび鏡です。次の問いに答えましょう。**

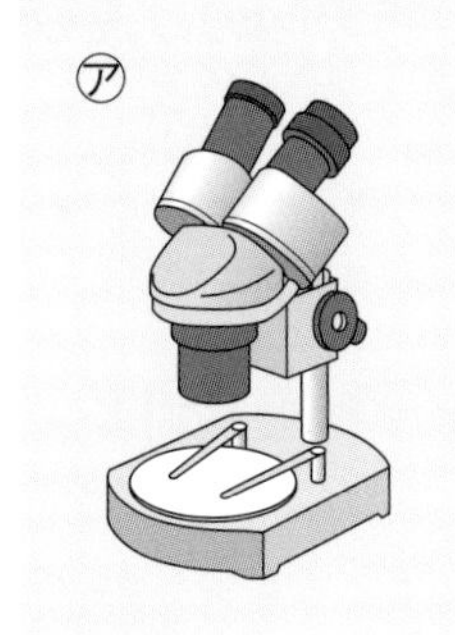

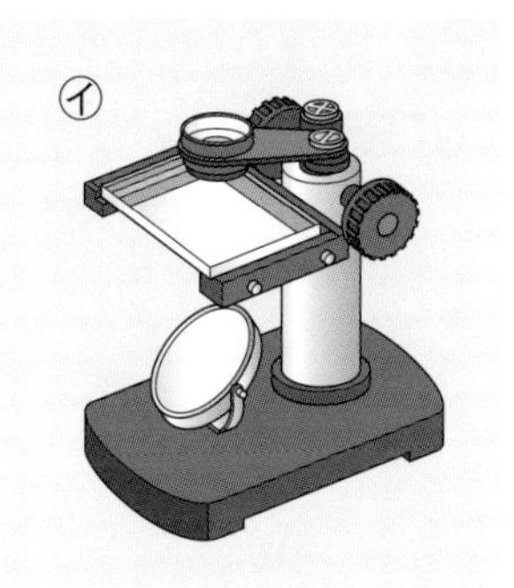

(1) ㋐、㋑は、そう眼実体けんび鏡と解ぼうけんび鏡のどちらですか。

㋐（　　　　　　）
㋑（　　　　　　）

(2) 次のア～ウを、㋐のそうさの順にならべましょう。

（　　→　　→　　）

ア　右目でのぞきながら調節ねじを回し、はっきり見えるようにする。

イ　左目でのぞきながら視度調節リングを回し、はっきり見えるようにする。

ウ　ステージの上に見るものを置き、接眼レンズのはばを目のはばにおおよそ合わせ、両目で見ながら、見えているものが１つに重なるようにはばを調節する。

(3) 次のア～ウを、㋑のそうさの順にならべましょう。（　　→　　→　　）

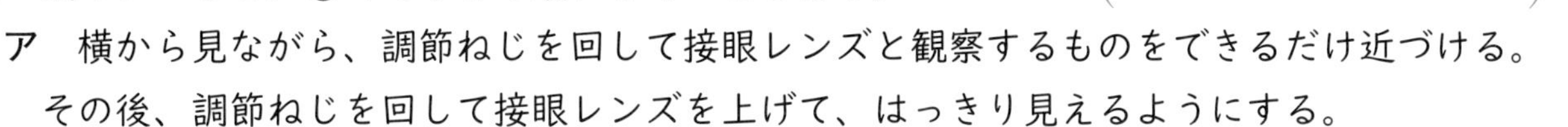

ア　横から見ながら、調節ねじを回して接眼レンズと観察するものをできるだけ近づける。その後、調節ねじを回して接眼レンズを上げて、はっきり見えるようにする。

イ　観察するものをステージの上に置く。

ウ　観察したい部分が接眼レンズの真下にくるようにする。

2 **右の写真のけんび鏡について、次の問いに答えましょう。**

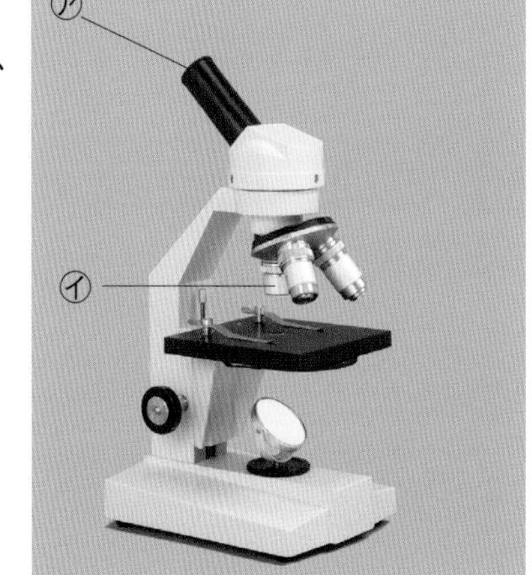

(1) けんび鏡はどのようなところに置いて使いますか。次のア、イから選びましょう。（　　）

ア　直しゃ日光の当たる明るいところ。

イ　直しゃ日光の当たらない明るいところ。

(2) ㋐、㋑のレンズをそれぞれ何といいますか。

㋐（　　　　　　）
㋑（　　　　　　）

(3) ㋐の倍率が10倍、㋑の倍率が5倍のとき、けんび鏡の倍率は何倍ですか。（　　　）

(4) 最初、㋑はどの倍率のものにしますか。次のア、イから選びましょう。（　　）

ア　一番高い倍率のレンズ　　イ　一番低い倍率のレンズ

(5) けんび鏡の使い方について、次のア～エをそうさの順にならべましょう。

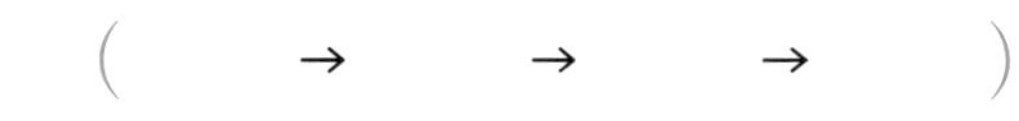

（　　→　　→　　→　　）

ア　横から見ながら調節ねじを回して、スライドガラスと㋑を近づける。

イ　ステージにスライドガラスを置く。

ウ　㋐をのぞきながら調節ねじを回し、スライドガラスと㋑を遠ざけてピントを合わせる。

エ　㋐をのぞきながら反しゃ鏡を動かして、明るく見えるようにする。

まとめのテスト②

3 メダカのたんじょう

時間 20分

得点　　/100点

勉強した日　月　日

教科書 45、182〜183ページ　答え 8ページ

1 けんび鏡の使い方 **右の図のけんび鏡について、次の問いに答えましょう。** 1つ4〔32点〕

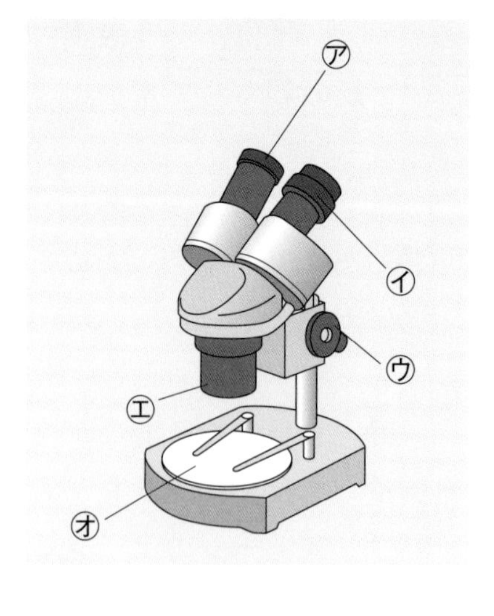

(1) 図のけんび鏡を何といいますか。

(　　　　　　　　　)

(2) 図の㋐〜㋔の部分をそれぞれ何といいますか。

㋐(　　　　　　)　㋑(　　　　　　)

㋒(　　　　　　)　㋓(　　　　　　)

㋔(　　　　　　)

(3) 図のけんび鏡にはどのような特ちょうがありますか。次のア〜ウから選びましょう。(　　　)

ア　目では見えないものを観察するのに適(てき)している。

イ　接眼レンズだけなので、使い方がかんたんである。

ウ　厚(あつ)みのあるものを立体的に観察するのに適している。

(4) 図のけんび鏡について、次のア〜ウをそうさの順にならべましょう。

(　　　→　　　→　　　)

ア　左目でのぞきながら㋑を回し、はっきり見えるようにする。

イ　ステージの上に見るものを置き、㋐のはばを目のはばに合わせ、両目で見えているものが１つに重なるように調節する。

ウ　右目でのぞきながら㋒を回し、はっきり見えるようにする。

2 けんび鏡の使い方 **右の図のけんび鏡について、次の問いに答えましょう。** 1つ4〔20点〕

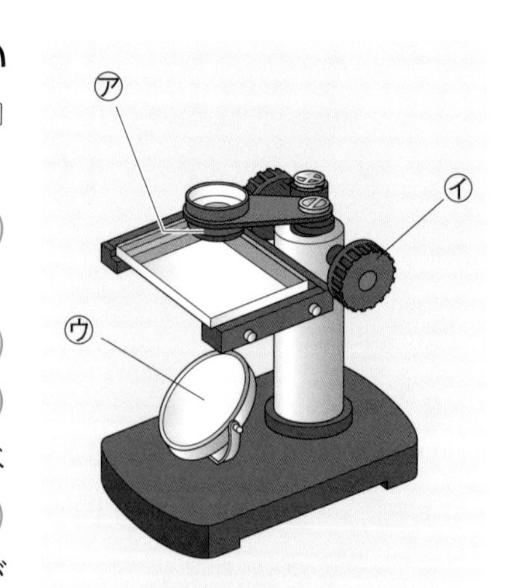

(1) 図のけんび鏡を何といいますか。

(　　　　　　　　　)

(2) 図の㋐〜㋒の部分をそれぞれ何といいますか。

㋐(　　　　　　)　㋑(　　　　　　)

㋒(　　　　　　)

(3) 図のけんび鏡について、次のア〜エをそうさの順にならべましょう。(　　　→　　　→　　　→　　　)

ア　観察するものをステージの上に置き、観察したい部分が㋐の真下にくるようにする。

イ　㋒の向きを変えて、明るく見えるようにする。

ウ　㋑を回して㋐を上げて、はっきり見えるようにする。

エ　横から見ながら、㋑を回して㋐と観察するものをできるだけ近づける。

3 けんび鏡の使い方 **右の図のけんび鏡について、次の問いに答えましょう。** 1つ3〔48点〕

アーム

(1) けんび鏡はどのような明るさのところに置いて使いますか。直しゃ日光という言葉を使って書きましょう。

(　　　　　　　　　　　　)

(2) (1)のようなところに置いて使うのはなぜですか。次の**ア**、**イ**から選びましょう。 (　　)

ア 強い光のほうが見やすいため。

イ 目をいためないようにするため。

(3) 図の㋐～㋕の部分をそれぞれ何といいますか。

㋐(　　　) ㋑(　　　)
㋒(　　　) ㋓(　　　)
㋔(　　　) ㋕(　　　)

(4) 最初、㋓はどの倍率のものにしますか。次の**ア**、**イ**から選びましょう。 (　　)

ア 一番倍率の高いレンズ　　**イ** 一番倍率の低いレンズ

(5) けんび鏡の使い方について、次の**ア**～**エ**をそうさの順にならべましょう。

(　→　→　→　)

ア ㋐をのぞきながら㋑を回し、スライドガラスと㋓を遠ざけてピントを合わせる。

イ ㋐をのぞきながら㋕を動かして、明るく見えるようにする。

ウ ㋔の上にスライドガラスを置く。

エ 横から見ながら、㋑を回して、スライドガラスと㋓を近づける。

(6) けんび鏡の倍率を求める式はどのように表されますか。次の**ア**～**エ**から選びましょう。

(　　)

ア ㋐の倍率＋㋓の倍率　　**イ** ㋐の倍率－㋓の倍率

ウ ㋐の倍率×㋓の倍率　　**エ** ㋐の倍率÷㋓の倍率

(7) ㋐の倍率が10倍、㋓の倍率が10倍のとき、けんび鏡の倍率は何倍ですか。

(　　)

(8) ㋐の倍率が10倍、㋓の倍率が15倍のとき、(7)のときと比べて、観察するものはどのように見えますか。次の**ア**～**ウ**から選びましょう。 (　　)

ア より小さく見える。

イ より大きく見える。

ウ 見える大きさは変わらない。

(9) けんび鏡で見たとき、観察するものの上と下、左と右は、どのように見えますか。次の**ア**、**イ**からそれぞれ選びましょう。 上と下(　　) 左と右(　　)

ア 同じ向きに見える。　　**イ** 逆に見える。

(10) けんび鏡を移動させるとき、どのように持って運びますか。次の**ア**、**イ**から選びましょう。

(　　)

ア かた方の手でアームを持って運ぶ。

イ かた方の手でアームを持ち、もうかた方の手で下部を支(ささ)えて運ぶ。

勉強した日　月　日

台風の接近と天気

基本のワーク

学習の目標：台風の動きと天気の変化について理解しよう。

教科書 52〜61ページ　答え 9ページ

図を見て、あとの問いに答えましょう。

1 台風が近づいたときの天気

台風が近づいている地いきのようす

台風が近づいたとき
風が①（ 強く　弱く ）ふく。
雨の量が②（ 多くなる　少なくなる ）。

台風が過ぎ去った後
天気は③（ 晴れ　雨 ）になることが多い。

(1) 台風が近づいたときの風や雨について、①、②の（　）のうち、正しいほうを◯で囲みましょう。

(2) 台風が過ぎ去った後の天気について、③の（　）のうち、正しいほうを◯で囲みましょう。

2 台風の進路

ある年の台風の主な進路

北
西
東
南
20号（10月）
8号（7月）
10号（7月）
14号（9月）
22号（12月）
18号（9月）

台風の雨は水資げんにもなるよ。

台風は、日本の①□のほうからやってきて、日本に上陸したり、日本の近くを通っていったりする。

● 台風の進路について、①の□にあてはまる方位を、東・西・南・北から選んで書きましょう。

まとめ　〔 晴れ　雨　風 〕から選んで（　）に書きましょう。

● 台風が近づくと①（　　　）が強くふいて、多くの②（　　　）がふるが、台風が過ぎ去ると、③（　　　）ることが多い。

わくわくたんてい団　台風の強い風によって、電柱が折れたり、木がたおれたりすることがあります。また、台風の大雨によって、土砂くずれや、川のはんらんによるこう水が起こることがあります。

練習のワーク

教科書 52～61ページ　答え 9ページ

できた数　／9問中

1 次の写真は、ある年の９月に発生した台風が日本を通り過ぎたときの連続した３日間の雲画像です。あとの問いに答えましょう。

㋐

㋑
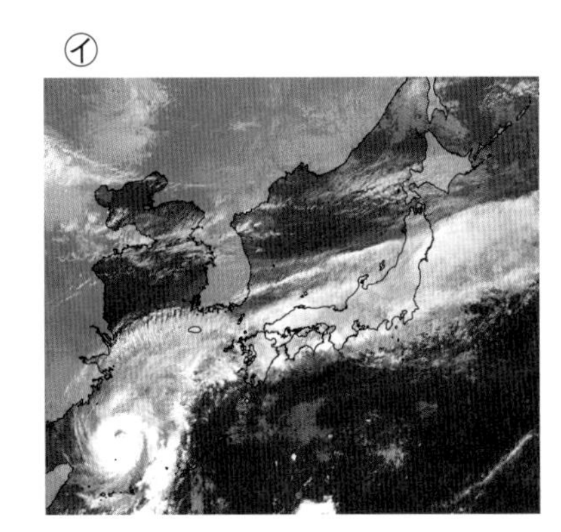

㋒
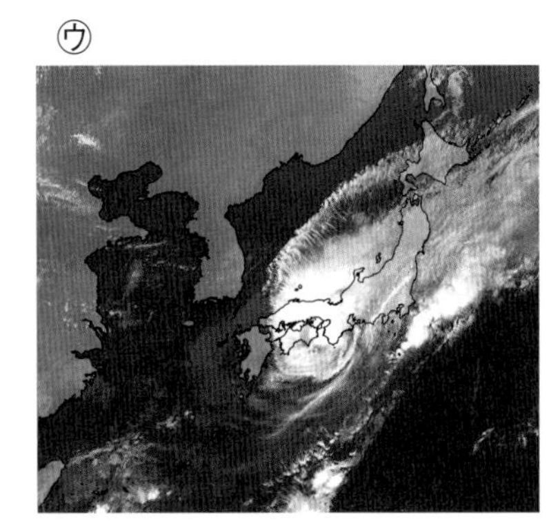

(1) 台風は、日本のどの方位から近づいてきますか。東・南・北から選びましょう。
（　　）

(2) 図の㋐～㋒の雲画像を、日にちの順にならべましょう。
（　　→　　→　　）

(3) 台風が近づくと、雨や風はそれぞれどうなりますか。
雨（　　）　風（　　）

(4) 台風が過ぎ去ると、どのような天気になることが多いですか。次のア～ウから選びましょう。
（　　）

ア　しだいに雲が多くなり、大雨がふる。
イ　おだやかに晴れる。
ウ　弱い雨がしばらくふり続ける。

2 右の図は、台風の進路予想で、台風の中心のまわりの㋐、㋑の円は、風速15m(秒速)以上のはん囲、風速25m(秒速)以上のはん囲のいずれかを表しています。次の問いに答えましょう。

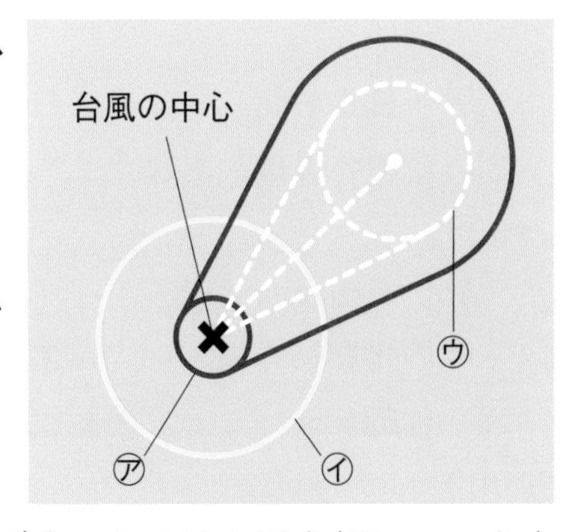

(1) 風速15m(秒速)以上のはん囲を表しているのは、図の㋐、㋑のどちらですか。
（　　）

(2) 台風の大きさは、図の㋐、㋑のどちらのはん囲の広さで表しますか。
（　　）

(3) 図の㋒は、台風の中心が動いてくると考えられるはん囲です。このはん囲を何といいますか。
（　　）

(4) 台風の強さは何で表しますか。次のア～エから選びましょう。
（　　）

ア　中心付近の最大雨量　　イ　中心付近の最大風速
ウ　中心付近の最高気温　　エ　中心付近の最低気温

まとめのテスト

4　台風と防災

勉強した日　　月　　日

得点
/100点

教科書　52～61ページ　　答え　9ページ

1　台風の動き　次の画像は、台風が日本に上陸したときの12時間ごとの雲画像です。あとの問いに答えましょう。

1つ6〔30点〕

9月3日　午後3時

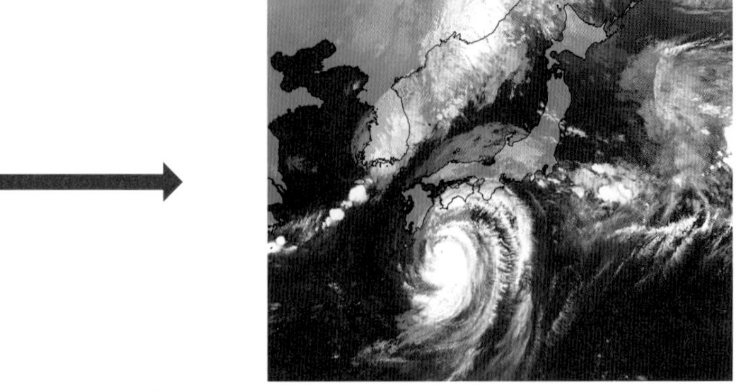

9月4日　午前3時

9月4日　午後3時

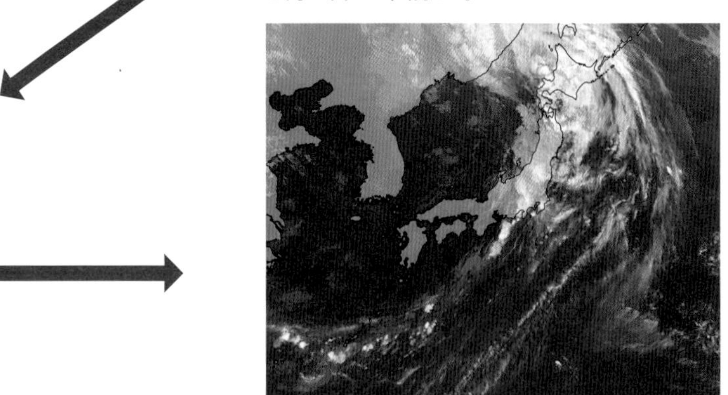

9月5日　午前3時

(1)　この台風は、どこからやってきて日本に上陸しましたか。次のア～エから選びましょう。（　　　）

ア　日本の北　　イ　日本の南　　ウ　日本の東　　エ　日本の西

(2)　この台風は、およそどちらからどちらの方位へ動きましたか。次のア～エから選びましょう。（　　　）

ア　南西から北東　　イ　東から西

ウ　北東から南西　　エ　西から東

記述　(3)　台風が近づくと、雨や風はどのようになりますか。

（　　　　　　　　　　　　　　　　　　　　　　　　）

(4)　次のア～エのうち、近畿(きんき)地方で雨や風が最も強かったのはいつですか。（　　　）

ア　9月3日午後3時　　イ　9月4日午前3時

ウ　9月4日午後3時　　エ　9月5日午前3時

記述　(5)　台風が過ぎ去ると、雨はどのようになることが多いですか。そのときの天気についても書きましょう。

（　　　　　　　　　　　　　　　　　　　　　　　　）

2 台風の進路予想　右の図は、台風の進路予想を表したものです。次の問いに答えましょう。　1つ6〔42点〕

(1)　台風の中心の周りの㋐、㋑の円は、何を表していますか。次のア～ウからそれぞれ選びましょう。

㋐(　　　　)　㋑(　　　　)

ア　風速15m(秒速)以上のはん囲

イ　風速25m(秒速)以上のはん囲

ウ　風速35m(秒速)以上のはん囲

(2)　図の㋒のはん囲を何といいますか。　(　　　　　　　　)

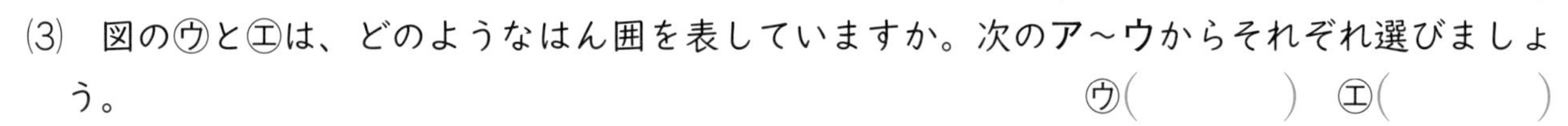

(3)　図の㋒と㋓は、どのようなはん囲を表していますか。次のア～ウからそれぞれ選びましょう。　㋒(　　　　)　㋓(　　　　)

ア　台風の中心が動いていくと考えられるはん囲。

イ　風速が15m(秒速)以上になると考えられるはん囲。

ウ　風速が25m(秒速)以上になると考えられるはん囲。

(4)　台風の大きさは、図の㋐～㋓のどのはん囲の広さで表しますか。　(　　　　)

(5)　台風の強さは何で表しますか。次のア～ウから選びましょう。　(　　　　)

ア　中心付近の最大風速

イ　中心付近の最大雨量

ウ　中心付近の最高気温

3 台風と天気　図1は、ある日の日本付近に見られた台風の雲画像です。図2は、図1のときの雨量情報です。あとの問いに答えましょう。　1つ7〔28点〕

図1

図2

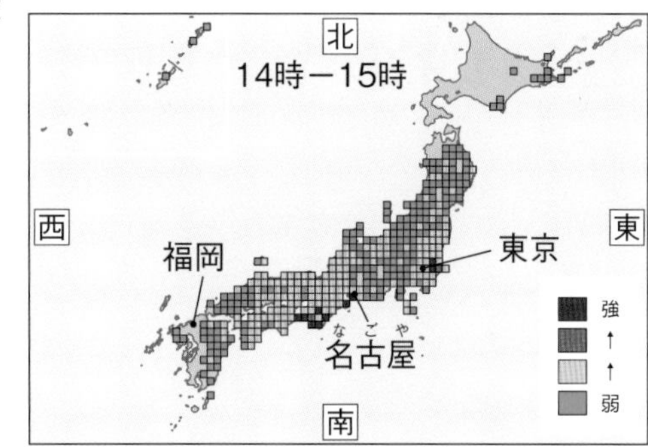

(1)　図1のときに雨がふっていなかった地いきはどこですか。次のア～ウから選びましょう。　(　　　　)

ア　東京　　イ　名古屋　　ウ　福岡

(2)　台風の動きや雨量情報などの気象情報は、何を利用して調べることができますか。1つ答えましょう。　(　　　　　　　　)

(3)　この後、台風が北東に進むと、東京と福岡の天気はどのようになると考えられますか。次のア～ウからそれぞれ選びましょう。　東京(　　　　)　福岡(　　　　)

ア　だんだん風が弱まり、やがて大雨がふる。

イ　だんだん風が弱まり、やがて晴れる。

ウ　だんだん風が強くなり、やがて大雨がふる。

勉強した日　月　日

1　花のつくり

基本のワーク

学習の目標
アサガオやツルレイシの花のつくりを理解しよう。

教科書 64〜69ページ　答え 10ページ

図を見て、あとの問いに答えましょう。

1 アサガオの花のつくり

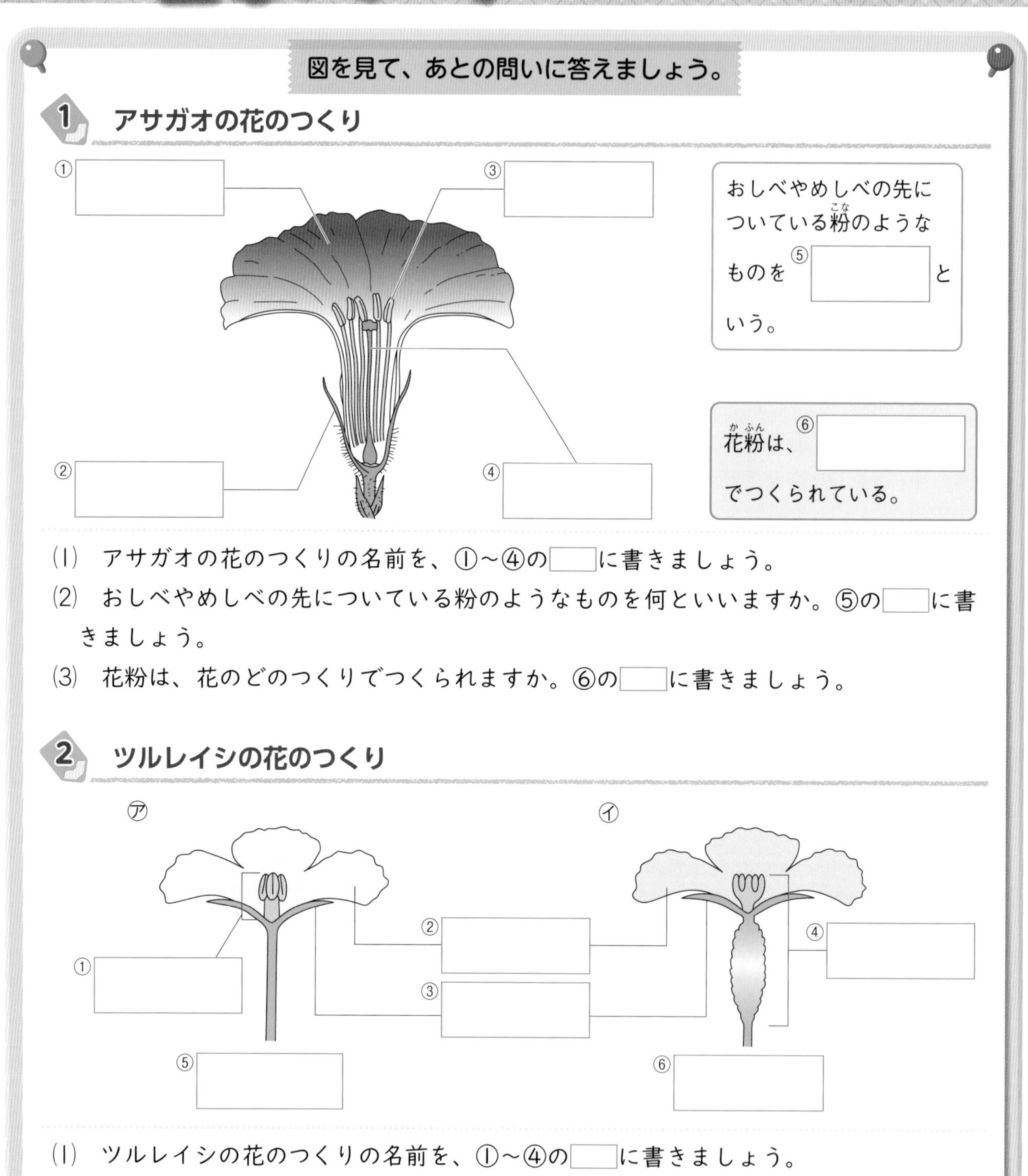

①
②
③
④
おしべやめしべの先についている粉（こな）のようなものを⑤　という。
花粉（かふん）は、⑥　でつくられている。
⑦
⑦
①
②
③
④
⑤
⑥

(1) アサガオの花のつくりの名前を、①〜④の□に書きましょう。
(2) おしべやめしべの先についている粉のようなものを何といいますか。⑤の□に書きましょう。
(3) 花粉は、花のどのつくりでつくられますか。⑥の□に書きましょう。

2 ツルレイシの花のつくり

(1) ツルレイシの花のつくりの名前を、①〜④の□に書きましょう。
(2) ㋐、㋑の花は、おばな、めばなのどちらですか。⑤、⑥の□に書きましょう。

まとめ 〔 花粉　おしべ 〕から選んで（　）に書きましょう。

- 花のつくりには、めしべ、①（　　　）、花びら、がくなどがある。
- おしべの先でつくられる粉のようなものを、②（　　　）という。

わくわくたんてい団

ツルレイシは、ゴーヤやニガウリともよばれます。実は食べられますが、苦みがあります。ツルレイシの実を卵や豆腐（とうふ）などといためた料理は、ゴーヤチャンプルーとよばれます。

練習のワーク

教科書 64～69ページ　答え 10ページ

できた数　／18問中

1 右の図は、アサガオの花のつくりを表したものです。次の問いに答えましょう。

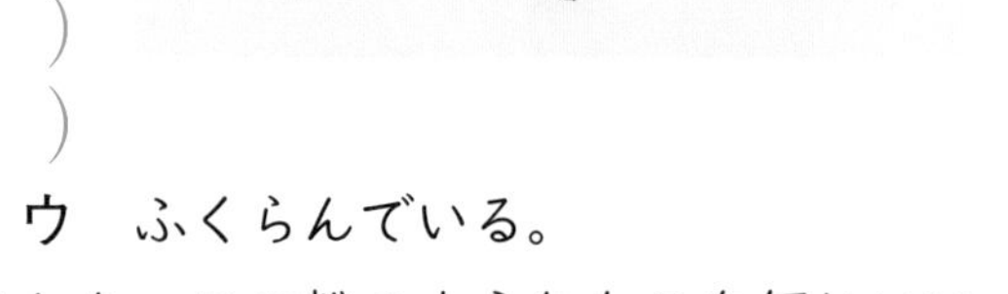

(1) 図の㋐～㋓のつくりをそれぞれ何といいますか。

㋐(　　　　)
㋑(　　　　)
㋒(　　　　)
㋓(　　　　)

(2) 図の㋒の先のほうともとのほうは、どのようになっていますか。次のア～ウからそれぞれ選びましょう。

先のほう(　　　)
もとのほう(　　　)

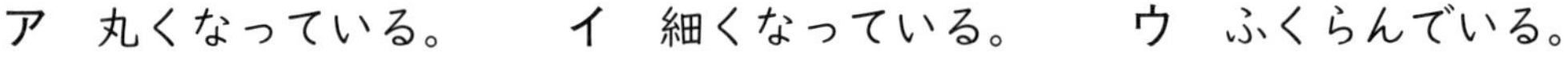

ア　丸くなっている。　イ　細くなっている。　ウ　ふくらんでいる。

(3) 図の㋑や㋒の先には、粉のようなものがついていました。この粉のようなものを何といいますか。(　　　)

(4) (3)はどのつくりでつくられますか。図の㋐～㋓から選びましょう。(　　)

(5) アサガオには、めしべ、おしべがそれぞれ何本ありますか。

めしべ(　　　　)　おしべ(　　　　)

2 右の図は、ツルレイシの花のつくりを表したものです。次の問いに答えましょう。

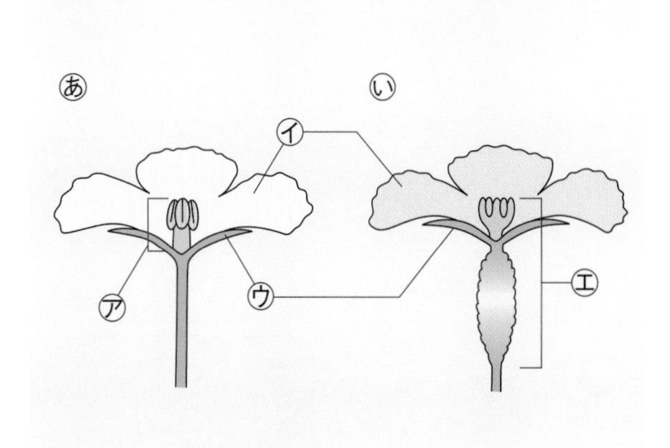

(1) 図の㋐～㋓のつくりをそれぞれ何といいますか。

㋐(　　　　)
㋑(　　　　)
㋒(　　　　)
㋓(　　　　)

(2) めばなはどちらの花ですか。図のあ、いから選びましょう。(　　　)

(3) 花粉がつくられるのはどちらの花ですか。図のあ、いから選びましょう。(　　　)

(4) 次の文のうち、正しいものを2つ選び、○をつけましょう。

①(　　)ツルレイシのおばなには、おしべはあるが、めしべはない。
②(　　)ツルレイシのおばなには、めしべはあるが、おしべはない。
③(　　)ツルレイシのめばなには、おしべはあるが、めしべはない。
④(　　)ツルレイシのめばなには、めしべはあるが、おしべはない。

勉強した日　月　日

2　受粉の役わり①

基本のワーク

学習の目標
アサガオの花粉のようすや受粉する時期について理解しよう。

教科書 70～72ページ　答え 10ページ

図を見て、あとの問いに答えましょう。

1 アサガオの花粉の観察

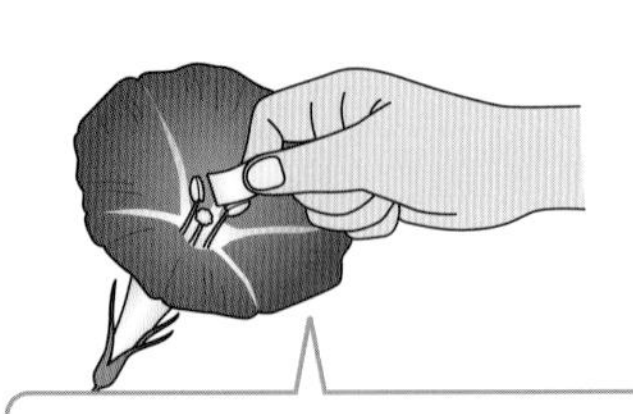

おしべにセロハンテープを当て、粉のようなものをつける。

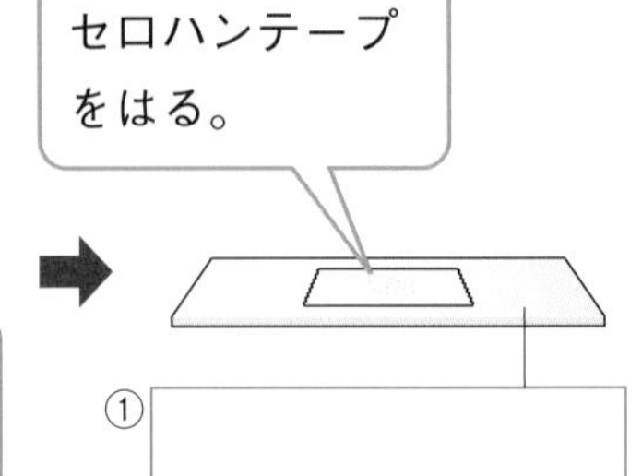

セロハンテープをはる。
①

けんび鏡で観察する。

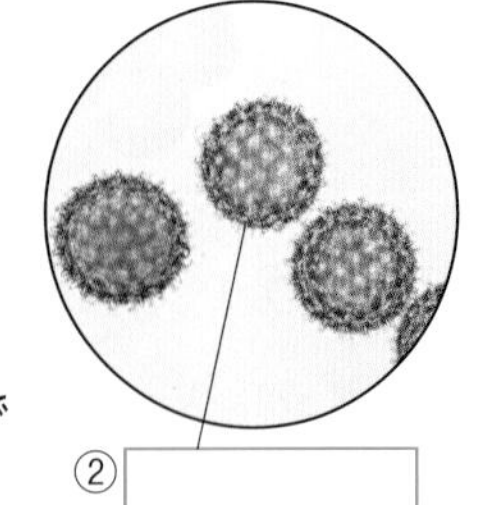

②

(1) ①のガラスの器具の名前を、□に書きましょう。
(2) けんび鏡で観察した粉のようなものを何といいますか。②の□に書きましょう。

2 アサガオの花が開く前後のおしべとめしべのようす

花が開く前

㋐ ㋑

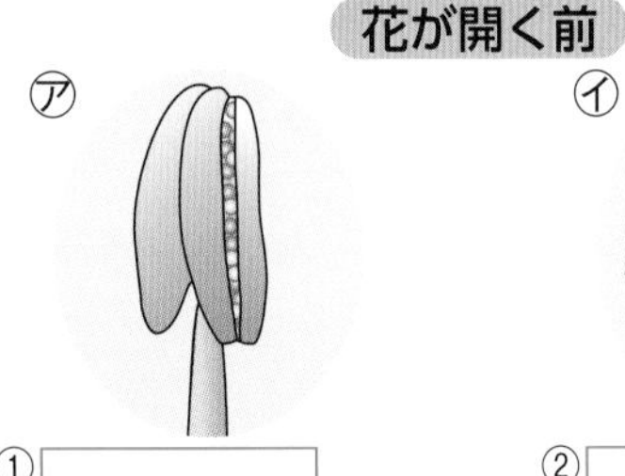

① □の先　② □の先

めしべの先は丸くなっているよ。

花粉がついて⑤(いる　いない)。

花が開いた後

㋒ ㋓

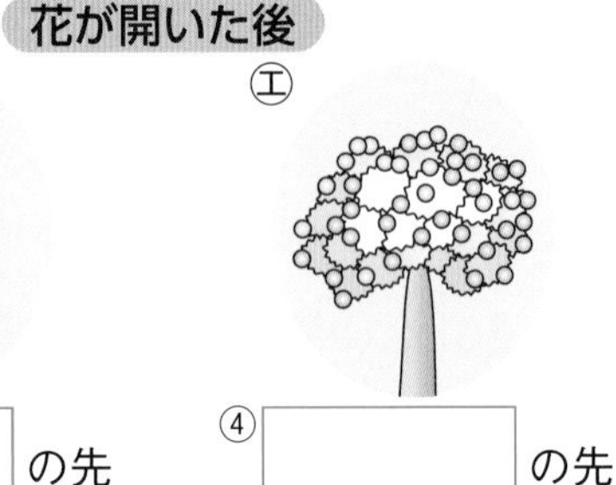

③ □の先　④ □の先

花粉がついて⑥(いる　いない)。

アサガオの花粉は、花が開く直前にめしべの先につく。
めしべの先に花粉がつくことを⑦□という。

(1) ㋐～㋓はおしべ、めしべのどちらの先ですか。①～④の□に書きましょう。
(2) ⑤、⑥の(　)のうち、正しいほうを◯で囲みましょう。
(3) めしべの先に花粉がつくことを何といいますか。⑦の□に書きましょう。

まとめ　〔 受粉（じゅふん）　直前 〕から選んで(　)に書きましょう。

●おしべの先でつくられた花粉がめしべの先につくことを①(　　　　)といい、アサガオでは、花が開く②(　　　　)に①が起こっている。

わくわくたんてい団
スギの花粉は、風によって運ばれます。スギの花粉は、春に大量に空気中へ出されるので、これが原因（げんいん）となって、花粉しょうとなる人がいます。

練習のワーク

教科書 70〜72ページ　答え 11ページ

できた数 ／9問中

1 右の写真は、アサガオのおしべから出ていた粉のようなものを、けんび鏡で観察したときのようすです。次の問いに答えましょう。

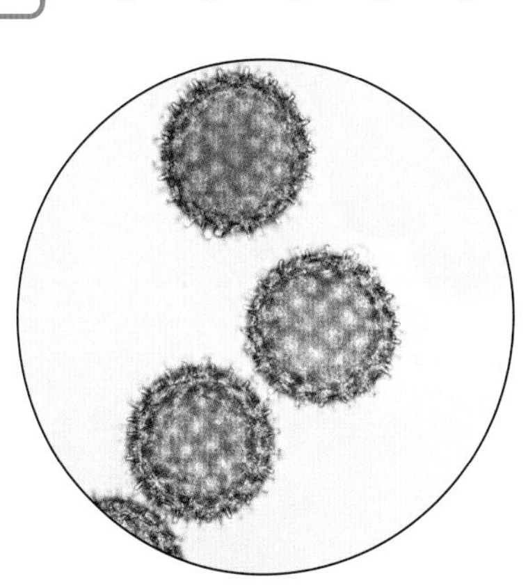

(1) 写真の丸い形をしたものを何といいますか。
（　　　）

(2) (1)の表面は、どのようになっていますか。ア、イから選びましょう。（　　　）

ア　とげのようなものがたくさんついている。

イ　つるつるしている。

(3) (1)は、おしべから出てどこにつきますか。ア、イから選びましょう。（　　　）

ア　めしべの先　　イ　めしべのもと

2 次の図は、アサガオの花が開く前と開いた後のおしべの先とめしべの先を、虫めがねで観察したときのようすを表したものです。あとの問いに答えましょう。

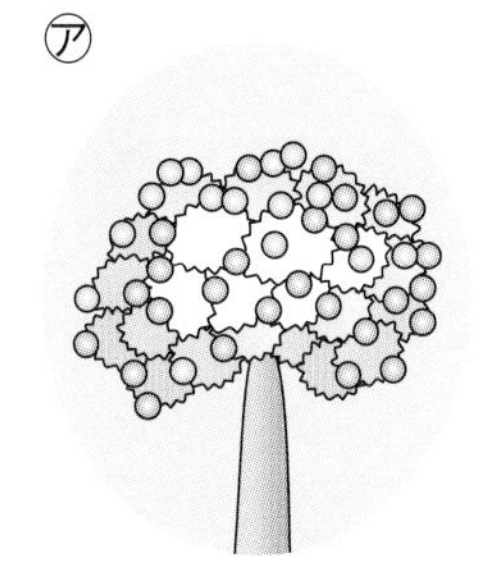

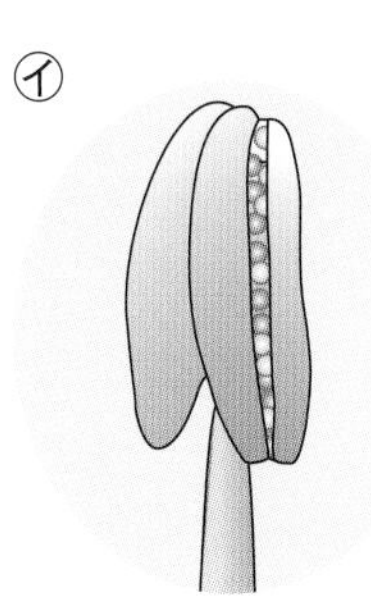

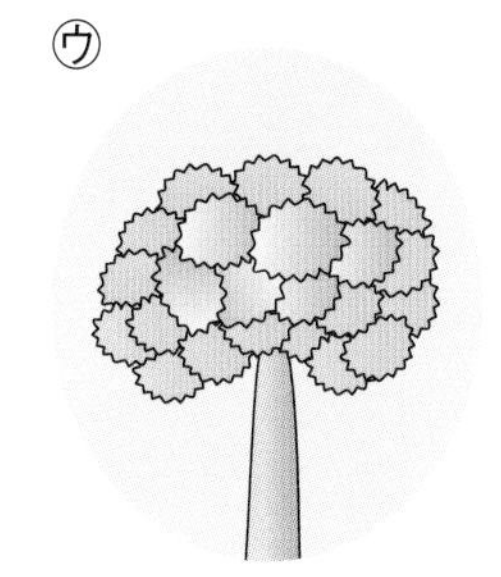

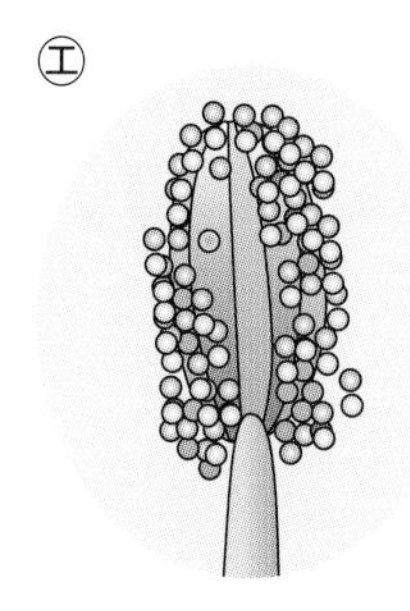

(1) ㋐や㋓の先についているつぶのようなものを何といいますか。（　　　）

(2) 花が開く前のおしべの先とめしべの先のようすはどれですか。図の㋐〜㋓からそれぞれ選びましょう。

おしべの先（　　　）　めしべの先（　　　）

(3) アサガオの花の場合、花粉はどのようにしてめしべにつきますか。次のア、イから選びましょう。
（　　　）

ア　おしべがのびて、めしべにふれる。　イ　めしべがのびて、おしべにふれる。

つぶのようなものがついているものと、ついていないものがあるね。

(4) アサガオの花の場合、花粉がめしべの先につくのはいつごろですか。次のア〜ウから選びましょう。（　　　）

ア　つぼみができたとき

イ　花が開く直前

ウ　花が開いてしばらくたったとき

(5) 花粉がめしべの先につくことを何といいますか。（　　　）

勉強した日
月
日

2 受粉の役わり②

基本のワーク

学習の目標
アサガオの花に実ができる条件を、実験を通して理解しよう。

教科書 73〜79ページ　答え 11ページ

図を見て、あとの問いに答えましょう。

1 受粉の役わりを調べる実験

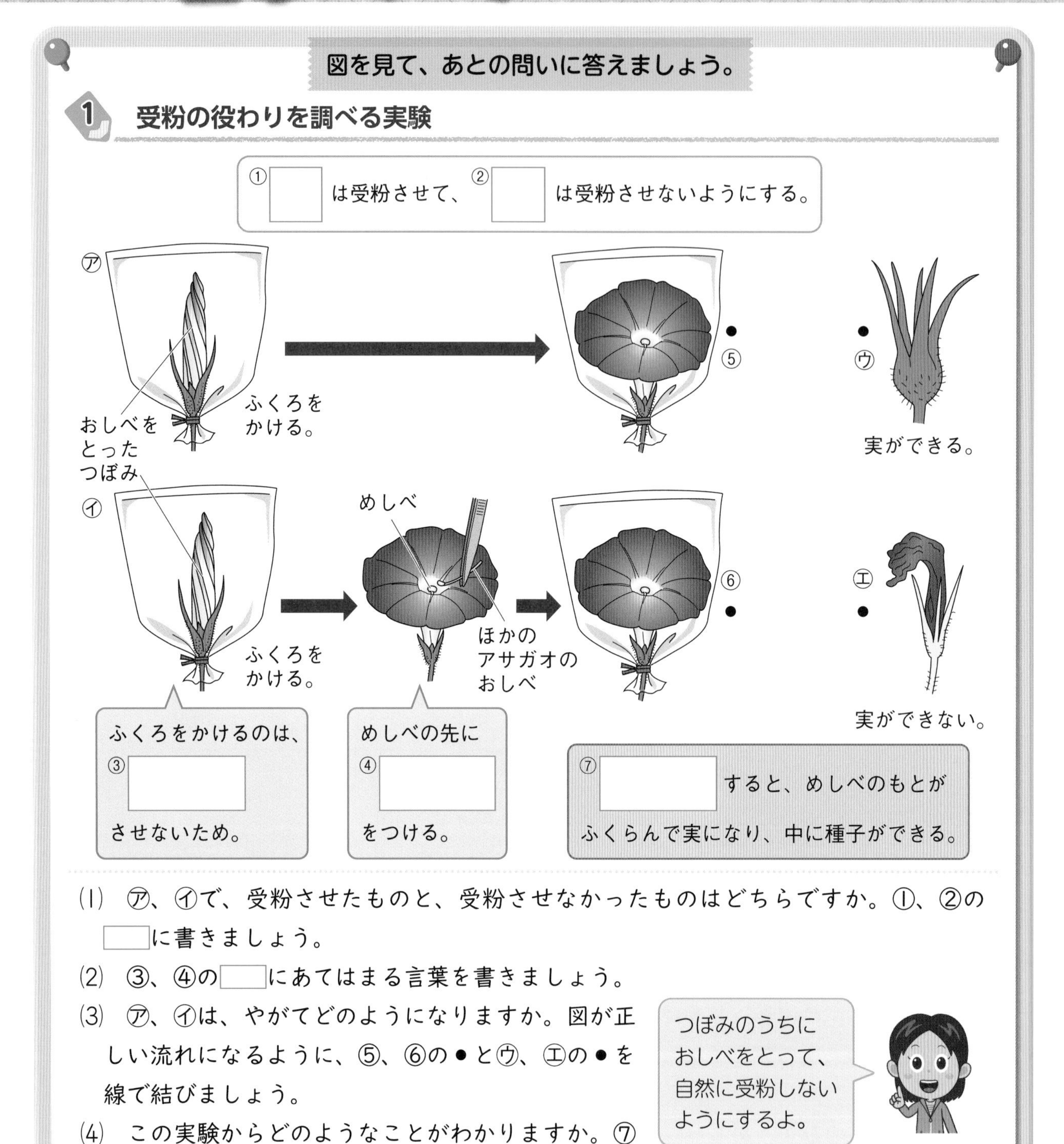
①□は受粉させて、②□は受粉させないようにする。
㋐
おしべをとったつぼみ
ふくろをかける。
⑤
㋒
実ができる。
㋑
めしべ
ほかのアサガオのおしべ
ふくろをかける。
⑥
㋓
実ができない。
ふくろをかけるのは、③□させないため。
めしべの先に④□をつける。
⑦□すると、めしべのもとがふくらんで実になり、中に種子ができる。

(1) ㋐、㋑で、受粉させたものと、受粉させなかったものはどちらですか。①、②の□に書きましょう。

(2) ③、④の□にあてはまる言葉を書きましょう。

(3) ㋐、㋑は、やがてどのようになりますか。図が正しい流れになるように、⑤、⑥の●と㋒、㋓の●を線で結びましょう。

(4) この実験からどのようなことがわかりますか。⑦の□にあてはまる言葉を書きましょう。

つぼみのうちにおしべをとって、自然に受粉しないようにするよ。

まとめ　〔 実　種子　受粉 〕から選んで（　）に書きましょう。

●アサガオが①（　　　　）すると、めしべのもとが②（　　　　）になる。

●アサガオの実の中には、③（　　　　）ができる。

わくわくたんてい団

ふつう、アサガオは、自分のおしべの花粉がめしべの先について受粉しますが、ほかのアサガオの花粉がめしべの先についても受粉することができます。

勉強した日　　月　　日

練習のワーク

できた数
／8問中

教科書　73~79ページ　　答え　11ページ

1　**受粉の役わりについて調べる実験をするために、アサガオのつぼみに、右の図のような準備をしました。次の問いに答えましょう。**

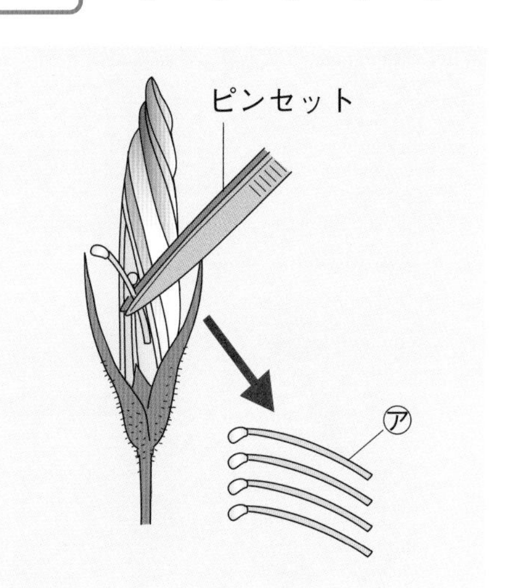
ピンセット
㋐

(1)　つぼみからとった㋐は何ですか。
（　　　　　　）

(2)　つぼみからは、㋐を何本とりますか。次のア～ウから選びましょう。（　　　）

ア　1本　　イ　2～3本　　ウ　全部

(3)　㋐をとるのはなぜですか。次のア、イから選びましょう。（　　　）

ア　自然に花粉がつかないようにするため。　　イ　花が開かないようにするため。

2　**アサガオのつぼみを2つ用意し、それぞれおしべをとってからふくろをかけました。花がさいたら、㋐は花粉をつけた後にまたふくろをかけておき、㋑はふくろをかけたままにしておきました。あとの問いに答えましょう。**

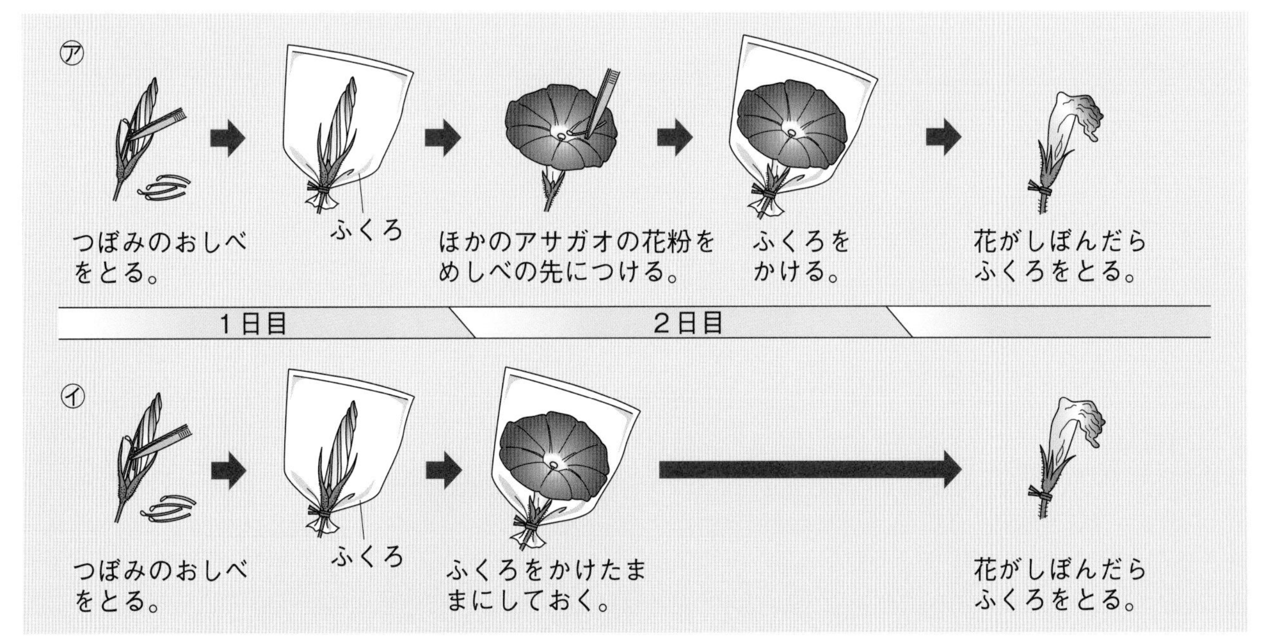
㋐
つぼみのおしべをとる。
ふくろ
ほかのアサガオの花粉をめしべの先につける。
ふくろをかける。
花がしぼんだらふくろをとる。
1日目
2日目
㋑
つぼみのおしべをとる。
ふくろ
ふくろをかけたままにしておく。
花がしぼんだらふくろをとる。

(1)　つぼみや花にふくろをかけたのはなぜですか。次のア、イから選びましょう。（　　　）

ア　つぼみの温度を一定にするため。

イ　ほかの花の花粉がつかないようにするため。

(2)　やがて、めしべのもとがふくらむのは、㋐、㋑のどちらですか。（　　　）

(3)　めしべのもとがふくらむと、何になりますか。（　　　）

(4)　(3)の中には、何がありますか。（　　　）

(5)　この実験から、(3)ができるためにはどのようなことが必要だとわかりますか。
（　　　　　　　　　）

勉強した日　　月　　日

2　受粉の役わり③

基本のワーク

学習の目標
ツルレイシの花に実ができる条件を、実験を通して理解しよう。

教科書　73〜79ページ　　答え　11ページ

図を見て、あとの問いに答えましょう。

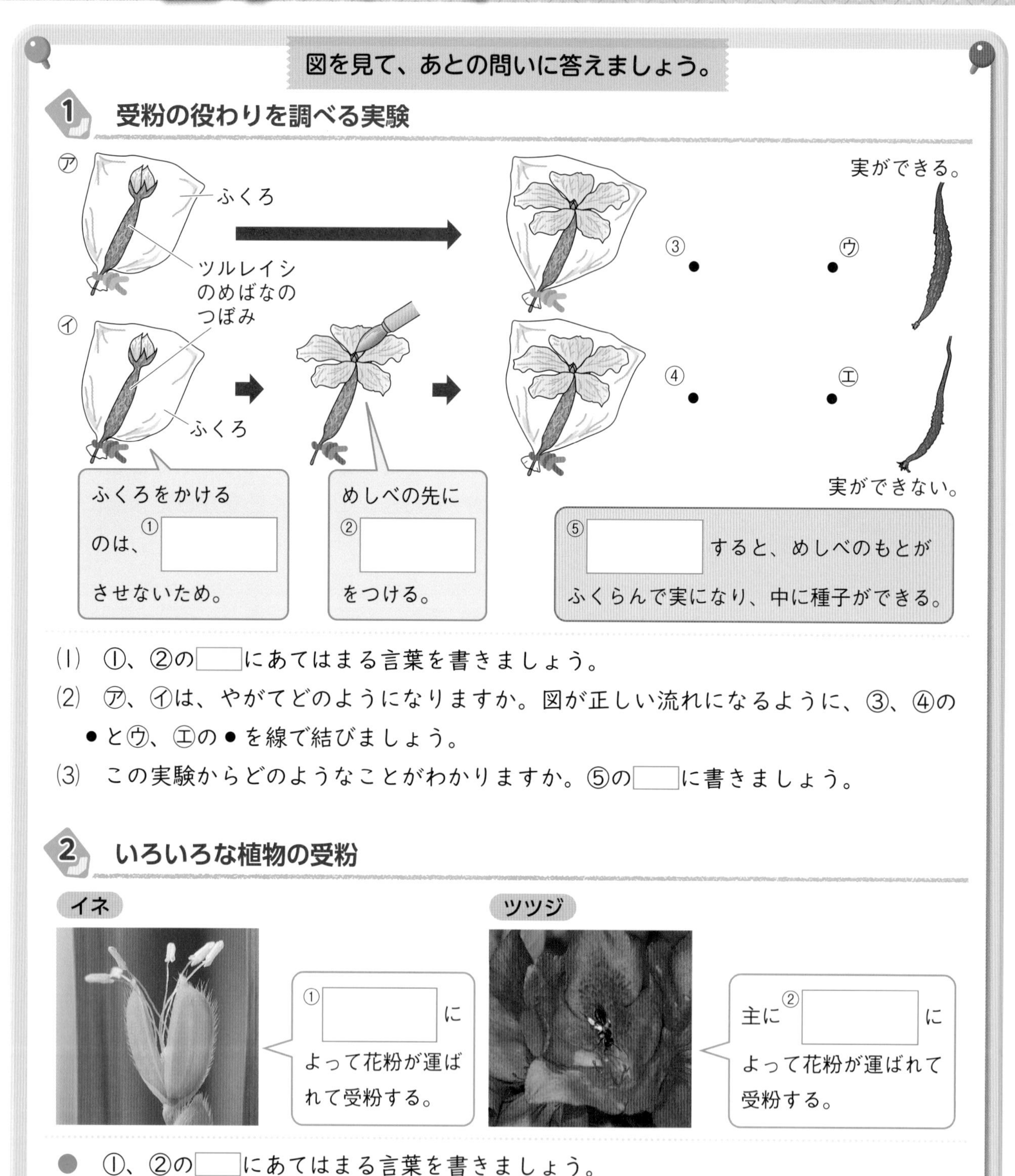

(1)　①、②の［　　］にあてはまる言葉を書きましょう。

(2)　㋐、㋑は、やがてどのようになりますか。図が正しい流れになるように、③、④の●と㋒、㋓の●を線で結びましょう。

(3)　この実験からどのようなことがわかりますか。⑤の［　　］に書きましょう。

2 いろいろな植物の受粉
イネ
①［　　］によって花粉が運ばれて受粉する。
ツツジ
主に②［　　］によって花粉が運ばれて受粉する。

●　①、②の［　　］にあてはまる言葉を書きましょう。

まとめ　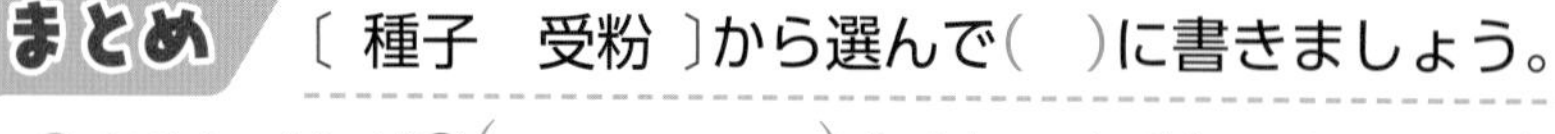〔 種子　受粉 〕から選んで（　）に書きましょう。

●ツルレイシが①（　　　　）すると、めばなのめしべのもとがふくらんで実ができ、その中に②（　　　　）ができる。

わくわくたんてい団　ツルレイシなどのきれいな花はこん虫（ちゅう）を引きよせやすく、花粉がこん虫の体につきやすくなっています。また、イネの花粉は軽くて小さいため、風に飛ばされやすいです。

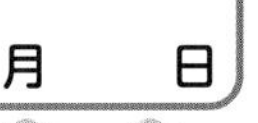

練習のワーク

教科書 73~79ページ　答え 11ページ

できた数 /8問中

1 ツルレイシのつぼみを2つ用意し、それぞれふくろをかけました。花がさいたら、㋐は花粉をめしべの先につけた後にまたふくろをかけておき、㋑はふくろをかけたままにしておきました。あとの問いに答えましょう。

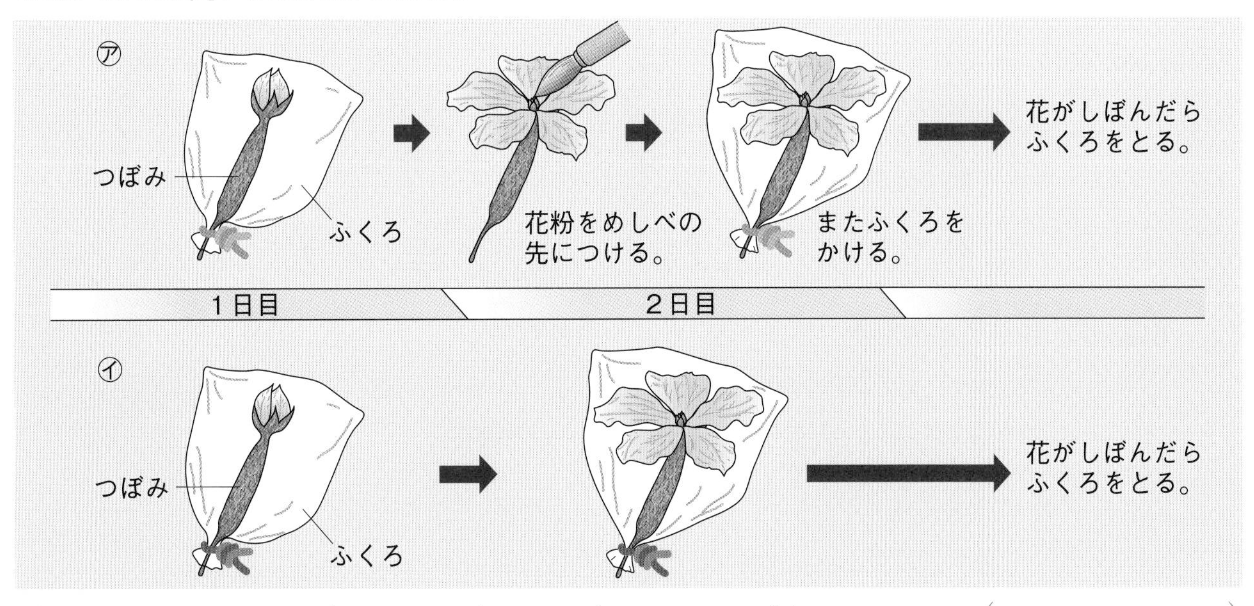
㋐
つぼみ
ふくろ
花粉をめしべの先につける。
またふくろをかける。
花がしぼんだらふくろをとる。
1日目
2日目
㋑
つぼみ
ふくろ
花がしぼんだらふくろをとる。

(1) この実験に使うつぼみは、おばな、めばなのどちらですか。（　　　）

(2) つぼみにふくろをかけたのは、自然に何が起こることを防(ふせ)ぐためですか。

（　　　）

(3) ㋐で、めしべの先につけた花粉は、どこからとってきたものですか。次のア、イから選びましょう。（　　　）

ア　ほかのおばなからとってきた花粉　　イ　ほかのめばなからとってきた花粉

(4) 花がしぼんだ後、㋐、㋑はどうなりましたか。次のア～ウからそれぞれ選びましょう。

㋐（　　　）㋑（　　　）

ア　めしべのもとがふくらんで実になり、その中に種子ができている。

イ　めしべのもとがふくらんで実になるが、その中に種子はできていない。

ウ　めしべのもとは実にならず、種子もできない。

(5) この実験から、実ができるためにはどのようなことが必要だとわかりますか。

（　　　）

2 右の写真は、ツツジとイネの花のようすです。次の問いに答えましょう。

(1) 主にこん虫によって花粉が運ばれて受粉する植物は、㋐、㋑のどちらですか。

（　　　）

(2) 風によって花粉が運ばれて受粉する植物は、㋐、㋑のどちらですか。（　　　）

㋐ツツジ

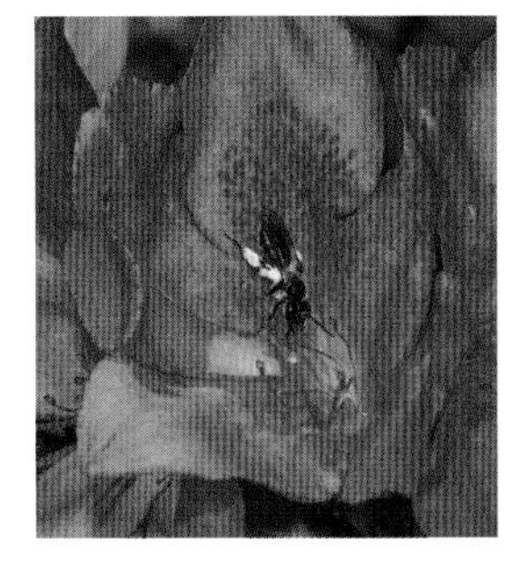

㋑イネ

まとめのテスト

5　植物の実や種子のでき方

教科書　64〜79ページ　答え　11ページ

1 花のつくり　**次のうち、アサガオについての文には○、ツルレイシについての文には△、アサガオとツルレイシのどちらにもあてはまる文には◎をつけましょう。**　1つ4〔20点〕

①(　　　)花には、めばなとおばなの2種類がある。
②(　　　)1つの花に、めしべとおしべの両方がある。
③(　　　)花びらの外側には、がくがある。
④(　　　)めしべをとり囲むようにしておしべがある。
⑤(　　　)めしべのもとがふくらんでいる。

2 アサガオの花のつくり　**右の図は、アサガオの花のつくりを表したものです。次の問いに答えましょう。**

1つ3〔27点〕

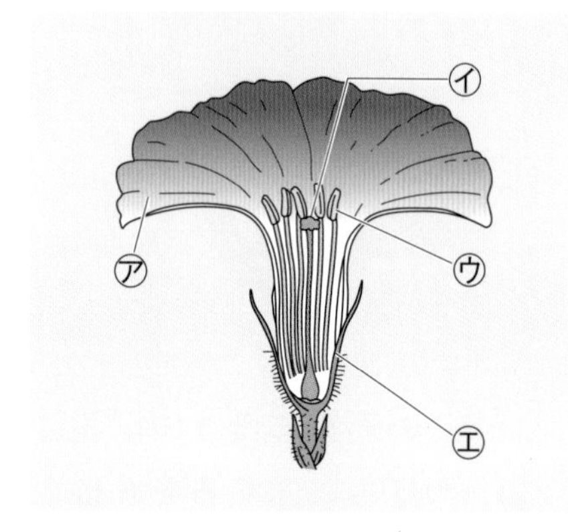

(1)　㋐〜㋓のつくりをそれぞれ何といいますか。

㋐(　　　　　)
㋑(　　　　　)
㋒(　　　　　)
㋓(　　　　　)

(2)　花の中心に1本あるつくりはどれですか。図の㋐〜㋓から選びましょう。　(　　　)
(3)　㋑や㋒の先には、粉のようなものがついていました。これを何といいますか。
(　　　)
(4)　(3)はどの部分でつくられますか。次のア〜ウから選びましょう。　(　　　)
ア　めしべの先　　イ　めしべのもと
ウ　おしべ
(5)　受粉とは、(3)がどの部分につくことですか。(4)のア〜ウから選びましょう。　(　　　)
(6)　受粉すると、どの部分が実になりますか。(4)のア〜ウから選びましょう。　(　　　)

3 ツルレイシの花のつくり　**右の図は、ツルレイシのおばなとめばなを表したものです。次の問いに答えましょう。**

1つ5〔20点〕

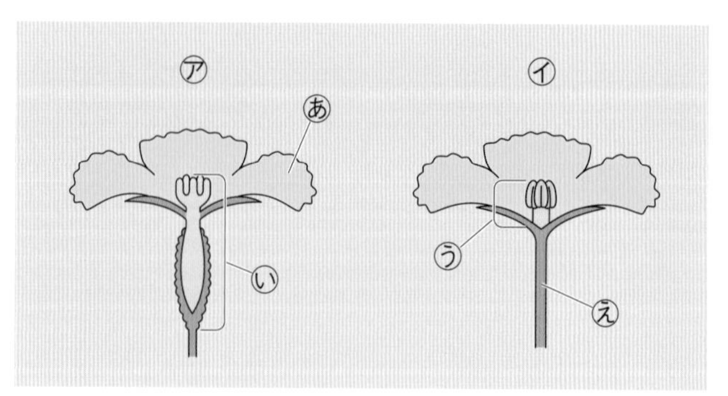

(1)　めばなは、㋐、㋑のどちらですか。
(　　　)
(2)　㋐の花にあって、㋑の花にないつくりは何ですか。　(　　　)
(3)　㋑の花にあって、㋐の花にないつくりは何ですか。　(　　　)
(4)　花粉がつくられるのはどのつくりですか。図のあ〜えから選びましょう。　(　　　)

4 花粉の観察 アサガオの花粉をけんび鏡で観察しました。次の問いに答えましょう。

1つ3〔9点〕

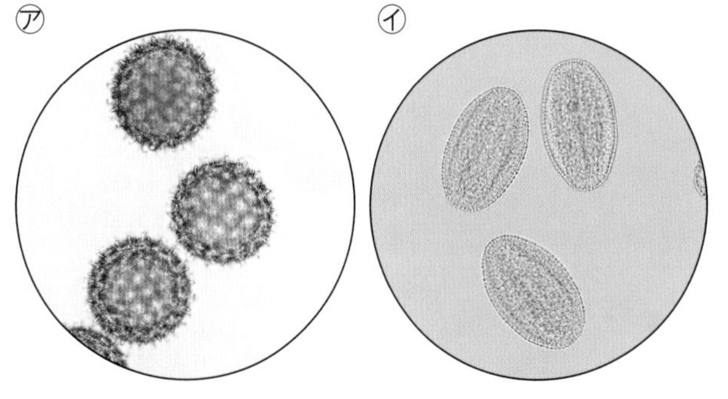

(1) アサガオの花粉を表しているのは、㋐、㋑のどちらですか。（　　　）

(2) 花粉がめしべの先につくことを、何といいますか。（　　　）

(3) アサガオの花で、(2)が起こるのはいつごろですか。次のア～ウから選びましょう。（　　　）

ア　つぼみができたころ　　イ　花が開く直前　　ウ　花が開いた後

5 受粉の役わりを調べる実験 次の図のように、アサガオのつぼみを用いて受粉の役わりを調べる実験を行いました。あとの問いに答えましょう。

くる

1つ4〔24点〕

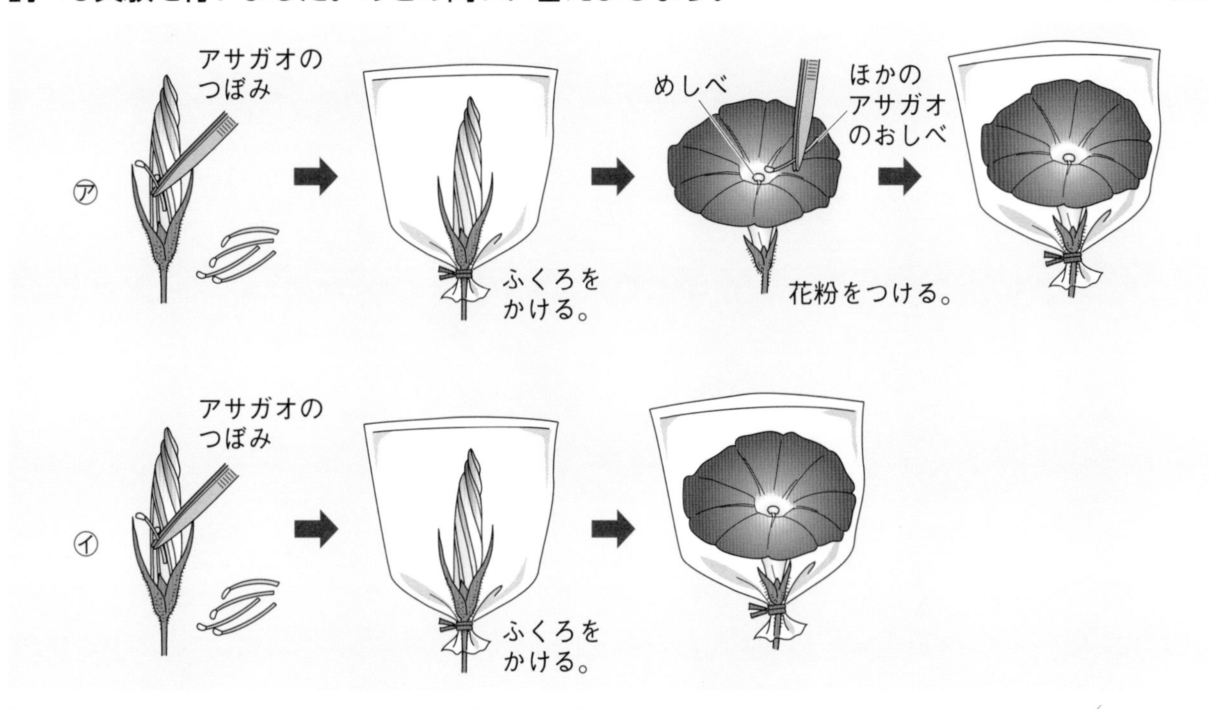

(1) ㋐と㋑で変えている条件は何ですか。次のア～エから選びましょう。（　　　）

ア　花にふくろをかけるかどうか。　　イ　めしべに花粉をつけるかどうか。

ウ　花に日光を当てるかどうか。　　エ　アサガオに水をあたえるかどうか。

述 (2) はじめに、㋐、㋑のつぼみから全てのおしべをとったのはなぜですか。

（　　　　　　　　　　　　　　　　　　　　）

述 (3) ㋐、㋑のつぼみにふくろをかけたのはなぜですか。

（　　　　　　　　　　　　　　　　　　　　）

(4) 花がしぼんだ後、㋐、㋑はどうなりましたか。次のア～ウからそれぞれ選びましょう。

㋐（　　　）㋑（　　　）

ア　実ができ、中に種子ができている。

イ　実はできるが、その中に種子はできていない。　　ウ　実も種子もできない。

(5) この実験から、アサガオに実ができるためには何が必要であることがわかりますか。

（　　　　　　　　　）

勉強した日　月　日

1　流れる水のはたらき

基本のワーク

学習の目標
流れる水のはたらきを、実験を通して理解しよう。

教科書 80~85ページ　答え 12ページ

図を見て、あとの問いに答えましょう。

1 流れる水のはたらきを調べる実験

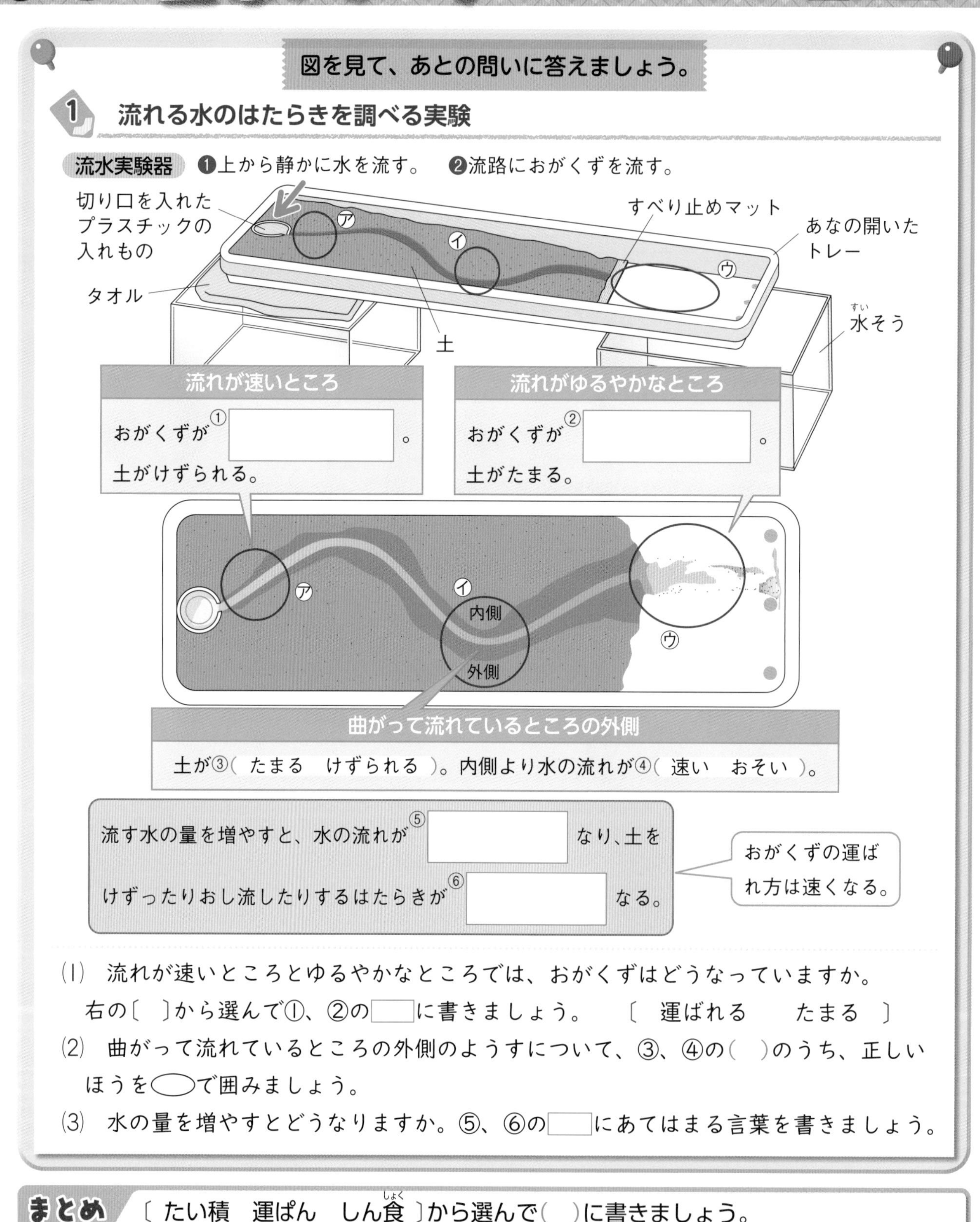
流水実験器
❶上から静かに水を流す。　❷流路におがくずを流す。
切り口を入れたプラスチックの入れもの
ア
イ
すべり止めマット
あなの開いたトレー
ウ
タオル
土
水そう
流れが速いところ
おがくずが①□。
土がけずられる。
流れがゆるやかなところ
おがくずが②□。
土がたまる。
ア
イ
内側
外側
ウ
曲がって流れているところの外側
土が③（ たまる　けずられる ）。内側より水の流れが④（ 速い　おそい ）。
流す水の量を増やすと、水の流れが⑤□なり、土をけずったりおし流したりするはたらきが⑥□なる。
おがくずの運ばれ方は速くなる。

(1) 流れが速いところとゆるやかなところでは、おがくずはどうなっていますか。右の〔 〕から選んで①、②の□に書きましょう。　〔 運ばれる　　たまる 〕

(2) 曲がって流れているところの外側のようすについて、③、④の（ ）のうち、正しいほうを○で囲みましょう。

(3) 水の量を増やすとどうなりますか。⑤、⑥の□にあてはまる言葉を書きましょう。

まとめ 〔 たい積　運ぱん　しん食 〕から選んで（ ）に書きましょう。

● 流れる水が土をけずることを①（　　　）、けずった土をおし流すことを②（　　　）、土を積もらせることを③（　　　）という。

わくわくたんてい団
山でたきが見られることがあります。たきの水が落ちる場所をたきつぼといい、とても深くなっています。これは、川底がしん食されてできたものです。

練習のワーク

できた数　/13問中

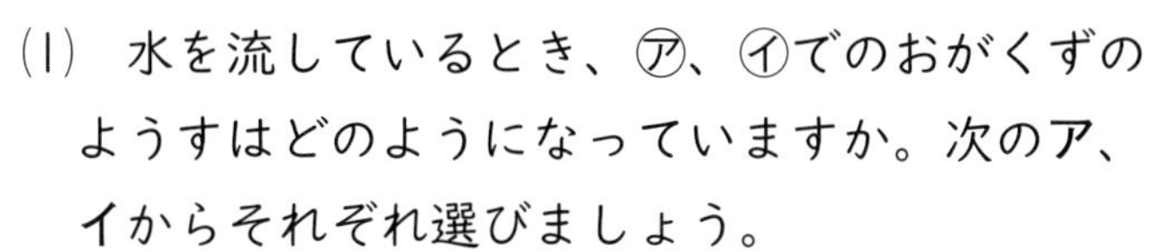

1　**右の図のように、流れる水のはたらきを調べるために、土山の上から水を流し、流路におがくずを流しました。すると、㋐では水の流れが速かったのですが、㋑では水の流れがゆるやかになっていることがわかりました。また、㋒では水が曲がって流れていました。次の問いに答えましょう。**

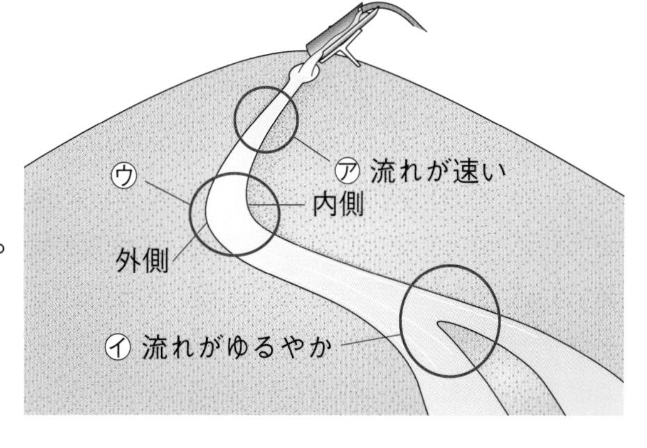

(1)　水を流しているとき、㋐、㋑でのおがくずのようすはどのようになっていますか。次のア、イからそれぞれ選びましょう。

㋐(　　　)　㋑(　　　)

ア　おがくずがたまっている。
イ　おがくずが運ばれている。

(2)　㋒で、水の流れが速いのは、内側と外側のどちらですか。(　　　)

(3)　水を流した後、㋒の外側のようすを調べると、土はどのようになっていますか。次のア、イから選びましょう。(　　　)

ア　土がけずられている。
イ　土が積もっている。

(4)　土山の上から流す水の量を増やして、図と同じように実験を行いました。

①　このとき、おがくずの流れはどうなりましたか。次のア～ウから選びましょう。(　　　)

ア　速くなった。　イ　おそくなった。　ウ　変わらなかった。

②　このとき、土をけずるはたらき、土をおし流すはたらきはどうなりましたか。次のア～ウからそれぞれ選びましょう。

土をけずるはたらき(　　　)
土をおし流すはたらき(　　　)

ア　大きくなった。　イ　小さくなった。　ウ　変わらなかった。

2　**流れる水には、次の㋐～㋒の３つのはたらきがあります。あとの問いに答えましょう。**

㋐　流れる水が土などをけずるはたらき。
㋑　㋐でけずった土などをおし流すはたらき。
㋒　㋑で流されてきた土などを積もらせるはたらき。

(1)　㋐～㋒のはたらきをそれぞれ何といいますか。

㋐(　　　)　㋑(　　　)　㋒(　　　)

(2)　水の流れがゆるやかなところで大きくなるのは、どのはたらきですか。㋐～㋒から選びましょう。(　　　)

(3)　水の流れが速くなると大きくなるのは、どのはたらきですか。㋐～㋒から２つ選びましょう。(　　　)(　　　)

勉強した日　月　日

2　川のようす

基本のワーク

学習の目標
川の流れる場所による川や石のようすについて理解しよう。

教科書 86～91ページ　答え 13ページ

図を見て、あとの問いに答えましょう。

1 川の流れる場所と川のようす

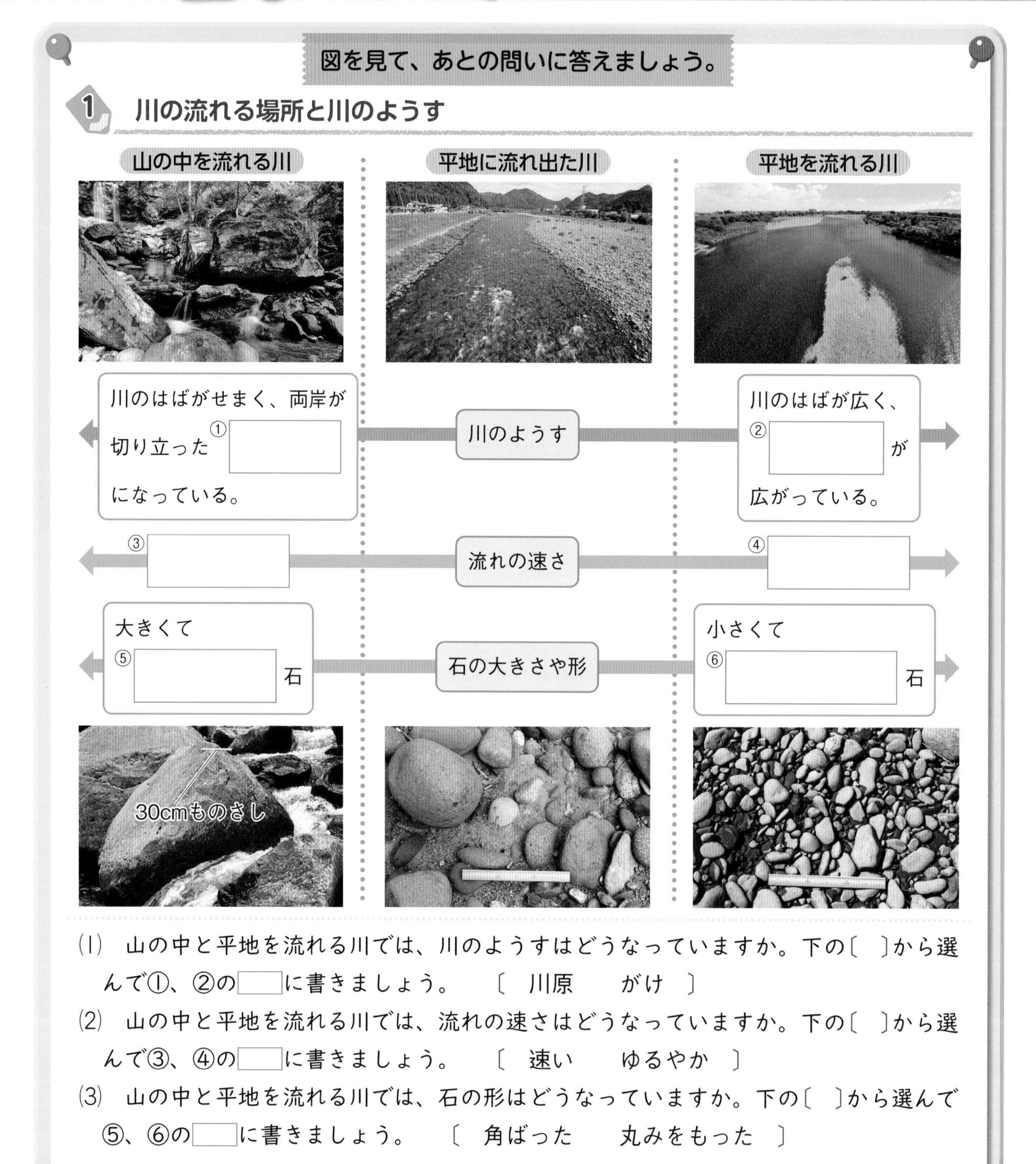

(1)　山の中と平地を流れる川では、川のようすはどうなっていますか。下の〔　〕から選んで①、②の□に書きましょう。　〔　川原　　がけ　〕

(2)　山の中と平地を流れる川では、流れの速さはどうなっていますか。下の〔　〕から選んで③、④の□に書きましょう。　〔　速い　　ゆるやか　〕

(3)　山の中と平地を流れる川では、石の形はどうなっていますか。下の〔　〕から選んで⑤、⑥の□に書きましょう。　〔　角ばった　　丸みをもった　〕

まとめ　〔 大きく　小さく 〕から選んで（　）に書きましょう。

- 山の中を流れる川の川原には、①（　　　　）て角ばった石が多い。
- 平地を流れる川の川原には、②（　　　　）て丸みをもった石やすなが多い。

川が山の中から平地に出ると、水の流れが急におそくなって、石やすなが大量に積もります。すると、おうぎ(扇)を広げたような形の、扇状地（せんじょうち）という土地ができます。

練習のワーク

できた数　/16問中

教科書　86～91ページ　答え　13ページ

1 次の写真は、いろいろな場所の川のようすを表したものです。あとの問いに答えましょう。

㋐

㋑

㋒

(1) ㋐～㋒はどこを流れる川ですか。次のア～ウからそれぞれ選びましょう。

㋐(　　　)　㋑(　　　)　㋒(　　　)

ア　山の中を流れる川　　イ　平地を流れる川　　ウ　平地に流れ出た川

(2) ㋐と㋒を流れる川や石のようすについて、表にまとめました。①～⑩にあてはまる言葉を下の〔　〕から選んで表に書きましょう。

	㋐	㋒
川のはば	①	②
流れの速さ	③	④
川岸のようす	⑤	⑥
石の大きさ	⑦	⑧
石の形	⑨	⑩

〔せまい　広い　速い　ゆるやか　広い川原　切り立ったがけ
小さい　大きい　角ばっている　丸みをもっている〕

2 右の写真は、山の中または平地を流れる川の石のようすです。次の問いに答えましょう。

㋐

㋑

(1) ㋐、㋑のうち、平地を流れる川の石はどちらですか。

(　　　)

(2) ㋐と㋑の石について、次の(　)にあてはまる言葉を書きましょう。

㋐の石は、㋑の石に比べて、丸みをもっていて、大きさが①(　　　　)。これは、流れる水のはたらきによって、石がけずられたり、②(　　　　)したためである。

まとめのテスト①

6 流れる水のはたらきと土地の変化

時間 20分

得点 /100点

教科書 80～91ページ　答え 13ページ

1 **流れる水のはたらき** **右の図のように、土山に水を流しました。㋐は流れの速いところ、㋑は曲がって流れているところ、㋒は流れのゆるやかなところです。次の問いに答えましょう。**

1つ4〔32点〕

⑴ 次の①～③は、流れる水のはたらきについて説明したものです。①～③のようなはたらきをそれぞれ何といいますか。

① 土をけずるはたらき（　　　）

② 運ばれた土や石を積もらせるはたらき（　　　）

③ けずった土をおし流すはたらき（　　　）

⑵ ⑴の①～③のはたらきが大きいのは、それぞれ図の㋐、㋒のどちらですか。

①（　　）②（　　）③（　　）

⑶ 図の㋑の曲がって流れているところで、内側と外側のようすを調べました。外側のようすにあてはまるものを、次のア～エから２つ選びましょう。（　　）（　　）

ア 内側より水の流れがおそい。　イ 土が積もっている。

ウ 内側より水の流れが速い。　エ 土がけずられている。

2 **流れる水の量** **右の図のように、土山に水を流しました。次に、同じ坂で流す水の量を増やしました。次の問いに答えましょう。**

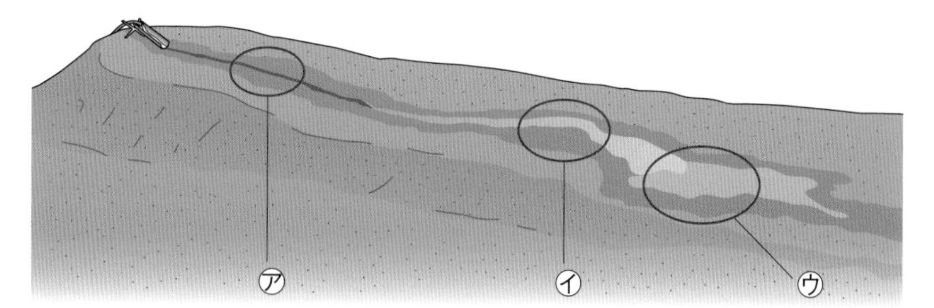

1つ4〔16点〕

⑴ 水の量を増やすと、水の流れる速さはどのようになりますか。（　　　）

⑵ 水の量を増やすと、㋐の部分のみぞのようすはどのようになりますか。次のア～ウから選びましょう。（　　）

ア 浅くなる。　イ 深くなる。　ウ 変わらない。

⑶ 水の量を増やすと、㋑の部分の、水の流れの外側の土はどのようになりますか。

（　　　）

⑷ ㋒のあたりのようすについて、次の（　）にあてはまる言葉を書きましょう。

水の量を増やすと、流れる水の（　　　）のはたらきが大きくなるので、土は遠くまでおし流される。

3 川の流れる場所と石のようす 図の㋐、㋑、㋒の場所の川のようすを調べました。次の問いに答えましょう。

1つ4〔24点〕

(1) 川の流れが最も速いところと、最もゆるやかなところはどこですか。図の㋐～㋒からそれぞれ選びましょう。

速い(　　　)

ゆるやか(　　　)

(2) 地面をしん食するはたらきが最も大きいのはどこですか。図の㋐～㋒から選びましょう。(　　　)

(3) 石やすなをたい積するはたらきが最も大きいのはどこですか。図の㋐～㋒から選びましょう。(　　　)

(4) 川の両岸が切り立ったがけになっているのはどこですか。図の㋐～㋒から選びましょう。(　　　)

(5) 川岸の川原が最も広いのはどこですか。図の㋐～㋒から選びましょう。(　　　)

4 川の流れる場所と石のようす 次の写真は、山の中を流れる川、山から平地へ流れ出た川、平地を流れる川のものです。あとの問いに答えましょう。

1つ4〔28点〕

(1) 山の中を流れる川と平地を流れる川のようすを表しているのは、それぞれ㋐～㋒のどれですか。

山の中を流れる川(　　　)　平地を流れる川(　　　)

(2) ㋐～㋒の川原の石の写真はどれですか。次のⓐ～ⓤからそれぞれ選びましょう。

㋐(　　　)　㋑(　　　)　㋒(　　　)

(3) 平地を流れる川の川原の石は、山の中を流れる川の川原の石に比べて、どのような形をしていますか。次のア、イから選びましょう。(　　　)

ア　丸みをもった形をしている。　　イ　角ばった形をしている。

記述 (4) 山の中を流れる川と平地を流れる川で、石の形や大きさにちがいがあるのはなぜですか。

(　　　　　　　　　　　　　　　　　　　　)

勉強した日　　月　　日

3　流れる水と変化する土地①

基本のワーク

学習の目標
川の水の量が増えたときの土地のようすの変化を理解しよう。

教科書　92～97ページ　答え　14ページ

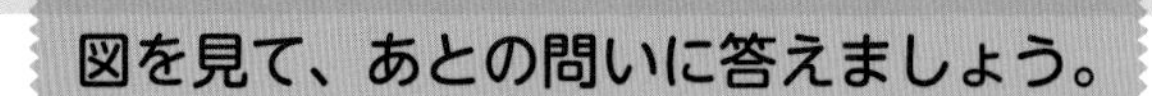

1　川の水位と雨量

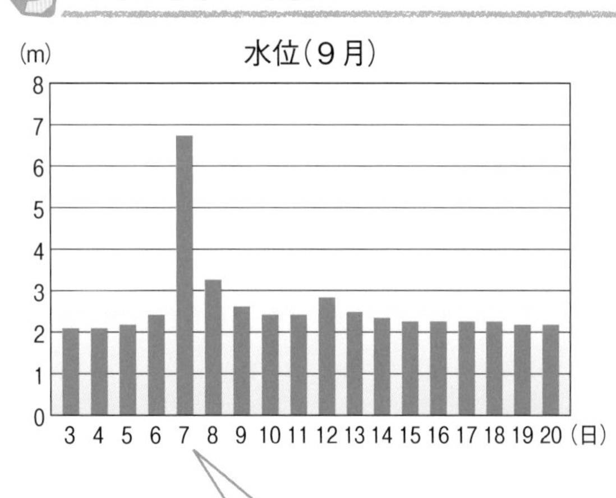

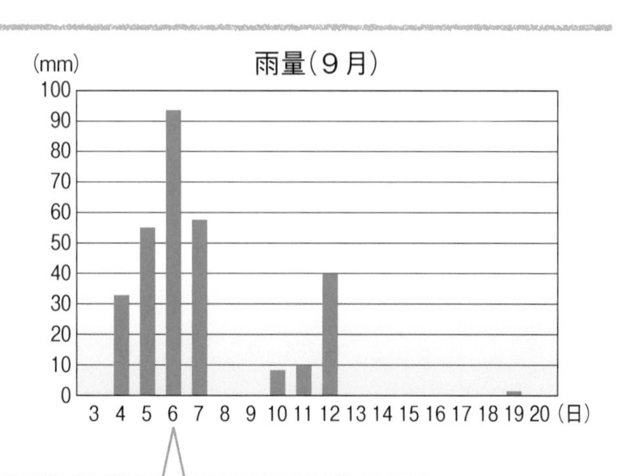

水位が上がったのは、雨量が①（ 多かった　少なかった ）からである。

➡ 川の水の量が多くなると、しん食や運ぱんのはたらきが②（ 大きく　小さく ）なる。

● ①、②の（　）のうち、正しいほうを◯で囲みましょう。

2　こう水への備えとしてのし設

ダム

雨水をたくわえて、川の水の量を調節し、①（ こう水　土のたい積 ）を防ぐ。

さ防ダム

すなや石が一度に②（ けずられる　流される ）ことを防ぐ。

多目的遊水地

大雨がふったとき、増えた水を一時的にため、③（ こう水　岸のしん食 ）を防ぐ。

● ①～③の（　）のうち、正しいほうを◯で囲みましょう。

まとめ　〔 運ぱん　しん食　速く 〕から選んで（　）に書きましょう。

●川の水の量が多くなったり、流れが①（　　　　）なったりすると、地面を②（　　　　）したり、石や土を大量に③（　　　　）したりたい積したりして、土地のようすが大きく変わる。

わくわくたんてい団　森林は、土の中にしみこんだ雨水がゆっくりと流れ出るように調節してくれます。このため、森林には、大雨がふったときに、こう水が起こることを防ぐ役わりがあります。

練習のワーク

教科書 92～97ページ　答え 14ページ

できた数　　/10問中

1 次の写真は、川のある場所での、大雨がふる前と、大雨がふった後の川のようすです。あとの問いに答えましょう。

(1) 大雨がふった後の川のようすは、㋐、㋑のどちらですか。（　　　）

(2) 大雨がふると、川の水の量はどのようになりますか。次のア～ウから選びましょう。（　　　）

ア 増える。　イ 減る。　ウ 変わらない。

(3) 大雨がふると、川の流れの速さはどのようになりますか。次のア～ウから選びましょう。（　　　）

ア 速くなる。　イ おそくなる。　ウ 変わらない。

写真は、同じ川の同じ場所のようすだよ。

(4) 雨がやんでしばらくすると、川の水位はどうなりますか。次のア、イから選びましょう。（　　　）

ア 雨がふる前の水位にもどる。　イ 水位は雨がふった後と変わらない。

2 次の写真は、こう水への備えとしてのし設です。あとの問いに答えましょう。

(1) ㋐～㋒のし設を何といいますか。次のア～ウからそれぞれ選びましょう。

㋐（　　　）㋑（　　　）㋒（　　　）

ア 多目的遊水地　イ ダム　ウ さ防ダム

(2) ㋐～㋒のし設にはどのような役わりがありますか。次のア～ウからそれぞれ選びましょう。

㋐（　　　）㋑（　　　）㋒（　　　）

㋐と㋑は水がたまっているね。

ア 川底がけずられたり、すなや石が一度に流されたりすることを防いでいる。

イ 雨水をたくわえて、川の水の量を調節している。

ウ いつもは公園などに利用されるが、大雨がふったときは、増えた水を一時的にためる。

勉強した日　月　日

3　流れる水と変化する土地②

基本のワーク

学習の目標
流れる水のはたらきと土地の変化について理解しよう。

教科書 98～101ページ　答え 14ページ

図を見て、あとの問いに答えましょう。

1 すがたを変える土地

山の中を流れる川と土地

長い年月をかけて、①［　　］されてできた谷。

④［　　］

河口(かこう)付近を流れる川と土地

長い年月をかけて、②［　　］された土砂が③［　　］してできた土地。

⑤［　　］

山から平地になるところに土砂(どしゃ)がたい積してできた扇状地(せんじょうち)もある。

(1)　㋐と㋑の土地はどのようにしてできましたか。下の〔　〕からあてはまる言葉を選んで①～③の［　］に書きましょう。　〔　しん食　　運ぱん　　たい積　〕

(2)　㋐と㋑の地形を何といいますか。下の〔　〕からあてはまる言葉を選んで④、⑤の［　］に書きましょう。　〔　三角州(さんかくす)　　V(ブイ)字谷　〕

2 川の流れの速さと水のはたらきを調べる実験

	しずめる前			しずめた後
流れの速いところ	小石　すな	①　•	•　㋐	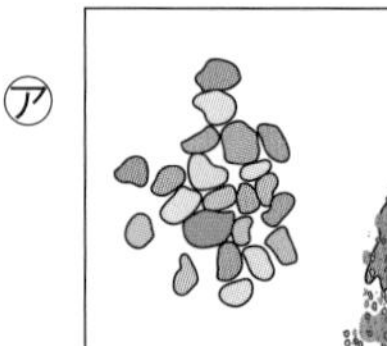
流れのおそいところ		②　•	•　㋑	

●　川の流れの速いところとおそいところに、小石やすなをしずめました。流されるようすはどのようにちがいますか。①、②の • と㋐、㋑の • を線で結びましょう。

まとめ　〔 三角州　扇状地　V字谷 〕から選んで(　)に書きましょう。

●山から平地に出たところで土砂がたい積して①(　　　　)が、河口付近で土砂がたい積して②(　　　　)が、山の中の川が川底をしん食して③(　　　　)ができた。

地形がアルファベットの「V」に似ているのでV字谷、土地の形が三角形に似ているので三角州、扇状(おうぎ)に土砂がたい積するので扇状地とよばれます。

練習のワーク

できた数　／8問中

教科書 98～101ページ　答え 14ページ

1 下の図は、土砂が積もってできる扇状の土地のようすを表しています。あとの問いに答えましょう。

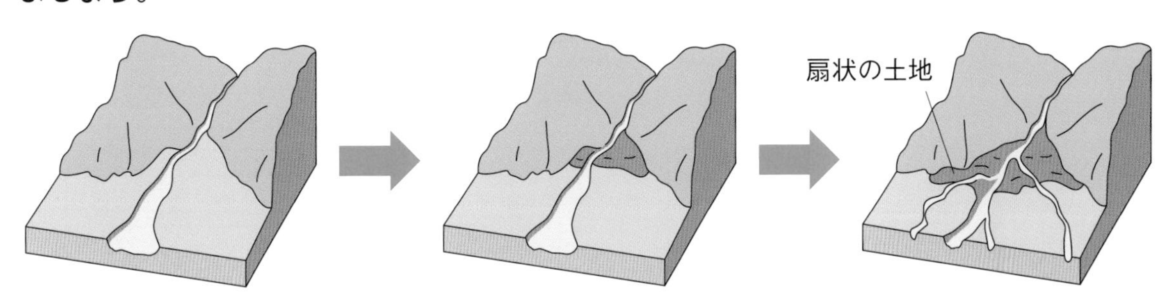

(1) 図の扇状の土地は、その形から何とよばれますか。（　　　）

(2) 図の扇状の土地は、どのような場所の川でできますか。次のア～ウから選びましょう。（　　　）

ア　山の中を流れる川　　イ　山から平地に出た川　　ウ　平地を流れる川

(3) 次の文は、図の扇状の土地のでき方について説明したものです。（　）にあてはまる言葉を答えましょう。

図の場所では、川のかたむきが急に①（　　　）になるため、上流から運ばれてきた土砂が②（　　　）していき、③（　　　）い年月をかけて、扇状の土地ができる。

2 川の流れの速いところとおそいところで、図1のように小石とすなをのせた板をしずめました。図2はしずめる前、図3はしずめた後の板のようすです。あとの問いに答えましょう。

図1

図2

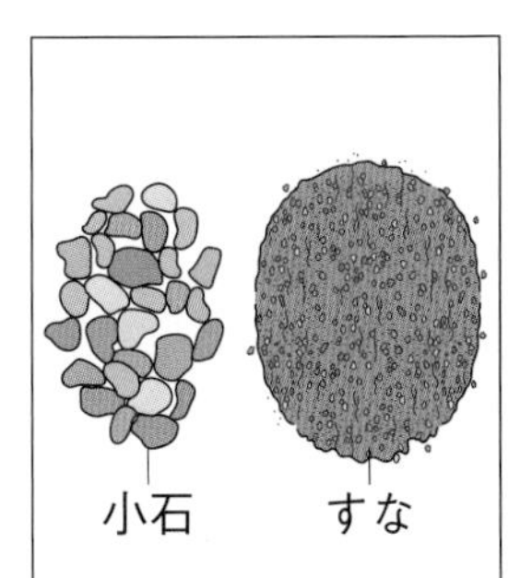

図3

㋐

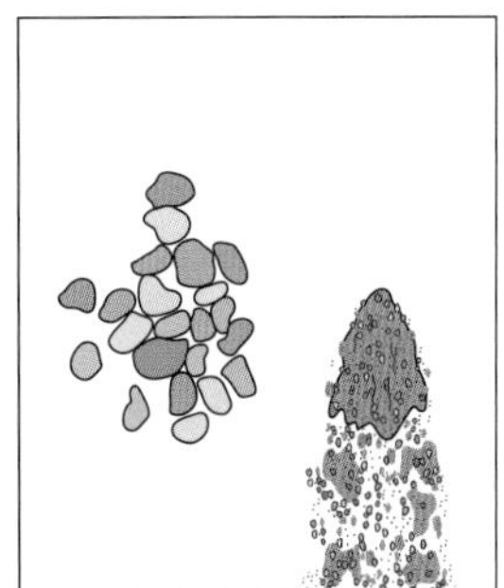

㋑

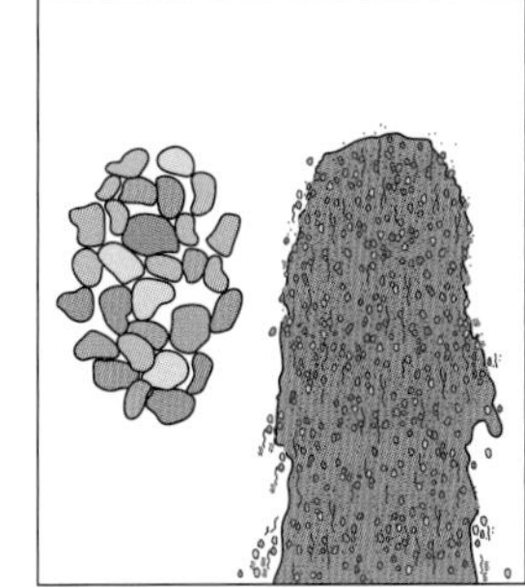

(1) 川の流れの速いところにしずめた板のようすは、図3の㋐、㋑のどちらですか。（　　　）

記述 (2) (1)を選んだ理由を、小石、すなという言葉を用いて、説明しましょう。
（　　　）

(3) (1)の結果から、川の流れが速いと、流れる水の3つのはたらきのうち、どのはたらきが大きくなることがわかりますか。（　　　）

まとめのテスト②

勉強した日　月　日

6　流れる水のはたらきと土地の変化

時間20分

得点　/100点

教科書　92～101ページ　答え　14ページ

1 川の水位と雨量　図１、２は、９月の川の水位と、雨量を表したものです。あとの問いに答えましょう。

1つ6〔18点〕

図１

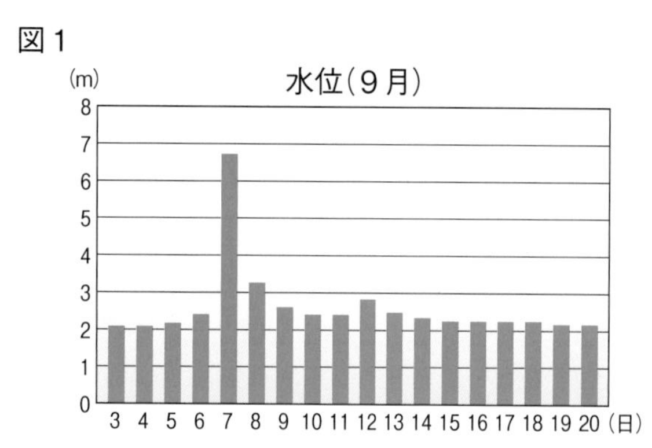

図２

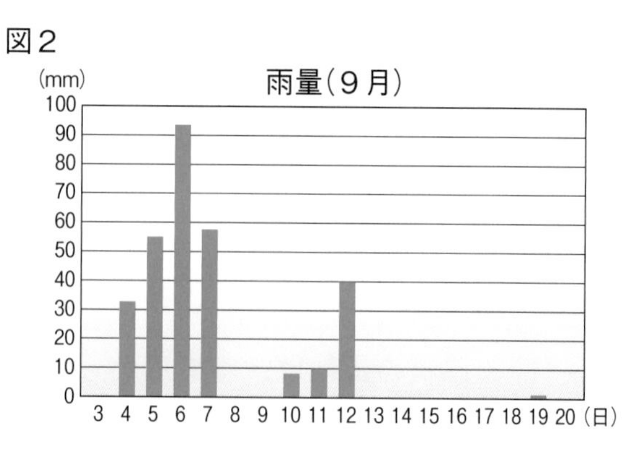

記述 (1) 図１で９月７日に川の水位が高くなったのはなぜですか。図２を参考にして書きましょう。

(　　　　　　　　　　　　　　　　　　　　)

(2) 雨量が多いとき、どのようなことが起こりますか。次のア～ウから選びましょう。

(　　　)

ア　たい積のはたらきが小さくなるので、土地のようすは変化しない。

イ　しん食や運ぱんのはたらきが大きくなるが、土地のようすは変化しない。

ウ　しん食や運ぱんのはたらきが大きくなるので、土地のようすが変化する。

(3) 雨がやんでしばらくすると、川の水位はどうなりますか。次のア、イから選びましょう。

(　　　)

ア　水位は変わらない。　　　イ　雨がふる前の水位にもどる。

2 水のはたらきによってできる地形

右の写真は、山の中や山から平地に出た川に見られる土地のようすです。次の問いに答えましょう。

1つ6〔24点〕

㋐

㋑

(1) ㋐、㋑のうち、山の中を流れる川に見られる土地はどちらですか。

(　　　)

記述 (2) ㋐、㋑の土地はそれぞれどのようにしてできましたか。流れる水のはたらきにふれて、書きましょう。

㋐(　　　　　　　　　　　　　　　　　　　　)

㋑(　　　　　　　　　　　　　　　　　　　　)

(3) ㋐、㋑のような土地は、とつぜんできますか、長い年月をかけてできますか。

(　　　　　　　　　　)

GS 3 **こう水に備えるくふう** **次の写真は、こう水に備えるさまざまなし設です。あとの問いに答えましょう。**

1つ5〔30点〕

㋐

㋑

㋒

(1) ㋐～㋒のし設を何といいますか。次のア～エからそれぞれ選びましょう。

㋐(　　　　) ㋑(　　　　) ㋒(　　　　)

ア　さ防ダム　　　イ　地下調節池

ウ　ダム　　　　　エ　多目的遊水地

(2) 水をためて、こう水を防ぐ役わりがあるのはどれですか。図の㋐～㋒から全て選びましょう。

(　　　　)

(3) 次の文は、こう水に備えるための地図について説明したものです。(　)にあてはまる言葉を書きましょう。

こう水が起こったときに予想されるひ害（がい）のようすや、①(　　　　)場所がかかれている地図をこう水②(　　　　　　)という。

4 **川の流れの速さと水のはたらき** **図1のようにして、山の中を流れる川のいろいろなところで、図2の小石とすなをのせた板をしずめました。次の問いに答えましょう。**

1つ7〔28点〕

図1

図2

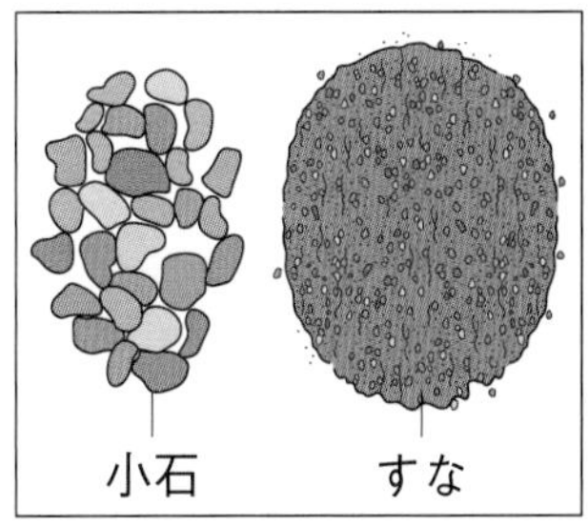

(1) 川の流れが速いところで、大きくなる水のはたらきは何ですか。2つ答えましょう。

(　　　　)

(　　　　)

(2) 川の流れのおそいところにしずめた後の板のようすは、図3の㋐、㋑のどちらですか。

(　　)

記述 (3) (2)のように考えたのはなぜですか。小石、すなという言葉を用いて、説明しましょう。

(　　　　　　　　)

図3

㋐

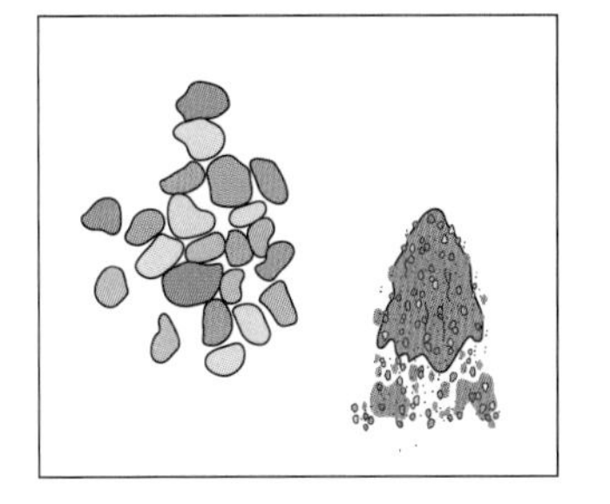

㋑

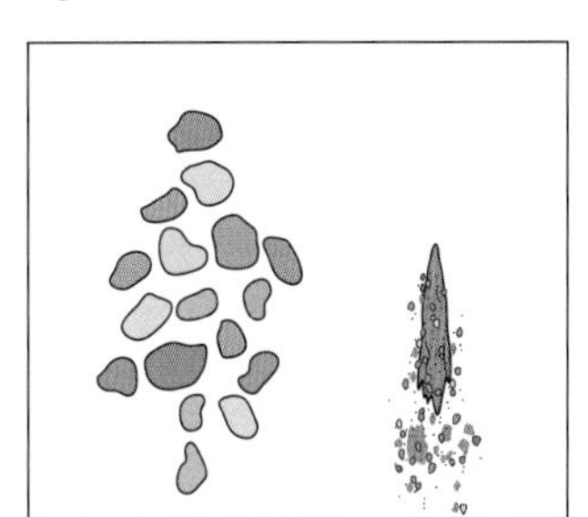

勉強した日　月　日

1　とけたもののゆくえ

基本のワーク

学習の目標
水よう液の重さはどのような式で表せるのかを理解しよう。

教科書 102～107、184ページ　答え 15ページ

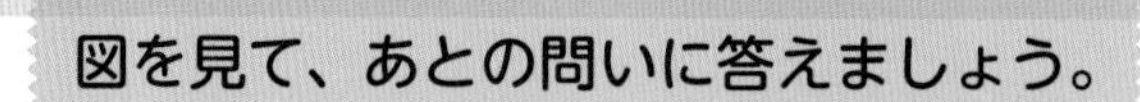

1 水よう液

食塩がとけた水

コーヒーシュガーがとけた水

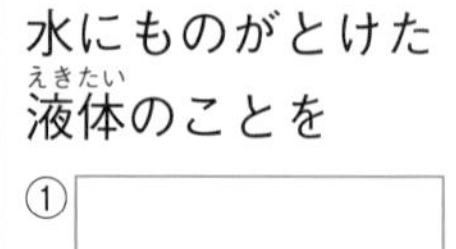

水にものがとけた液体のことを
①□
という。

水よう液はどれも
②□
である。

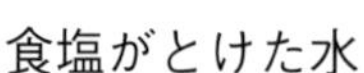

(1)　水にものがとけた液体のことを何といいますか。①の□に書きましょう。
(2)　水よう液は、とうめいですか、にごっていますか。②の□に書きましょう。

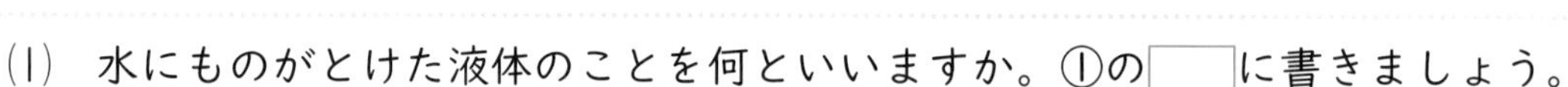

2 水よう液の重さ

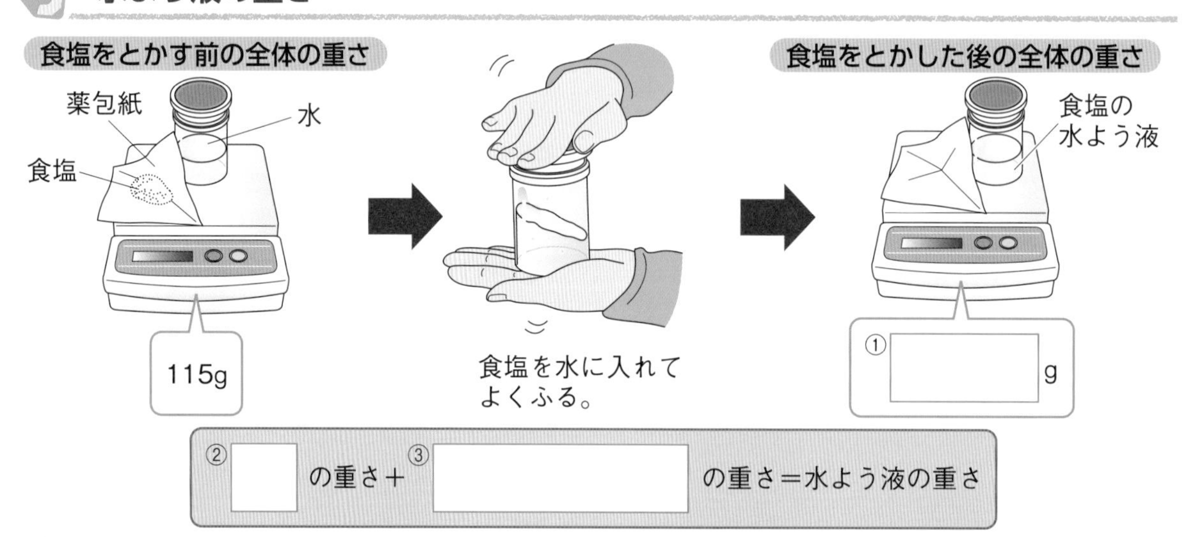

②□の重さ＋③□の重さ＝水よう液の重さ

(1)　食塩をとかす前の全体の重さは、115gでした。食塩をとかした後の全体の重さは何gですか。①の□に書きましょう。
(2)　水よう液の重さは、どのような式で表すことができますか。②、③の□に書きましょう。

まとめ　〔 とうめい　水よう液　水 〕から選んで(　)に書きましょう。

- 水にものがとけた液体を①(　　　)といい、どれも②(　　　)である。
- ③(　　　)の重さととかしたものの重さの和が水よう液の重さである。

はってん　ものは水にとかすと、目に見えなくなるほど小さくなって水全体に広がります。そのため、水よう液はとうめいです。とけたものは時間がたってもしずんでくることはありません。

練習のワーク

教科書 102～107、184ページ　答え 15ページ

1 **右の写真は、さとうを水にとかした液体です。次の問いに答えましょう。**

(1) 水にものがとけた液体のことを何といいますか。
（　　　　　）

(2) (1)の液体や写真の液体について、次の①～④のうち、正しいものを2つ選んで○をつけましょう。

①（　　）(1)の液体は全てとうめいである。
②（　　）(1)の液体にはとうめいでないものもある。
③（　　）写真の液体にはさとうのつぶが見えないので、さとうはなくなった。
④（　　）写真の液体にはさとうのつぶが見えないが、さとうは液体の中にある。

2 **図1のように、とかす前の食塩と水を電子てんびんにのせ、全体の重さをはかりました。次に、食塩を全て水にとかしてから全体の重さをはかり、とかす前と比べました。あとの問いに答えましょう。**

図1

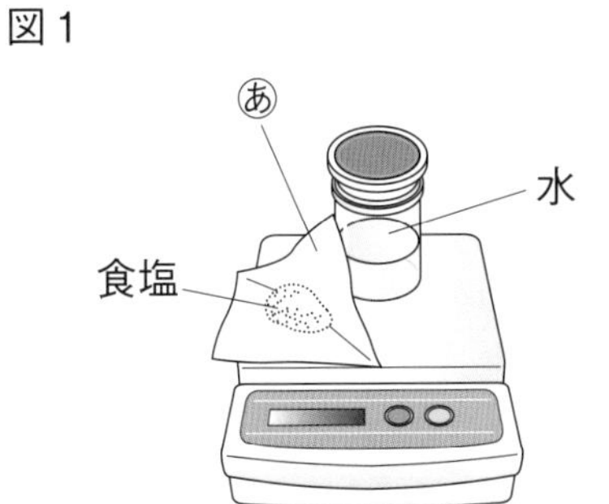

図2

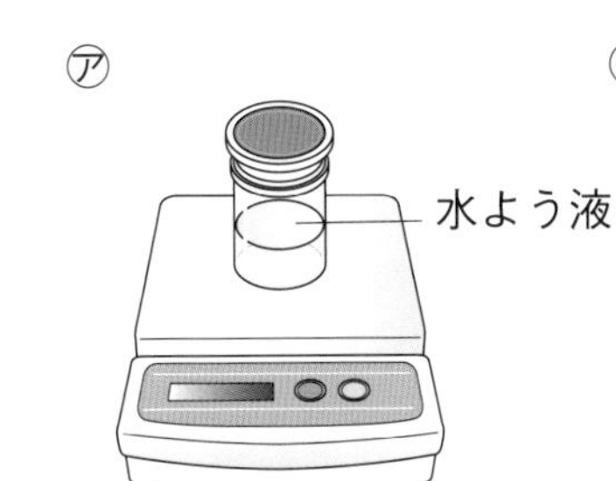

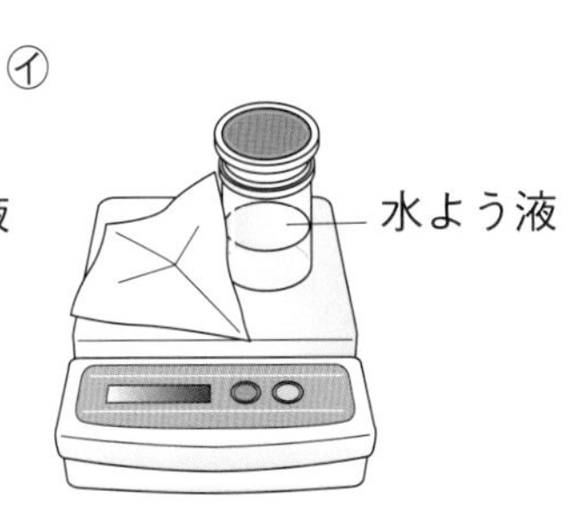

(1) 図1で、電子てんびんはどのようなところで使いますか。次のア、イから選びましょう。
（　　）

ア　水平なところ　　　イ　少しかたむけた台の上

(2) 図1で、食塩をのせたあの紙を何といいますか。（　　　　）

(3) 食塩を水にとかした後の全体の重さのはかり方として正しいものは、図2のア、イのどちらですか。（　　）

(4) 図1で、とかす前の全体の重さは100gでした。食塩を水にとかした後の全体の重さはどのようになっていると考えられますか。次のア～ウから選びましょう。（　　）

ア　100gより軽い。　　イ　100gである。　　ウ　100gより重い。

(5) 50gの水に4gの食塩を入れてよくかき混ぜたところ、食塩は全てとけました。この水よう液の重さは何gですか。（　　　　）

(6) ものは、水にとけるとどのようになりますか。次のア～ウから選びましょう。（　　）

ア　なくなる。
イ　一部なくなる。
ウ　全て水よう液の中にある。

勉強した日　月　日

2　水にとけるものの量①

基本のワーク

学習の目標
水にとけるものの量には限りがあることを理解しよう。

教科書 108~110、184ページ　答え 16ページ

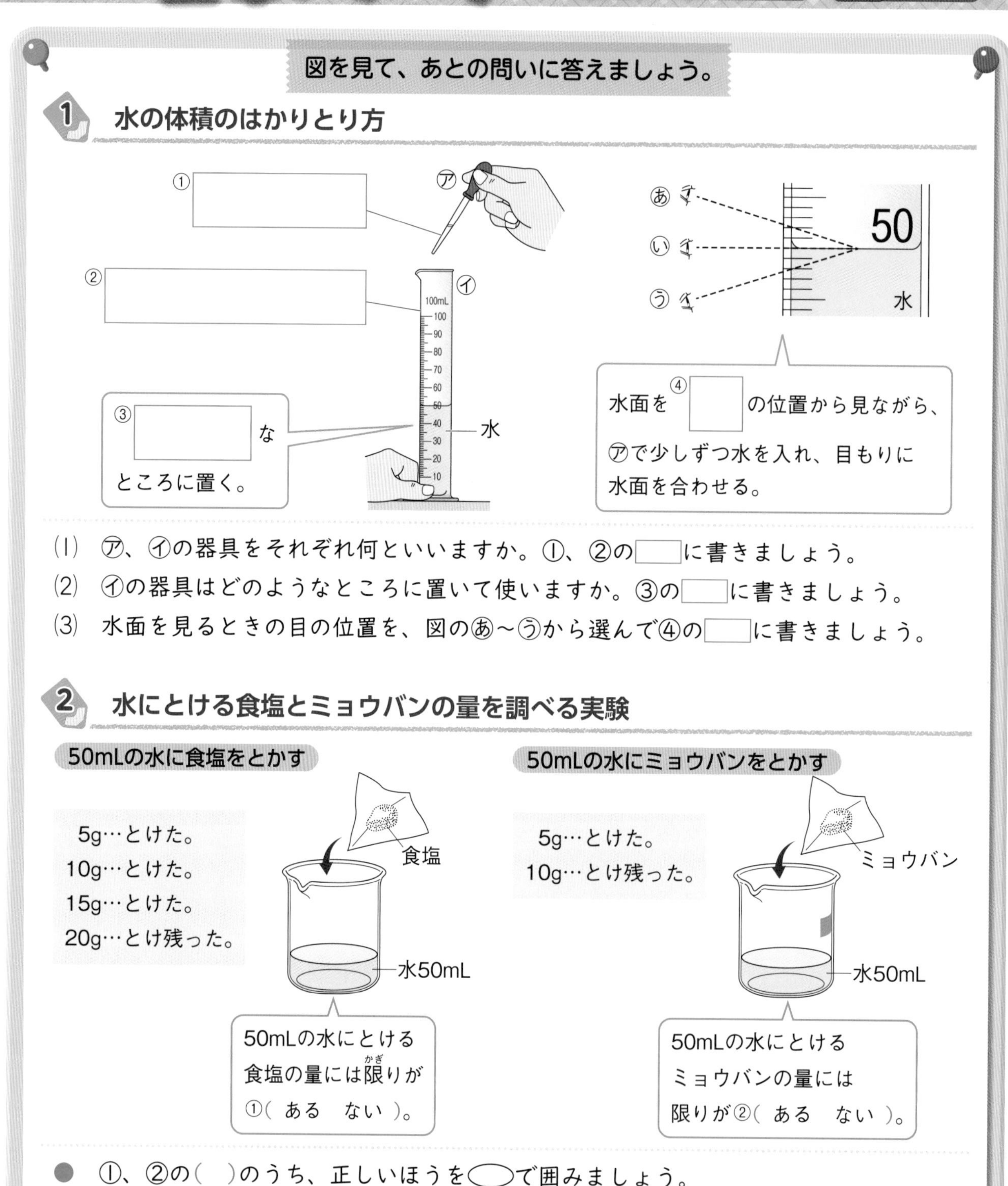

図を見て、あとの問いに答えましょう。
1 水の体積のはかりとり方
①
㋐
②
㋑
100mL
100
90
80
70
60
50
40
30
20
10
水
③ な
ところに置く。
あ
い
う
50
水
水面を④ の位置から見ながら、
㋐で少しずつ水を入れ、目もりに
水面を合わせる。

(1) ㋐、㋑の器具をそれぞれ何といいますか。①、②の□に書きましょう。
(2) ㋑の器具はどのようなところに置いて使いますか。③の□に書きましょう。
(3) 水面を見るときの目の位置を、図のあ～うから選んで④の□に書きましょう。

2 水にとける食塩とミョウバンの量を調べる実験
50mLの水に食塩をとかす
5g…とけた。
10g…とけた。
15g…とけた。
20g…とけ残った。
食塩
水50mL
50mLの水にとける
食塩の量には限りが
①(ある　ない)。
50mLの水にミョウバンをとかす
5g…とけた。
10g…とけ残った。
ミョウバン
水50mL
50mLの水にとける
ミョウバンの量には
限りが②(ある　ない)。

● ①、②の(　)のうち、正しいほうを◯で囲みましょう。

まとめ　〔 ちがう　限り 〕から選んで(　)に書きましょう。

● 決まった量の水にとける、食塩やミョウバンなどのものの量には①(　　　　)がある。また、その量はものによって②(　　　　)。

わくわくたんてい団

ものが水にとけた液体を水よう液といいますが、ものがアルコールにとけた液体を何というでしょうか？　答えは「水」を「アルコール」に変えて、アルコールよう液です。

練習のワーク

教科書 108〜110、184ページ　答え 16ページ

1 **メスシリンダーの使い方について、次の問いに答えましょう。**

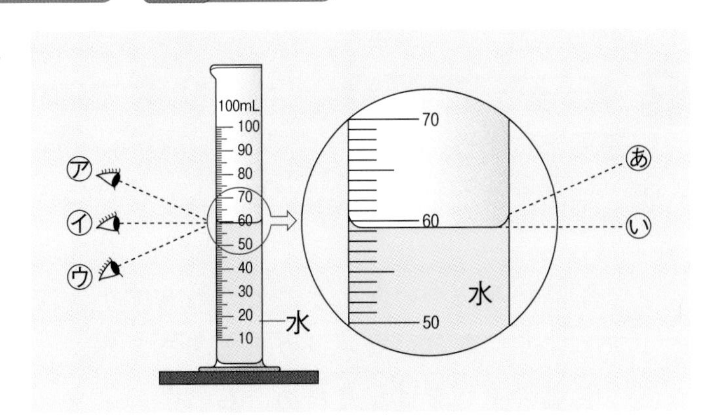

(1) メスシリンダーは、どのようなところに置いて使いますか。
（　　　　　）

(2) メスシリンダーの目もりを読むとき、目の位置はどこにしますか。㋐〜㋒から選びましょう。
（　　　）

(3) 60mLの水をはかりとるとき、はじめにどのくらいまで水を入れますか。次のア、イから選びましょう。（　　　）

ア　60の目もりよりも少し上のところ。　イ　60の目もりよりも少し下のところ。

(4) 60mLの水がはかりとれたかどうかを確かめるとき、水面のどの部分の目もりを読みますか。図のあ、いから選びましょう。（　　　）

(5) 図のとき、メスシリンダーには何mLの水が入っていますか。次のア〜ウから選びましょう。（　　　）

ア　60mLよりも少ない。　イ　60mL　ウ　60mLよりも多い。

2 **次の図のように、50mLの水に食塩を5gずつ加えていき、何回目までとけるか調べました。ミョウバンも同じように50mLの水にとかしていきました。あとの問いに答えましょう。**

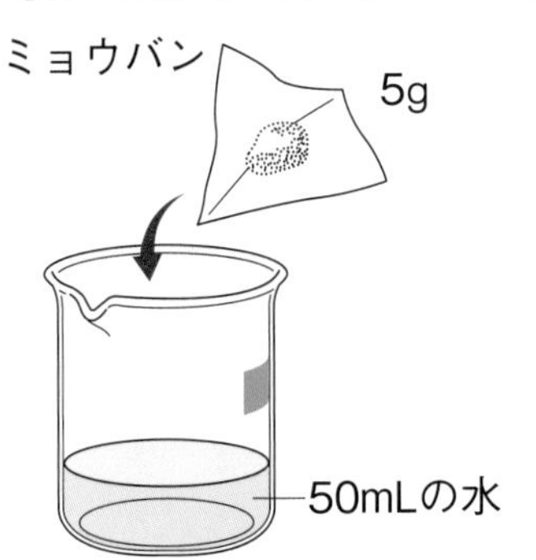

ミョウバンは
食品の保(ほ)ぞん
などに使うよ。

(1) 食塩は4回目でとけ残りが出ました。また、ミョウバンは2回目でとけ残りが出ました。50mLの水にとける量が多いのは、食塩とミョウバンのどちらですか。
（　　　　　）

(2) 50mLの水にとける食塩やミョウバンの量には、それぞれ限りがありますか。
食塩（　　　　）　ミョウバン（　　　　）

(3) この実験からわかることについて、ア、イから正しいものを選びましょう。
（　　　）

ア　決まった量の水にとけるものの量は、とかすものによって変わらない。
イ　決まった量の水にとけるものの量は、とかすものによってちがう。

まとめのテスト①

7　もののとけ方

教科書 102～110、180～181、184ページ　答え 16ページ

1 薬品のあつかい方、器具の使い方　**薬品のあつかい方や器具の使い方について、次の問いに答えましょう。**

1つ5〔25点〕

(1)　薬品を使うとき、薬品が目に入らないようにするため、何をかけますか。

（　　　　　　）

(2)　薬品が手についたときはどうしますか。次のア、イから選びましょう。（　　）

ア　すぐにきれいなハンカチでふきとる。　　イ　すぐに流水であらい流す。

(3)　食塩の重さをはかるため、右の図のように電子てんびんの上にあの紙をのせました。

①　電子てんびんはどのようなところに置いて使いますか。

（　　　　　　）

②　電子てんびんの皿の上にのせたあの紙を何といいますか。

（　　　　　　）

③　電子てんびんで食塩の重さをはかるとき、どのような順に使いますか。次のア～ウをならべましょう。

（　　→　　→　　）

ア　あの紙の上に食塩をのせていく。

イ　「0キー」をおして、表示（ひょうじ）を「0」にする。

ウ　電子てんびんの皿にあの紙をのせる。

2 水よう液　**60mLの水に食塩をとかす実験をしました。次の問いに答えましょう。**

1つ3〔21点〕

図1

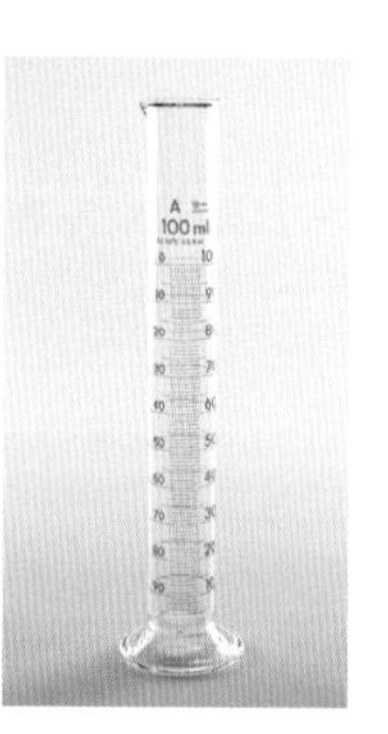

図2

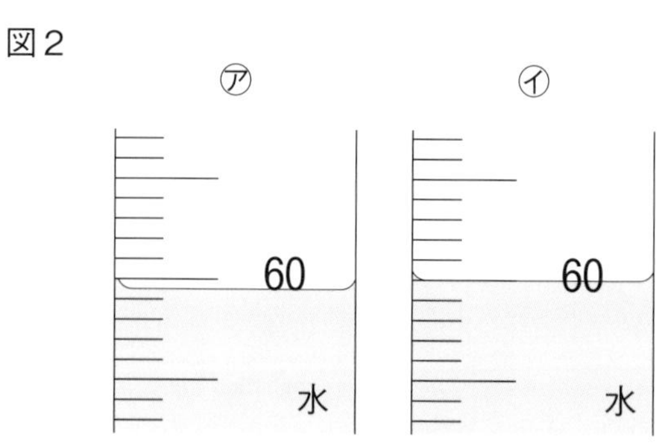

(1)　図1の器具を何といいますか。

（　　　　　　）

(2)　図1の器具はどのようなところに置いて使いますか。（　　　　　　）

(3)　図1の器具を用いて、60mLの水をはかりとりました。60mLの水を正しくはかりとっているのは、図2のア、イのどちらですか。（　　）

(4)　食塩の水よう液について、正しいものには○、まちがっているものには×をつけましょう。

①（　　）色がついているが、とうめいである。

②（　　）液体は白くにごっていて、ビーカーの反対側が見えない。

③（　　）食塩のつぶが、水の中で光っているのが見える。

④（　　）食塩のつぶは、まったく見えない。

3 **水よう液の重さ** 図１のように、水55gを入れた容器と、食塩5gを電子てんびんにのせて、全体の重さをはかったところ、電子てんびんは110gを示しました。次に、食塩を水にとかした後、図２のように再び全体の重さをはかりました。次の問いに答えましょう。

１つ６〔30点〕

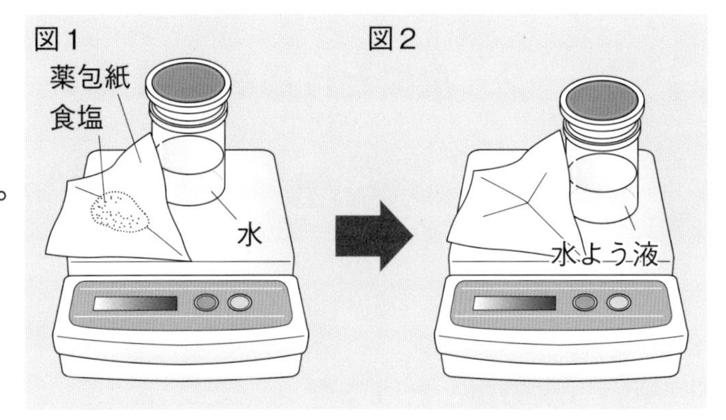

(1) 水よう液の重さはどのように計算することができますか。水の重さ、とかしたものの重さという言葉を使って、式の形で表しましょう。

(　　　　　　　　　　)

(2) 図２で、全体の重さは何gになりましたか。　(　　　　)

(3) 図２の水よう液の重さは何gですか。　(　　　　)

(4) 水50gに食塩8gを入れてよく混ぜたところ、食塩は全てとけました。できた食塩の水よう液の重さは何gですか。　(　　　　)

(5) 水100gに食塩を入れてよく混ぜ、全てとかしたところ、できた食塩の水よう液の重さは110gでした。このとき、何gの食塩を入れましたか。　(　　　　)

4 **水にとけるものの量** 50mLの水の入ったビーカーを２つ用意し、それぞれに食塩とミョウバンを5gずつ加えていき、何回目までとけるか調べました。表はこの結果をまとめたものです。あとの問いに答えましょう。

１つ４〔24点〕

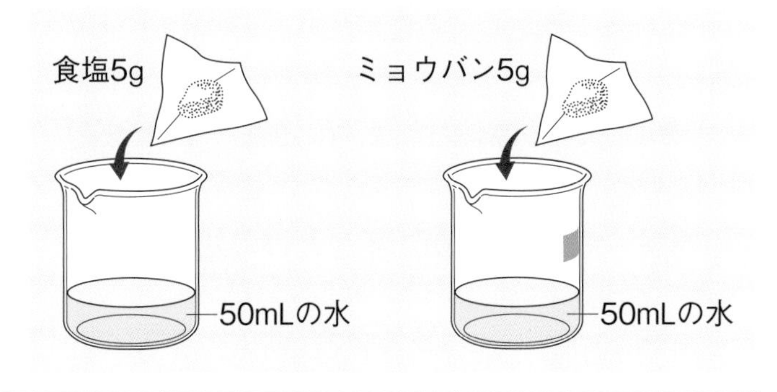

加えた回数	１回目	２回目	３回目	４回目
食塩	とけた。	とけた。	とけた。	とけ残りがあった。
ミョウバン	とけた。	とけ残りがあった。		

(1) 50mLの水にとける食塩やミョウバンの量にそれぞれ限りはありますか。

食塩(　　　　)　ミョウバン(　　　　)

(2) 50mLの水に食塩やミョウバンは、何gとけましたか。次のア、イからそれぞれ選びましょう。　食塩(　　　)　ミョウバン(　　　)

ア　5g以上10g未満　　イ　15g以上20g未満

(3) 50mLの水には、食塩とミョウバンのどちらが多くとけますか。　(　　　　)

(4) この実験から、決まった量の水にとけるものの量について、どのようなことがわかりますか。次のア～ウから選びましょう。　(　　　)

ア　決まった量の水にとける量は、どれも同じである。

イ　決まった量の水にとける量は、ものによってちがう。

ウ　決まった量の水にとける量は、かき混ぜ方によってちがう。

2 水にとけるものの量②

基本のワーク

学習の目標
水にとける食塩やミョウバンの量が増える条件を理解しよう。

教科書 110〜114ページ　答え 17ページ

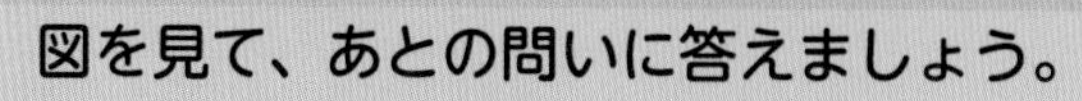

1 水の量ととける量

変える条件：水の量　　変えない条件：水よう液の温度（室内の温度）

食塩　　とけ残りが出るまで、5gずつ加えてとかす。　　ミョウバン

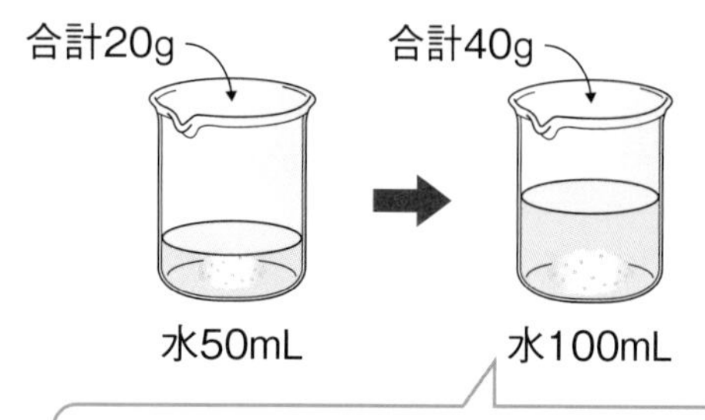

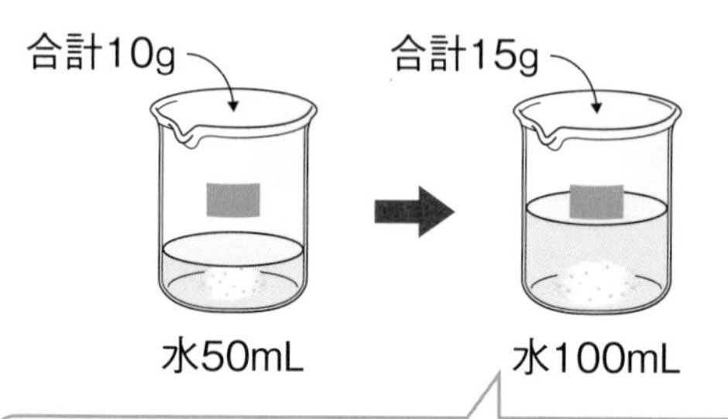

水の量を増やすと、食塩のとける量が①（ 増える　減る ）。

水の量を増やすと、ミョウバンのとける量が②（ 増える　減る ）。

● ①、②の（　）のうち、正しいほうを◯で囲みましょう。

2 水よう液の温度ととける量

変える条件：水よう液の温度　　変えない条件：水の量（50mL）

食塩　　とけ残りが出るまで、5gずつ加えてとかす。　　ミョウバン

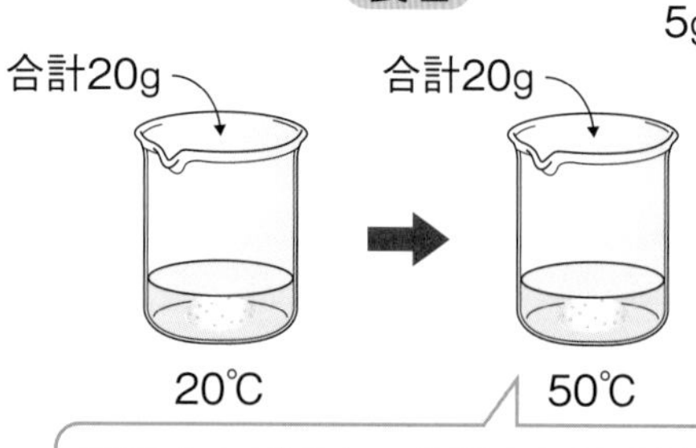

合計10g　合計20g

20℃　50℃

温度を上げても、食塩のとける量は①（ 増える　ほとんど変わらない ）。

温度を上げると、ミョウバンのとける量は②（ 増える　ほとんど変わらない ）。

● ①、②の（　）のうち、正しいほうを◯で囲みましょう。

まとめ　〔 変わらない　増える 〕から選んで（　）に書きましょう。

● 水の量を増やすと、食塩やミョウバンの水にとける量は、①（　　　　）。

● 水よう液の温度が上がっても、食塩の水にとける量は、ほとんど②（　　　　）。

わくわくたんてい団　2種類以上のものを水にとかすこともできます。例えば、スポーツ飲料にはさとうや食塩、ビタミンなどがとけています。ジュースなどに何がとけているのかを調べてみましょう。

練習のワーク

教科書 110～114ページ　答え 17ページ

1 水50mLに食塩とミョウバンをそれぞれ、とけ残りが出るまで5gずつ加えてとかしました。図1はそのようすを表したものです。次に、図2のように、水50mLをそれぞれの水よう液に加えてかき混ぜました。あとの問いに答えましょう。

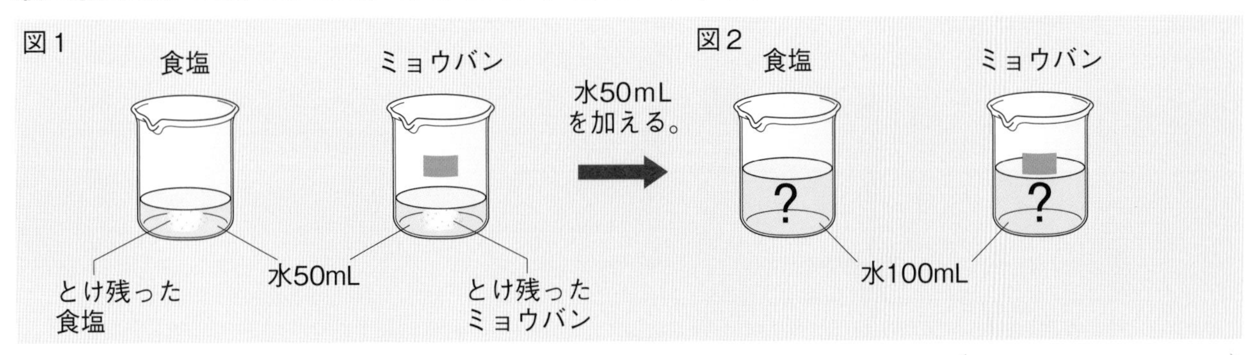

(1) 図1と図2の実験をするとき、水よう液の温度は変えますか。（　　　　）

(2) とけ残りのある食塩とミョウバンの水よう液に水50mLを加えてかき混ぜると、それぞれの水よう液のとけ残りはどのようになりますか。ア～ウからそれぞれ選びましょう。

食塩（　　　）　ミョウバン（　　　）

ア　増える。　　イ　なくなる。　　ウ　ほとんど変わらない。

(3) 水の量を増やすと、食塩、ミョウバンのとける量はそれぞれどのようになりますか。

食塩（　　　　）

ミョウバン（　　　　）

2 20℃の水50mLに食塩とミョウバンをそれぞれ、とけ残りが出るまで5gずつ加えてとかしました。図1はそのようすを表したものです。次に、図2のように、それぞれのビーカーを60℃の湯につけてかき混ぜました。あとの問いに答えましょう。

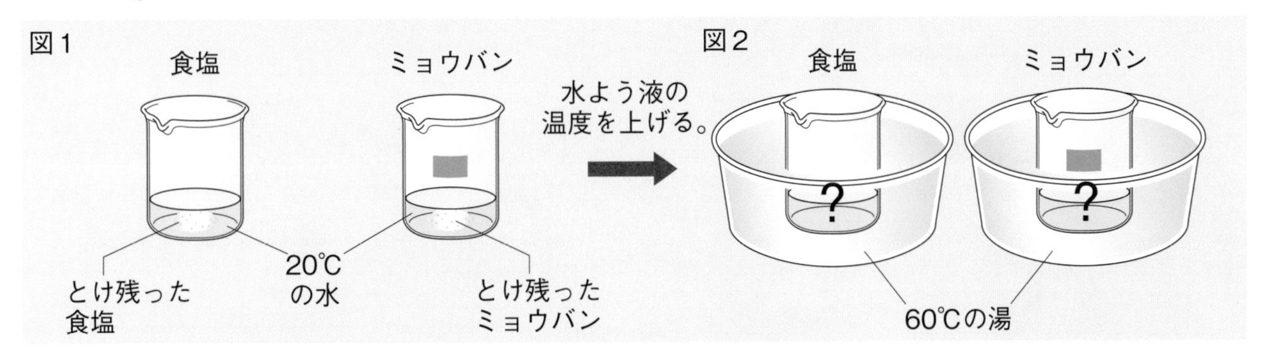

(1) とけ残りのある食塩とミョウバンの水よう液の温度を上げると、それぞれの水よう液のとけ残りはどのようになりますか。ア～ウから選びましょう。

食塩（　　　）　ミョウバン（　　　）

ア　増える。　　イ　なくなる。　　ウ　ほとんど変わらない。

(2) 水よう液の温度を上げると、50mLの水にとける食塩やミョウバンの量はそれぞれどのようになりますか。

食塩（　　　　）

ミョウバン（　　　　）

勉強した日　月　日

3　とかしたもののとり出し方

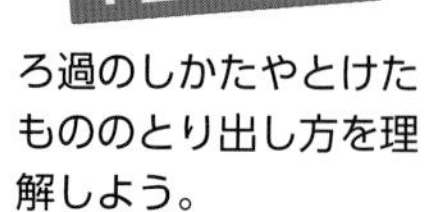
学習の目標
ろ過のしかたやとけたもののとり出し方を理解しよう。

基本のワーク

教科書 115〜123ページ　答え 17ページ

図を見て、あとの問いに答えましょう。

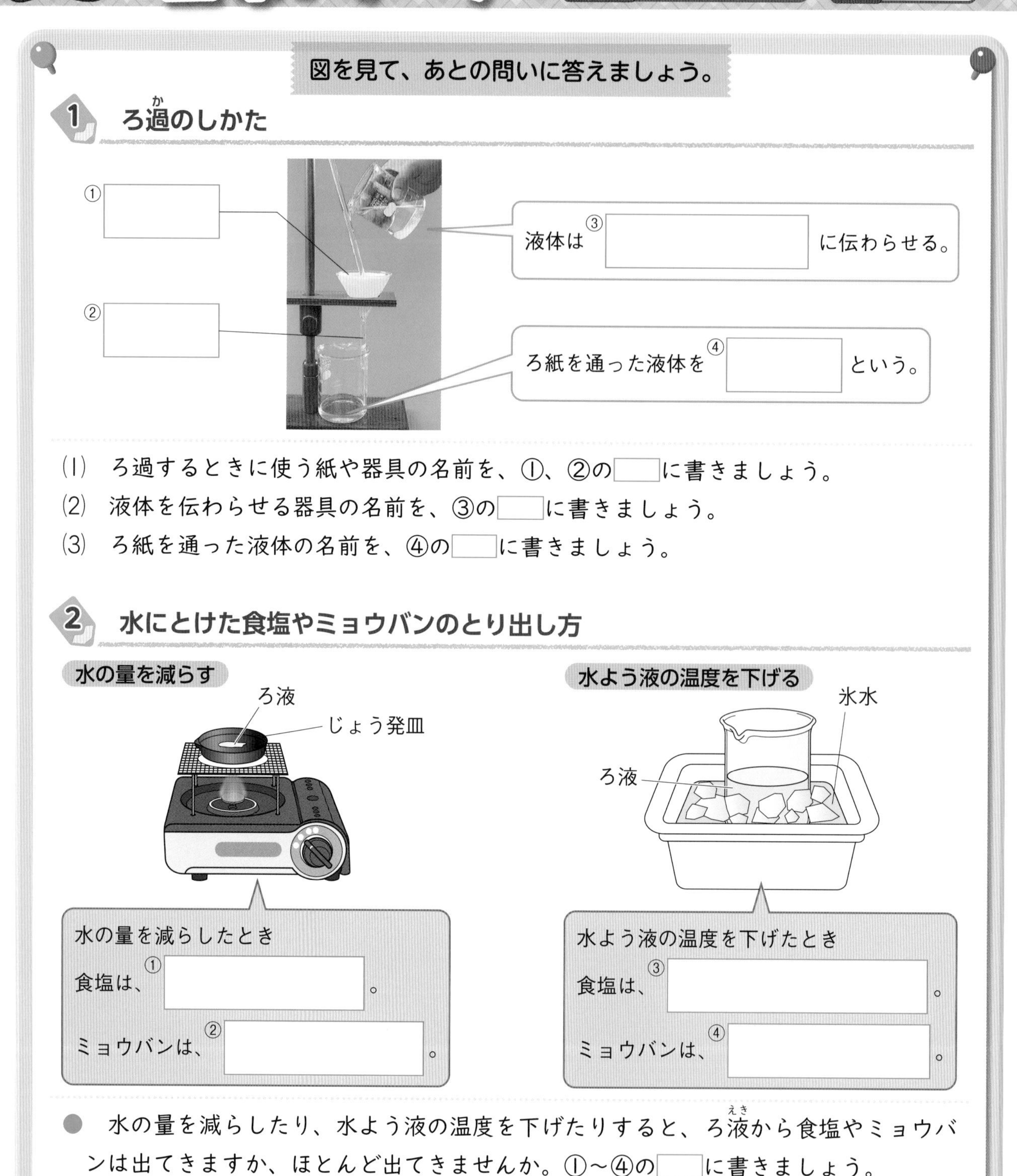

1 ろ過のしかた
①
②
液体は③　に伝わらせる。
ろ紙を通った液体を④　という。
2 水にとけた食塩やミョウバンのとり出し方
水の量を減らす
ろ液
じょう発皿
水よう液の温度を下げる
氷水
ろ液
水の量を減らしたとき
食塩は、①　。
ミョウバンは、②　。
水よう液の温度を下げたとき
食塩は、③　。
ミョウバンは、④　。

(1)　ろ過するときに使う紙や器具の名前を、①、②の□に書きましょう。
(2)　液体を伝わらせる器具の名前を、③の□に書きましょう。
(3)　ろ紙を通った液体の名前を、④の□に書きましょう。

●　水の量を減らしたり、水よう液の温度を下げたりすると、ろ液から食塩やミョウバンは出てきますか、ほとんど出てきませんか。①〜④の□に書きましょう。

まとめ　〔 ミョウバン　もの 〕から選んで（　）に書きましょう。

●熱して水の量を減らすと、水よう液にとけている①（　　）をとり出せる。
●水よう液の温度を下げると、食塩はとり出せないが、②（　　）はとり出せる。

はってん　<結しょう>水よう液の水の量を減らしたり、冷やしたりしたときに出てくる、規則正しい形をしたつぶを、結しょうといいます。結しょうの形は、ものによってちがいます。

練習のワーク

教科書 115～123ページ　答え 17ページ

1 60℃のミョウバンの水よう液を20℃の理科室に置いておくと、図１のようにミョウバンが出てきました。次に、図２のように、図１の水よう液からミョウバンをとりのぞきました。あとの問いに答えましょう。

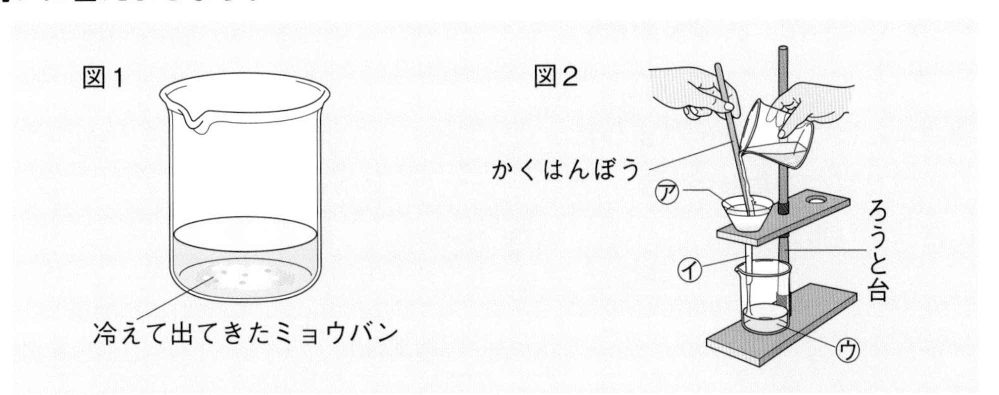

(1) 図２の㋐の紙、㋑の器具をそれぞれ何といいますか。

㋐(　　　　　)　㋑(　　　　　)

図２の方法では、固体と液体に分けられるよ。

(2) ㋐の紙を㋑の器具につけるとき、どのようにしますか。
次のア、イから選びましょう。　(　　　)

ア　㋐を㋑に強くおしてつける。

イ　㋐を㋑にはめてから、水でぬらしてつける。

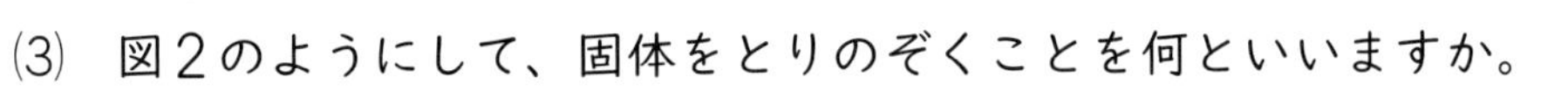

(3) 図２のようにして、固体をとりのぞくことを何といいますか。　(　　　　　)

(4) 固体をとりのぞいた㋒の液を何といいますか。　(　　　　　)

(5) とりのぞかれたミョウバンのつぶは、㋐、㋒のどちらにたまりますか。　(　　　)

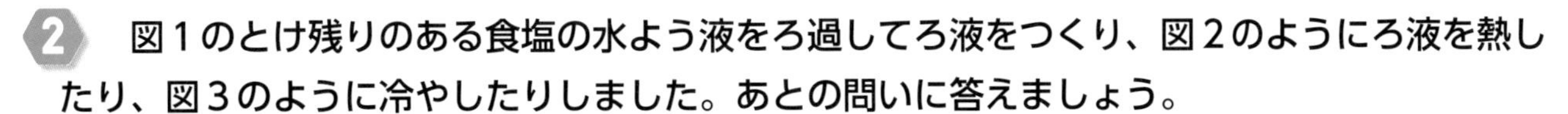

2 図１のとけ残りのある食塩の水よう液をろ過してろ液をつくり、図２のようにろ液を熱したり、図３のように冷やしたりしました。あとの問いに答えましょう。

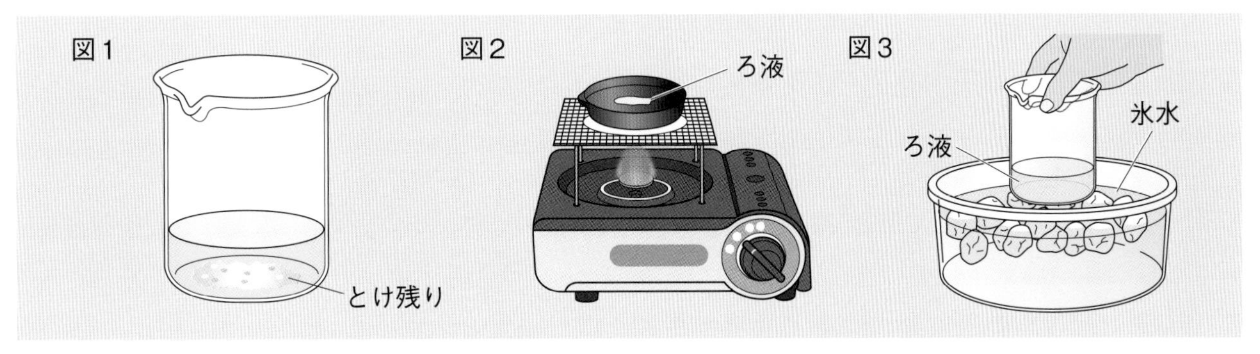

(1) 図２、図３で、ろ液から食塩は出てきますか。次のア、イからそれぞれ選びましょう。

図２(　　　)　図３(　　　)

ア　出てくる。　　　イ　ほとんど出てこない。

(2) この実験を、ミョウバンの水よう液でも行いました。このとき、図２、図３の方法でろ液からミョウバンは出てきますか。(1)のア、イからそれぞれ選びましょう。

図２(　　　)　図３(　　　)

まとめのテスト②

7　もののとけ方

勉強した日　月　日

得点　/100点

教科書　110〜123ページ　答え　18ページ

1　水の量とミョウバンのとける量

50mLの水の入ったビーカーと、100mLの水の入ったビーカーを用意し、それぞれにミョウバンを5gずつ加えていき、何回目までとけるかを調べました。表は、この結果をまとめたものです。あとの問いに答えましょう。

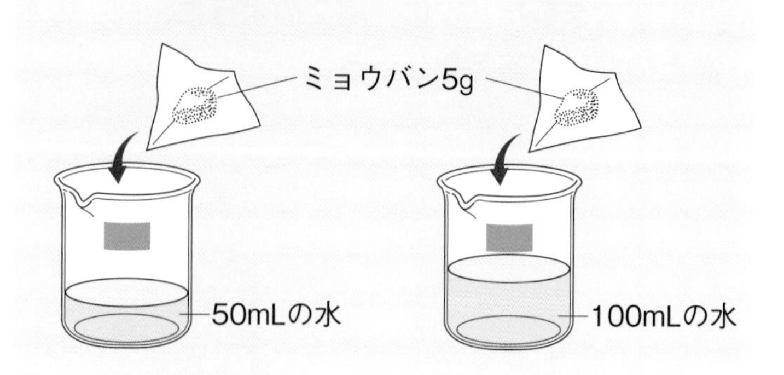

1つ5〔20点〕

加えた回数	1回目	2回目	3回目
50mLの水	とけた。	とけ残りがあった。	
100mLの水	とけた。	とけた。	とけ残りがあった。

(1)　50mLの水と100mLの水には、ミョウバンは何gとけましたか。次のア、イからそれぞれ選びましょう。　50mLの水(　　)　100mLの水(　　)

ア　5g以上10g未満　　イ　10g以上15g未満

記述　(2)　表の結果から、水の量とミョウバンのとける量にはどのような関係があると考えられますか。

(　　)

記述　(3)　この実験から、ミョウバンのとけ残りをとかすには、どのようにすればよいことがわかりますか。(　　)

2　水よう液の温度とものとける量

20℃の水50mLにミョウバンと食塩を5gずつ加え、とけ残りが出るまでとかしました。右の図は、その水よう液を表したものです。次に、それぞれのビーカーを60℃の湯につけてかき混ぜました。次の問いに答えましょう。

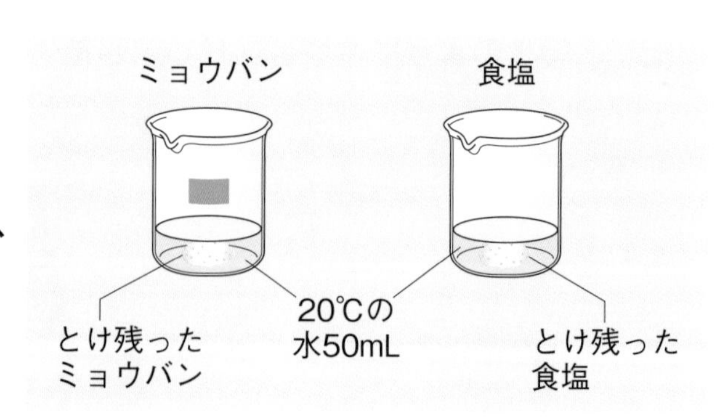

1つ5〔20点〕

(1)　とけ残りのあるミョウバンと食塩の水よう液の温度を上げると、それぞれの水よう液のとけ残りはどのようになりますか。　ミョウバン(　　)

食塩(　　)

記述　(2)　(1)で答えた結果から、水よう液の温度と、ミョウバンと食塩のとける量にはどのような関係があると考えられますか。

ミョウバン(　　)

食塩(　　)

3 **液体と固体を分ける方法** **60℃の水50mLにミョウバンをとけるだけとかし、40℃まで冷やしたところ、ミョウバンが出てきました。そこで、出てきたミョウバンをろ紙を使って液体と分けました。次の問いに答えましょう。** 1つ5〔20点〕

(1) 液体をこして固体をとりのぞくことを何といいますか。 (　　　　)

(2) ミョウバンと液体に分ける方法として正しいものを、次の㋐～㋓から選びましょう。ただし、ろうと台はかかれていません。 (　　　)

㋐ ㋑ ㋒ ㋓

(3) (1)を行って分けた液体のことを何といいますか。 (　　　　)

(4) (3)の液体にミョウバンはとけていますか。 (　　　　　　　)

4 **とかしたものをとり出す方法** **図1は、とけ残りのあるミョウバンの水よう液です。図1の水よう液を、図2のように冷やしたり、図3のように熱したりしました。あとの問いに答えましょう。** 1つ5〔40点〕

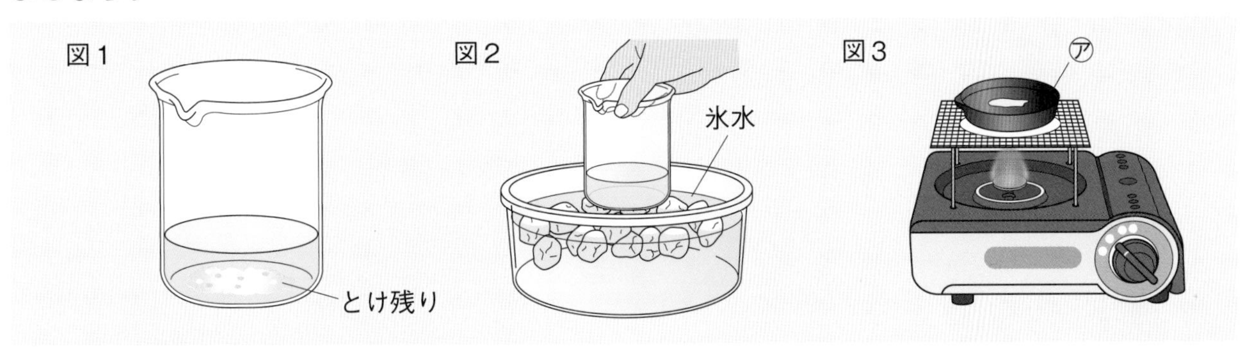

(1) 図3の㋐の皿に水よう液をとるとき、図4の器具を使いました。㋐の皿、図4の器具をそれぞれ何といいますか。

図4

㋐(　　　　　　　　　　　)

図4(　　　　　　　　　　　)

(2) 図2、図3で、それぞれ水よう液からミョウバンは出てきますか。

図2(　　　　　　　　　　　)

図3(　　　　　　　　　　　)

(3) この実験を、食塩の水よう液でも行いました。図2、図3のようにしたとき、水よう液から食塩は出てきますか。

図2(　　　　　　　　　　　) 図3(　　　　　　　　　　　)

記述 (4) ミョウバンの水よう液から、とけているミョウバンをとり出すにはどのような方法がありますか。2つ書きましょう。(　　　　　　　　　　　　　)

(　　　　　　　　　　　　　)

勉強した日　月　日

ふりこの１往復する時間①

基本のワーク

学習の目標
ふりこの長さとふりこの１往復する時間の関係を理解しよう。

教科書 124～139ページ　答え 19ページ

図を見て、あとの問いに答えましょう。

1 ふりこ

糸におもりをつけて、おもりを横に引いてはなすと、一定の時間で往復(おうふく)をくり返す。これを①［　　］という。

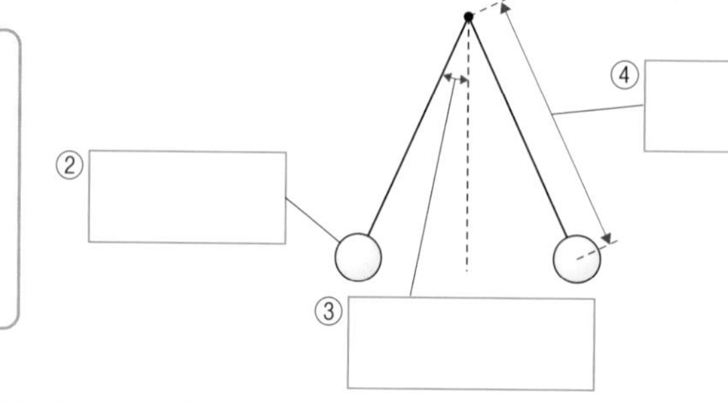

● ①～④の［　］にあてはまる言葉を書きましょう。

2 ふりこの長さと１往復する時間

変える条件	変えない条件
・ふりこの長さ	・ふれはば　・おもりの重さ

ふりこの長さ		20cm	40cm	60cm
10往復する時間(秒)	１回目	9	13	17
	２回目	8	14	17
	３回目	9	12	15
10往復する時間の平均(へいきん)(秒)		8.7	①	②
１往復する時間の平均(秒)		0.9	③	④

※結果は、小数第２位を四しゃ五入して小数第１位まで書く。

20cm　40cm　60cm

ふりこの長さを長くすると、1往復する時間は⑤［　　］。

(1)　10往復する時間の平均は、(1回目の結果＋2回目の結果＋3回目の結果)÷3　で求めます。①、②の［　］にあてはまる数字を小数第1位まで書きましょう。

(2)　1往復する時間の平均は、10往復する時間の平均÷10　で求めます。③、④の［　］にあてはまる数字を小数第1位まで書きましょう。

(3)　⑤の［　］にあてはまる言葉を書きましょう。

まとめ　〔 長さ　時間 〕から選んで(　)に書きましょう。

●ふりこの①(　　　　)によって、ふりこの１往復する時間が変わる。ふりこの①が長いほど、１往復する②(　　　　)が長くなる。

わくわくたんてい団　ふりこをふってしばらくすると、しだいにふれはばが小さくなり、やがて止まります。これは、おもりが周りの空気にふれて、ふれる勢いが小さくなるからです。

練習のワーク

できた数 /10問中

教科書 124～139ページ　答え 19ページ

1 右の図のように、糸におもりをつけて、おもりが一定の時間で往復をくり返すようにしました。次の問いに答えましょう。

(1) 図のように、おもりが一定の時間で往復をくり返すようにしたものを何といいますか。
（　　　　　）

(2) ㋐の角度のことを何といいますか。
（　　　　　）

(3) ㋑の長さのことを何といいますか。
（　　　　　）

(4) 次のア～ウのうち、1往復を表しているのはどれですか。
（　　　）

ア　おもりが㋐→㋑と動いたとき

イ　おもりが㋐→㋑→㋒と動いたとき

ウ　おもりが㋐→㋑→㋒→㋑→㋐と動いたとき

2 次の図のように、ふりこの長さのちがう㋐～㋒のふりこを使って、ふりこの長さとふりこの1往復する時間の関係を調べる実験をしました。あとの問いに答えましょう。

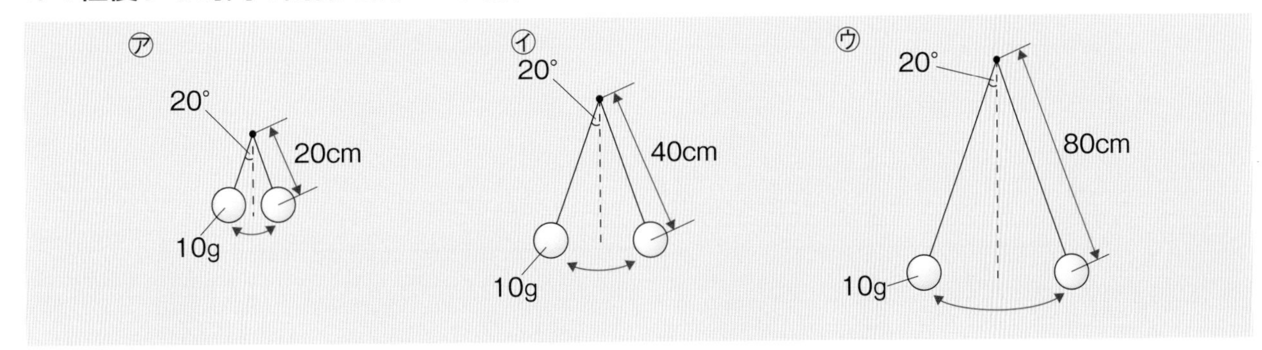

(1) この実験で、㋐～㋒で変えている条件を、次のア～ウから選びましょう。（　　　）

ア　おもりの重さ　　イ　ふりこの長さ　　ウ　ふれはば

(2) この実験で、㋐～㋒で変えていない条件は何ですか。(1)のア～ウから全て選びましょう。
（　　　　　）

(3) 右の表は、㋐のふりこの10往復する時間を3回はかったときの結果をまとめたものです。次の①、②を、小数第2位を四しゃ五入して小数第1位まで求めましょう。

1回目	2回目	3回目
9秒	10秒	9秒

① ㋐のふりこの10往復する時間の平均　（　　　）

② ㋐のふりこの1往復する時間の平均　（　　　）

(4) ふりこの1往復する時間が最も長かったものはどれですか。㋐～㋒から選びましょう。
（　　　）

(5) ふりこの長さを長くしたとき、ふりこの1往復する時間はどのようになりますか。
（　　　　　）

勉強した日　月　日

ふりこの１往復する時間②

基本のワーク

学習の目標
おもりの重さとふりこの１往復する時間の関係を理解しよう。

教科書 124～139ページ　答え 19ページ

図を見て、あとの問いに答えましょう。

1 おもりの重さと１往復する時間

変える条件
・おもりの①□

変えない条件
・ふりこの長さ　・②□

おもりの重さ		ガラス	金属（きんぞく）	木
		30g	90g	15g
10往復する時間(秒)	1回目	14	13	14
	2回目	13	14	15
	3回目	14	15	14
10往復する時間の平均(秒)		13.7	③	④
1往復する時間の平均(秒)		1.4	⑤	⑥

※結果は、小数第２位を四しゃ五入して小数第１位まで書く。

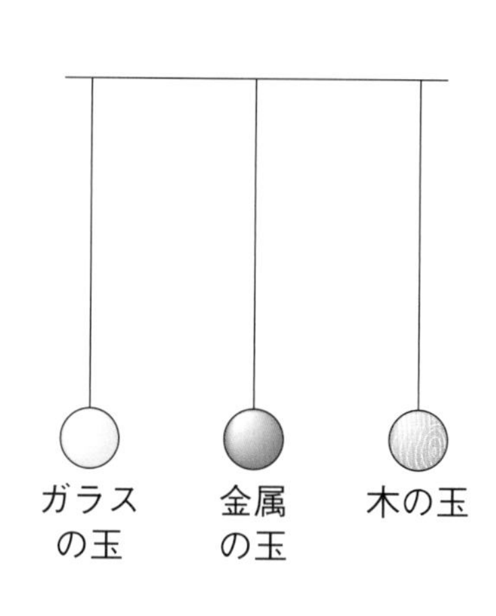

（ふりこの長さはどれも同じ。）

おもりの重さが変わっても、ふりこの１往復する時間は⑦□。

(1) この実験で、変える条件と変えない条件は何ですか。①、②の□に書きましょう。
(2) おもりの重さが90gと15gのときの10往復する時間の平均は何秒ですか。③、④の□にあてはまる数字を小数第１位まで書きましょう。
(3) おもりの重さが90gと15gのときの１往復する時間の平均は何秒ですか。⑤、⑥の□にあてはまる数字を小数第１位まで書きましょう。
(4) おもりの重さと１往復する時間にはどのような関係がありますか。⑦の□に書きましょう。

まとめ　〔 時間　重さ 〕から選んで（　）に書きましょう。

●ふりこの１往復する時間とおもりの①（　　　）との関係において、おもりの①が変わっても、ふりこの１往復する②（　　　）は変わらない。

ふりこは、手をはなしたところと同じ高さまでしか上がりません。そして、行くときももどるときも、おもりが一番低くなったところで、おもりの動く速さが最も速くなります。

練習のワーク

教科書 124～139ページ　答え 19ページ

できた数　／8問中

1 次の図のように、おもりの重さのちがう㋐～㋒のふりこを使って、おもりの重さとふりこの1往復する時間の関係を調べる実験をしました。あとの問いに答えましょう。

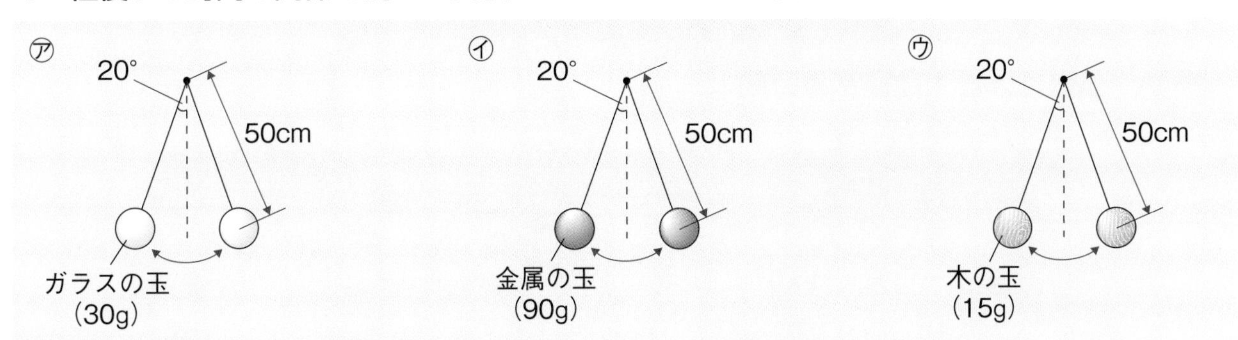

(1) ㋐～㋒で変えている条件は何ですか。次のア～ウから選びましょう。
(　　)

ア　おもりの重さ　　イ　ふりこの長さ　　ウ　ふれはば

(2) ㋐～㋒で変えていない条件は何ですか。(1)のア～ウから全て選びましょう。
(　　)

(3) おもりの重さを重くしたとき、ふりこの1往復する時間はどのようになりますか。
(　　)

2 次の図のように、ガラスの玉と金属の玉を同じ長さの糸につけて、同じふれはばでふらせました。表は、ふりこの10往復する時間を3回はかったときの結果をまとめたものです。あとの問いに答えましょう。

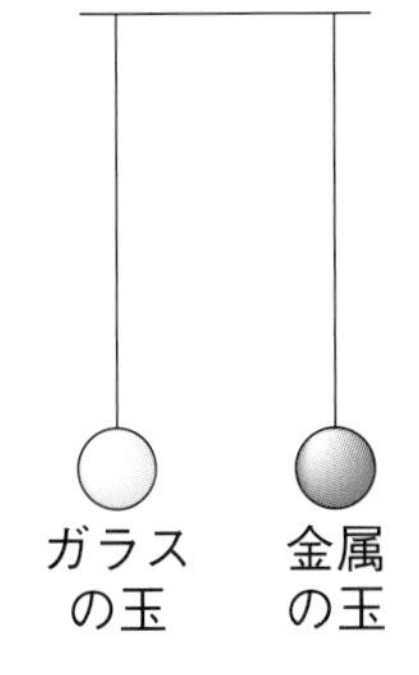

おもりの重さ	ガラスの玉(30g)	金属の玉(90g)
1回目	20秒	21秒
2回目	21秒	19秒
3回目	19秒	21秒

(1) 表の結果から、それぞれのふりこの10往復する時間の平均は何秒ですか。小数第1位まで書きましょう。ただし、わり切れないときは、小数第2位を四しゃ五入して小数第1位まで書きましょう。　ガラスの玉(　　)　金属の玉(　　)

(2) (1)から、それぞれのふりこの1往復する時間の平均は何秒ですか。小数第1位まで書きましょう。ただし、わり切れないときは、小数第2位を四しゃ五入して小数第1位まで書きましょう。　ガラスの玉(　　)　金属の玉(　　)

記述 (3) この実験の結果から、おもりの重さとふりこの1往復する時間にはどのような関係があることがわかりますか。
(　　)

勉強した日　月　日

ふりこの1往復する時間③

学習の目標
ふれはばとふりこの1往復する時間の関係を理解しよう。

教科書 124〜139ページ　答え 20ページ

図を見て、あとの問いに答えましょう。

1 ふれはばと1往復する時間

変える条件
・①

変えない条件	
・ふりこの②	・おもりの重さ

ふれはば		10°	20°
10往復する時間(秒)	1回目	14	13
	2回目	14	15
	3回目	15	14
10往復する時間の平均(秒)		14.3	③
1往復する時間の平均(秒)		1.4	④

10°　20°

※結果は、小数第2位を四しゃ五入して小数第1位まで書く。

ふれはばが大きくなっても、ふりこの1往復する時間は⑤［　　］。

(1)　この実験で、変える条件と変えない条件は何ですか。①、②の［　］に書きましょう。
(2)　ふれはばが20°のときの10往復する時間の平均は何秒ですか。③の［　］にあてはまる数字を小数第1位まで書きましょう。
(3)　ふれはばが20°のときの1往復する時間の平均は何秒ですか。④の［　］にあてはまる数字を小数第1位まで書きましょう。
(4)　ふれはばと1往復する時間にはどのような関係がありますか。⑤の［　］に書きましょう。

(2)は、3回の結果を合計して3でわって求めるよ。
(3)は、(2)の平均を10でわって求めるよ。

まとめ　〔 時間　ふれはば 〕から選んで（　）に書きましょう。

●ふりこの1往復する時間と①（　　　）との関係において、①が大きくなっても、1往復する②（　　　）は変わらない。

ふりこのしくみを利用した道具には、音楽のときに使うメトロノーム、ふりこ時計などがあります。どちらもふりこの長さを変えて、1往復する時間を調節します。

練習のワーク

できた数 ／8問中

教科書 124～139ページ 答え 20ページ

1 次の図の㋐～㋒のように、ふりこのふれはばを変えて、ふれはばとふりこの1往復する時間の関係を調べる実験をしました。あとの問いに答えましょう。

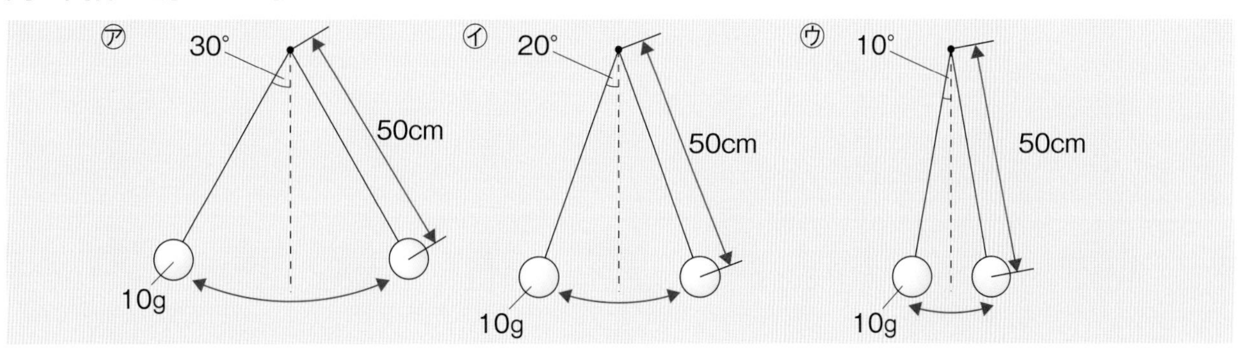

(1) ㋐～㋒で変えている条件は何ですか。次のア～ウから選びましょう。

（　　）

ア　おもりの重さ　　イ　ふりこの長さ　　ウ　ふれはば

(2) ㋐～㋒で変えていない条件は何ですか。(1)のア～ウから全て選びましょう。

（　　）

(3) ふれはばを小さくしたとき、ふりこの1往復する時間はどのようになりますか。

（　　）

2 右の図のように、ふりこのふれはばを20°と10°にして、10往復する時間を3回はかりました。表は、この結果をまとめたものです。次の問いに答えましょう。

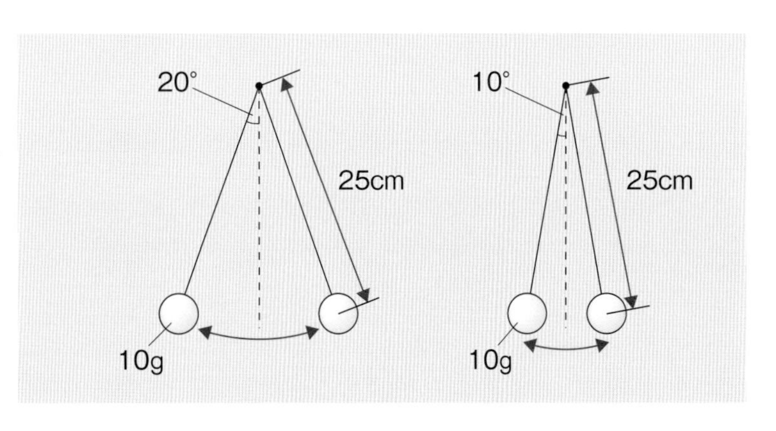

ふれはば	20°	10°
1回目	10秒	9秒
2回目	11秒	11秒
3回目	10秒	10秒

(1) 表の結果から、それぞれのふりこの10往復する時間の平均は何秒ですか。小数第1位まで書きましょう。わり切れないときは、小数第2位を四しゃ五入しましょう。

20°（　　）

10°（　　）

(2) (1)から、それぞれのふりこの1往復する時間の平均は何秒ですか。小数第2位を四しゃ五入して小数第1位まで書きましょう。

20°（　　）　10°（　　）

記述 (3) この実験の結果から、ふれはばとふりこの1往復する時間にはどのような関係があることがわかりますか。

（　　）

まとめのテスト

8　ふりこの性質

時間20分　得点　/100点

教科書 124〜139ページ　答え 20ページ

1 ふりこ　おもりに糸をつけてふりこを作りました。次の問いに答えましょう。

1つ4〔28点〕

(1) ふりこの長さとは、どこからどこまでの長さのことですか。次のア、イから選びましょう。（　　）

ア　持つところからおもりのはしまで

イ　持つところからおもりの中心まで

(2) ふりこの1往復のようすを表したものを、次の㋐〜㋒から選びましょう。（　　）

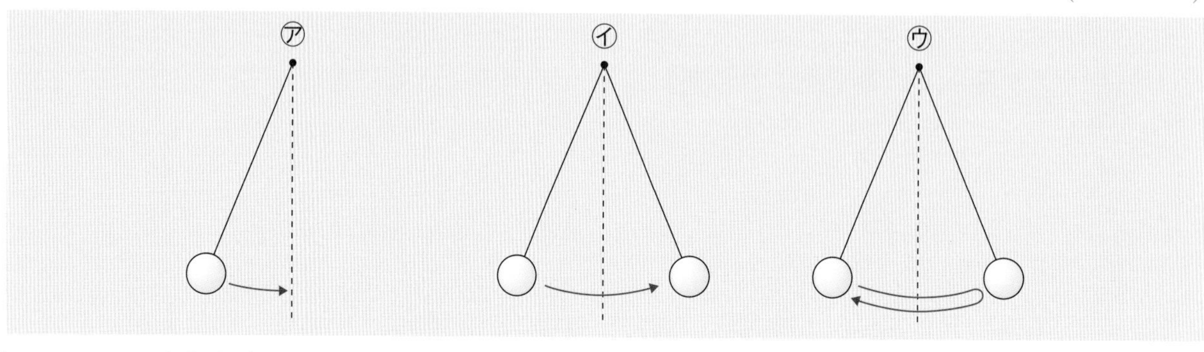

(3) ふりこの10往復する時間を3回はかりました。3回の時間の合計を㊤とすると、ふりこの1往復する時間はどのように求めますか。次のア〜エから選びましょう。（　　）

ア　時間の合計㊤÷3　　イ　時間の合計㊤÷3×10

ウ　時間の合計㊤÷10　　エ　時間の合計㊤÷3÷10

(4) (3)のように、ふりこの1往復する時間を計算して求めるのはなぜですか。次のア、イから選びましょう。（　　）

ア　1往復する時間を正確（せいかく）にはかるのはむずかしいから。

イ　1往復する時間は毎回変化しているから。

(5) ある条件にしたふりこ㋐、㋑を同じふれはばでふらせ、10往復する時間を3回はかりました。表は、この結果をまとめたものです。

	㋐	㋑
1回目	9秒	20秒
2回目	11秒	19秒
3回目	9秒	21秒

① 表の結果から、それぞれのふりこの1往復する時間の平均を求め、小数第1位まで書きましょう。ただし、わり切れないときは、小数第2位を四しゃ五入しましょう。

㋐（　　　　）㋑（　　　　）

② ①からわかることについて正しく述（の）べたものを、次のア〜ウから選びましょう。（　　）

ア　おもりの重さは、ふりこ㋐よりも、ふりこ㋑のほうが重い。

イ　ふりこの長さは、ふりこ㋐よりも、ふりこ㋑のほうが長い。

ウ　ふれはばは、ふりこ㋐よりも、ふりこ㋑のほうが大きい。

2 **ふりこの1往復する時間** ふりこの1往復する時間は何によって変わるのかを調べるため、下の表の**1**～**3**のように、おもりの重さ、ふれはば、ふりこの長さを変えて、ふりこの10往復する時間を3回ずつはかりました。あとの問いに答えましょう。

1つ4〔72点〕

		変えない条件	おもりの重さ	1回目(秒)	2回目(秒)	3回目(秒)	1往復の平均(秒)
1 おもりの重さ	おもりの重さを10g、20g、30gと変える。	①(　　)	10g	20	21	19	⑦
		②(　　)	20g	20	20	20	⑧
			30g	19	21	20	⑨

		変えない条件	ふれはば	1回目(秒)	2回目(秒)	3回目(秒)	1往復の平均(秒)
2 ふれはば	ふれはばを10°、20°、30°と変える。（10°　20°　30°）	③(　　)	10°	20	20	20	⑩
		④(　　)	20°	19	20	21	⑪
			30°	20	20	20	⑫

		変えない条件	ふりこの長さ	1回目(秒)	2回目(秒)	3回目(秒)	1往復の平均(秒)
3 ふりこの長さ	ふりこの長さを40cm、70cm、1mと変える。	⑤(　　)	40cm	13	12	13	⑬
		⑥(　　)	70cm	16	17	18	⑭
			1m	21	20	19	⑮

(1) **1**～**3**で変えない条件は何ですか。それぞれ次のア～ウから選び、表の①～⑥の(　)に書きましょう。

ア　おもりの重さ　　イ　ふれはば　　ウ　ふりこの長さ

(2) **1**～**3**で、ふりこの1往復する時間の平均はそれぞれ何秒ですか。表の⑦～⑮に小数第1位まで書きましょう。わり切れないときは小数第2位を四しゃ五入しましょう。

(3) ふりこの1往復する時間に関係しないことを、次のア～ウから2つ選びましょう。

(　　　)(　　　)

ア　おもりの重さ

イ　ふれはば

ウ　ふりこの長さ

記述 (4) ふりこの1往復する時間を長くするためには、どのようにすればよいですか。

(　　　　　　　　　　　　　　　　　　　　)

勉強した日　月　日

学習の目標
電磁石を作り、電磁石と磁石の性質のちがいを調べよう。

電磁石の作り方

基本のワーク

教科書 140~143、175ページ　答え 21ページ

図を見て、あとの問いに答えましょう。

1 電磁石(でんじしゃく)の作り方

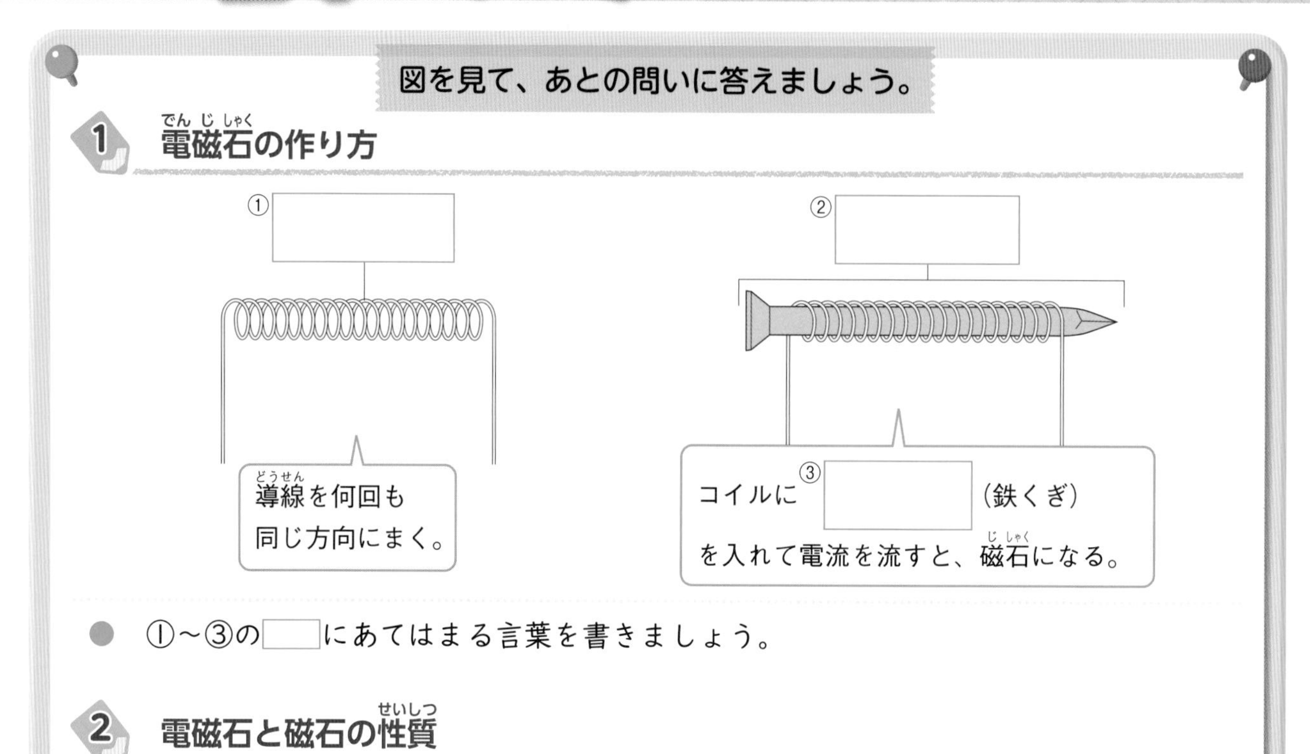

①
②
導線(どうせん)を何回も同じ方向にまく。
コイルに③（鉄くぎ）を入れて電流を流すと、磁石(じしゃく)になる。

● ①～③の□にあてはまる言葉を書きましょう。

2 電磁石と磁石の性質(せいしつ)

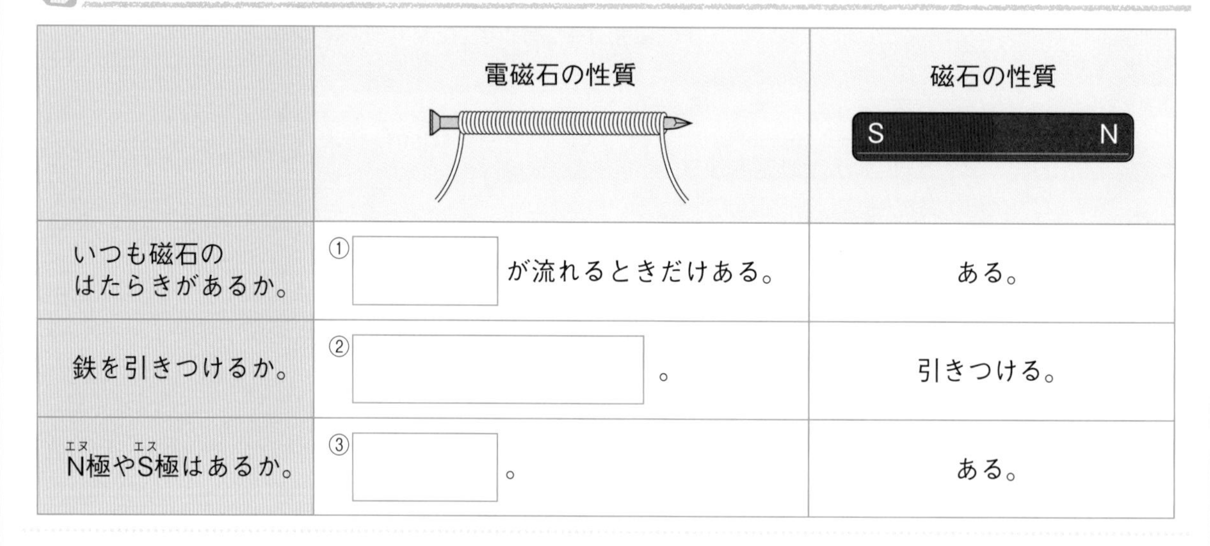

	電磁石の性質	磁石の性質
いつも磁石のはたらきがあるか。	①□が流れるときだけある。	ある。
鉄を引きつけるか。	②□。	引きつける。
N(エヌ)極やS(エス)極はあるか。	③□。	ある。

(1)　電磁石は、どのようなときに磁石のはたらきがありますか。①の□に書きましょう。

(2)　電磁石は、鉄を引きつけますか。②の□に書きましょう。

(3)　電磁石には、N極やS極がありますか。③の□に書きましょう。

まとめ　〔電流　電磁石　コイル〕から選んで(　)に書きましょう。

●①(　　　)の中に、鉄心(てっしん)を入れて電流を流したものを②(　　　)という。

●電磁石は、③(　　　)を流したときだけ磁石のはたらきをし、N極やS極がある。

電磁石を利用したクレーンは、くず鉄や鉄板などの重い荷物を運ぶのに利用されます。鉄の荷物を持ち上げるときは電流を流し、鉄の荷物をはなすときは電流を止めます。

練習のワーク

教科書 140～143、175ページ　答え 21ページ

できた数　／7問中

1 右の図のように、長さが10cmくらいのくぎに、0.4mmくらいの太さのビニル導線を50回まいて、電磁石を作りました。次の問いに答えましょう。

0.4mmくらいの太さのビニル導線を使う。

くぎ

(1) ビニル導線などを、同じ向きに何回もまいたものを何といいますか。　(　　　　)

(2) 電磁石を作るとき、何でできたくぎを(1)の中に入れますか。ア～ウから選びましょう。　(　　)

ア　鉄

イ　アルミニウム

ウ　銅(どう)

(3) かん電池につないで実験するために、ビニル導線の両はしをどのようにしておきますか。ア、イから選びましょう。　(　　)

ア　そのままにしておく。

イ　ビニルをむいておく。

2 コイルに鉄心を入れて電磁石を作りました。あとの問いに答えましょう。

㋐電流を流したとき

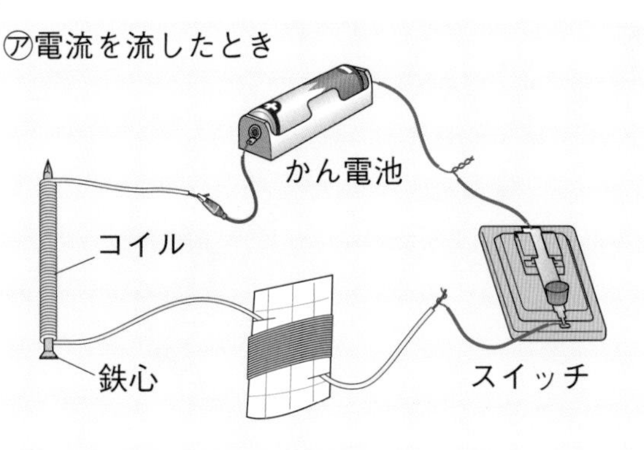

㋑電流を流さなかったとき

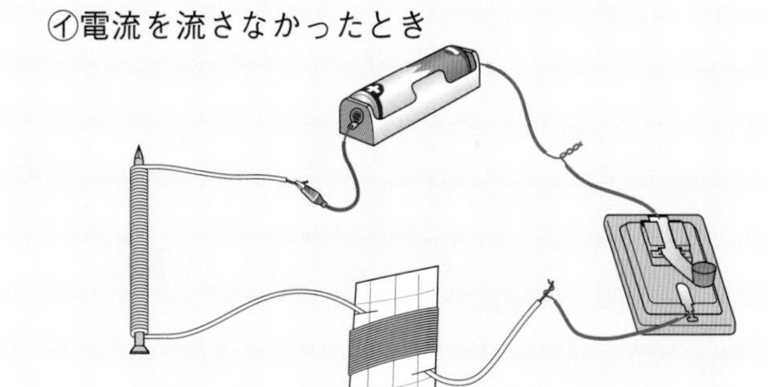

(1) ㋐のように電流を流したときと、㋑のように電流を流さなかったときに、電磁石を鉄のクリップに近づけました。このとき、クリップは電磁石に引きつけられますか。

㋐(　　　　)

㋑(　　　　)

(2) (1)で答えたような結果になることから、電磁石は、どのようなときに磁石のはたらきをすることがわかりますか。

(　　　　)

(3) 次の①～③のうち、電磁石と磁石のどちらにもあてはまる性質を全て選んで○をつけましょう。

①(　　)鉄を引きつける。

②(　　)N極やS極がある。

③(　　)いつも磁石のはたらきがある。

電流を流したままにすると、コイルが熱くなってきけんだよ。

勉強した日 月 日

1 電磁石の極

基本のワーク

学習の目標
電磁石の極は、電流の向きによって変わることを理解しよう。

教科書 144～146ページ　答え 21ページ

図を見て、あとの問いに答えましょう。

1 電流の向きと電磁石の極

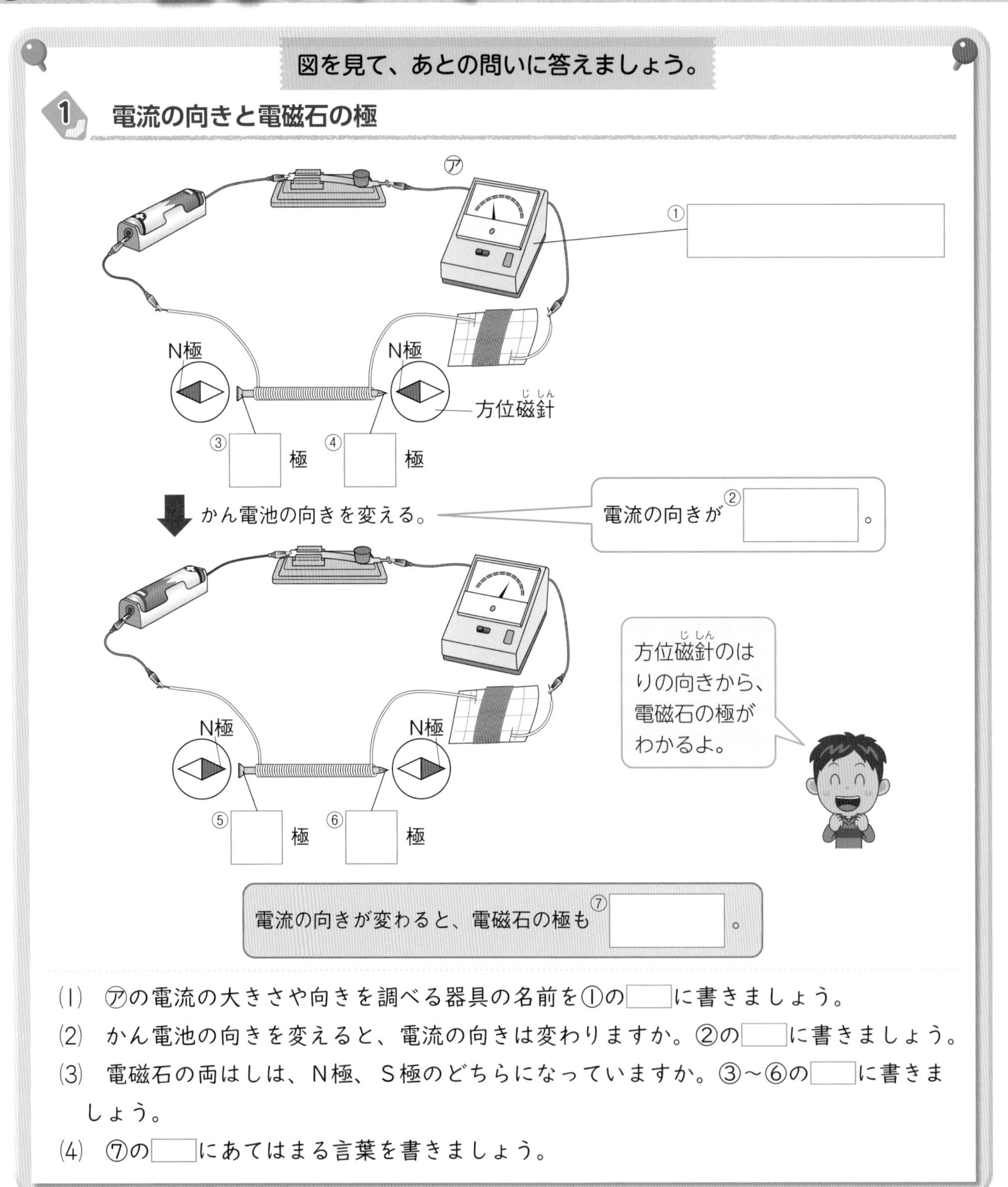

電流の向きが変わると、電磁石の極も⑦ 。

(1) ㋐の電流の大きさや向きを調べる器具の名前を①の□に書きましょう。
(2) かん電池の向きを変えると、電流の向きは変わりますか。②の□に書きましょう。
(3) 電磁石の両はしは、N極、S極のどちらになっていますか。③～⑥の□に書きましょう。
(4) ⑦の□にあてはまる言葉を書きましょう。

まとめ 〔 電磁石　電流 〕から選んで（　）に書きましょう。

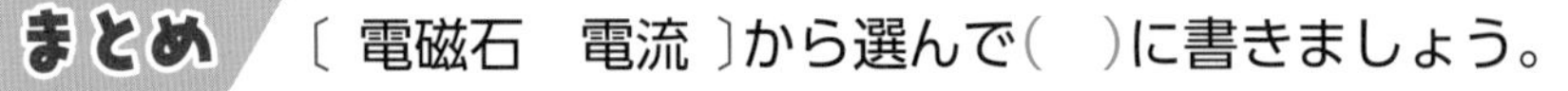

●かん電池の向きを変えて、回路に流れる①（　　　　）の向きを変えると、②（　　　　）の極も変わる。

電磁石の性質はいろいろなものに利用されています。リニアモーターカーは、電磁石の引き合ったりしりぞけ合ったりする力を利用して、車体をうかせたり進めたりしています。

練習のワーク

教科書 144〜146ページ　答え 21ページ

1 次の図のように、電流の向きと電磁石のＮ極とＳ極のでき方の関係について調べました。あとの問いに答えましょう。

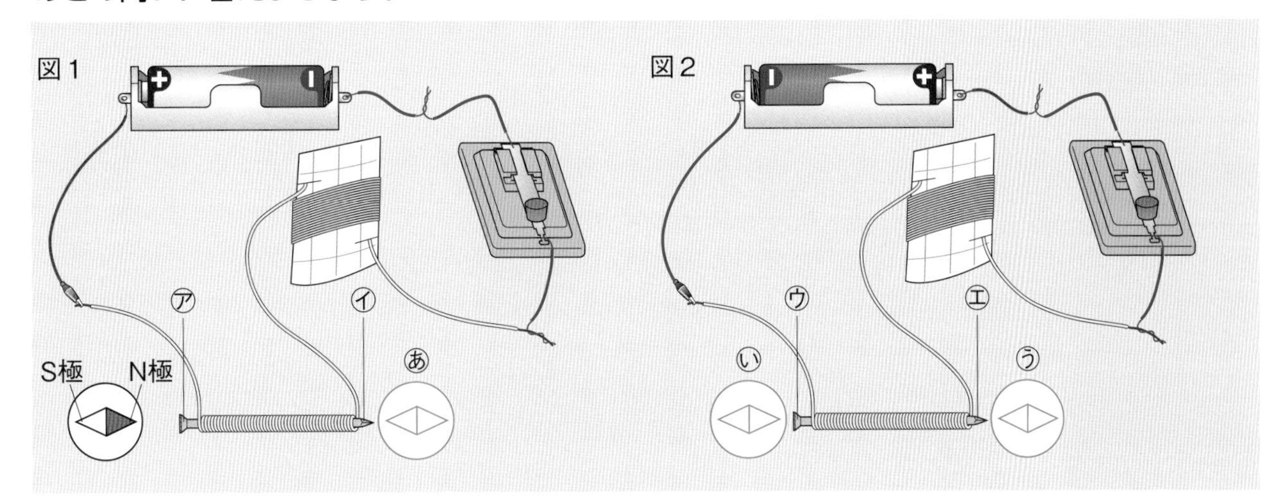

(1) 図１のとき、電磁石の㋐、㋑は、それぞれＮ極とＳ極のどちらになっていますか。

㋐(　　　　　)
㋑(　　　　　)

(2) 図１のとき、電磁石の右側に方位磁針(じしん)ⓐを置きました。この方位磁針のはりはどのようになりますか。Ｎ極を赤くぬりましょう。

(3) 図２のように、かん電池の向きを図１と反対にして、電磁石の性質がどのように変化するのかを調べました。次の①〜④のうち、図１と図２で変えない条件を全て選んで○をつけましょう。

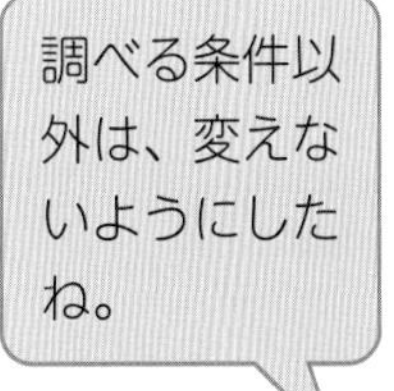

調べる条件以外は、変えないようにしたね。

①(　　　)電磁石の向き
②(　　　)回路に流す電流の向き
③(　　　)回路に流す電流の大きさ
④(　　　)コイルのまき方

(4) 図２の電磁石に流れる電流の向きは、図１のときと比べてどのようになりますか。次のア、イから選びましょう。　(　　　)

ア　図１と同じ向きのままである。
イ　図１とちがう向きになる。

(5) 図２のとき、電磁石の㋒、㋓はそれぞれＮ極とＳ極のどちらになっていますか。

㋒(　　　　　)
㋓(　　　　　)

(6) 図２のとき、電磁石の左側と右側に方位磁針ⓘ、ⓤを置きました。それぞれの方位磁針のはりはどのようになりますか。Ｎ極を赤くぬりましょう。

(7) 図１、図２の電磁石の極のでき方から、電流の向きが変わると電磁石の極はどのようになると考えられますか。(　　　　　　　　　　)

まとめのテスト①

勉強した日　　月　　日

9　電磁石の性質

教科書 140～146、175ページ　答え 22ページ

1 **電磁石の作り方** 図1のように、ビニル導線を同じ向きに50回まき、その中に鉄心を入れて電磁石を作りました。次に、この電磁石を用いて、図2のような回路を作りました。あとの問いに答えましょう。　1つ6〔18点〕

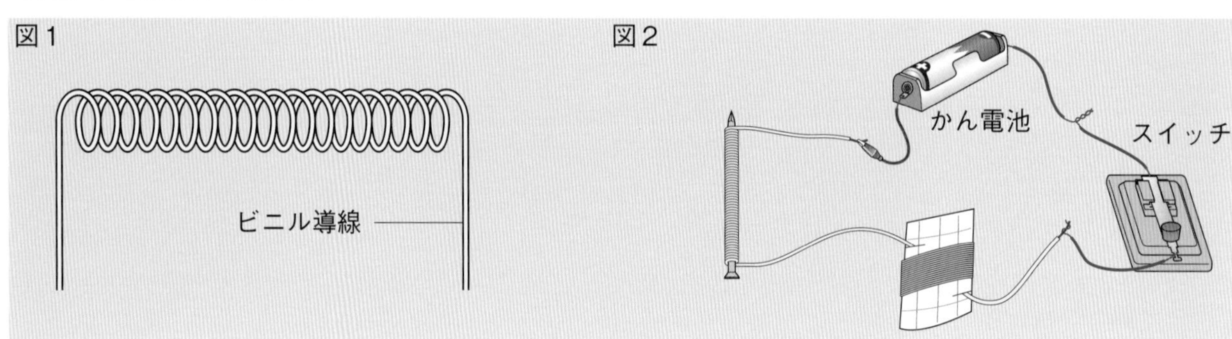

(1)　図1のように、ビニル導線を同じ向きに何回もまいたものを何といいますか。
（　　　　　　　）

(2)　電磁石を作るときの鉄心として最もよいものを、ア～ウから選びましょう。
（　　　）

ア　アルミニウムのくぎ　　イ　銅のくぎ　　ウ　鉄くぎ

(3)　回路をつくるときに、導線の両はしのビニルを2cmくらいむいておきました。これは、何が流れるようにするためですか。　（　　　　　　　）

2 **電磁石の性質** 右の図のように、かん電池、スイッチ、電磁石をつなぎました。そして、電磁石を鉄のクリップに近づけました。次の問いに答えましょう。　1つ6〔30点〕

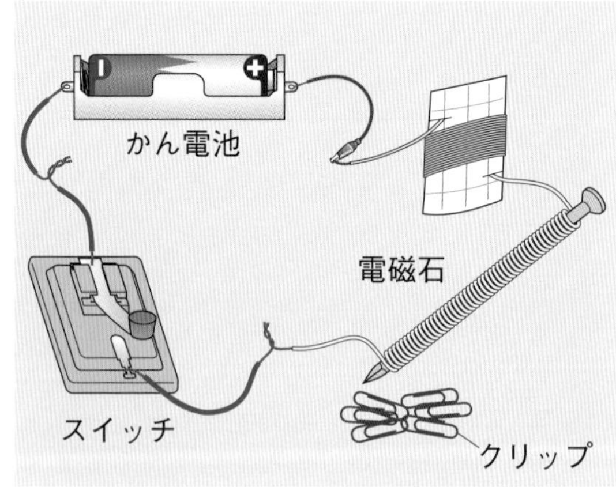

(1)　回路に電流を流して電磁石を鉄のクリップに近づけると、鉄のクリップはどのようになりますか。ア、イから選びましょう。　（　　　）

ア　電磁石に引きつけられる。

イ　電磁石に引きつけられない。

(2)　(1)の下線部の後、スイッチを切りました。鉄のクリップはどのようになりますか。ア、イから選びましょう。　（　　　）

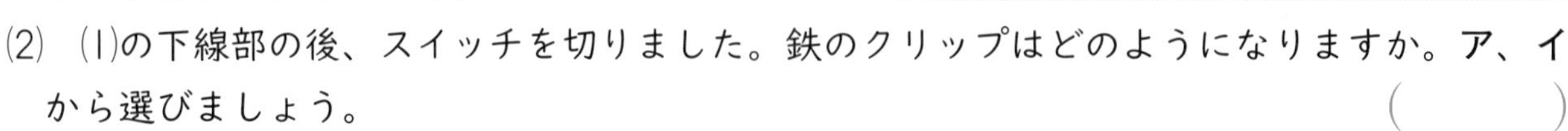

ア　電磁石に引きつけられるようになる。

イ　電磁石に引きつけられていたクリップが落ちる。

(3)　(1)で電流を流したときと(2)でスイッチを切ったときのそれぞれで、電磁石は磁石のはたらきをしていますか。　(1)のとき（　　　　　）　(2)のとき（　　　　　）

記述 (4)　この実験の結果から、電磁石の性質についてどのようなことがわかりますか。
（　　　　　　　　　　　　　　　　　　　　）

3 **電磁石の極** **電磁石に電流を流し、方位磁針のはりがどのようになるのかを調べました。あとの問いに答えましょう。**

1つ5〔10点〕

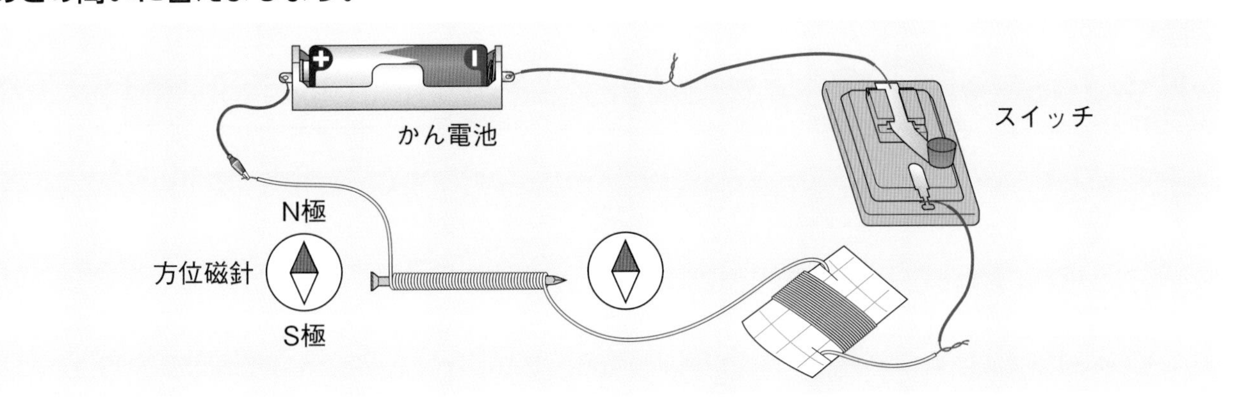

(1) スイッチを入れると、電磁石の両はしに置いた方位磁針のはりはどのようになりますか。次のア～ウから選びましょう。（　　　）

ア　N極またはS極が電磁石に引きつけられる。

イ　N極が北を指したまま動かない。

ウ　回転し続ける。

(2) スイッチを入れたとき、電磁石にN極とS極はありますか。（　　　　）

4 **電磁石の極** **次の図の㋐のように電磁石に電流を流すと、方位磁針のS極が電磁石のⓐに引きつけられました。あとの問いに答えましょう。**

1つ6〔42点〕

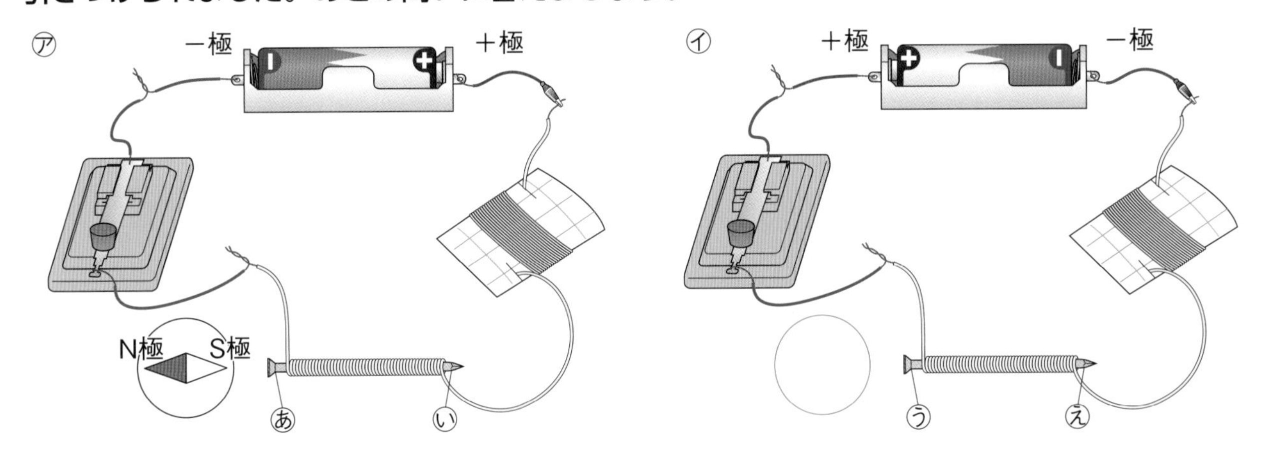

(1) ㋐のとき、電磁石のⓐ、ⓘはそれぞれN極とS極のどちらになっていますか。

ⓐ（　　　　）ⓘ（　　　　）

(2) ㋑では、かん電池の向きを、㋐のときとは反対にしました。このとき、電磁石に流れる電流の向きはどのようになっていますか。次のア、イから選びましょう。（　　　）

ア　㋐のときと同じ向き　　イ　㋐のときとちがう向き

(3) ㋑のとき、電磁石のⓤ、ⓔはそれぞれN極とS極のどちらになっていますか。

ⓤ（　　　　）ⓔ（　　　　）

作図 (4) ㋑のとき、電磁石の左側に置いた方位磁針のはりはどのようになりますか。㋐の方位磁針のはりを参考にして、㋑の○の中にかきましょう。ただし、N極をぬりつぶします。

記述 (5) この実験から、電磁石の極を変えるときはどのようにすればよいことがわかりますか。

（　　　　　　　　　　　　　　　　）

勉強した日　月　日

学習の目標
電流の大きさと電磁石の強さの関係を理解しよう。

2 電磁石の強さ①

基本のワーク

教科書 147～150、187ページ　答え 22ページ

図を見て、あとの問いに答えましょう。

1 電流の大きさと電磁石の強さ

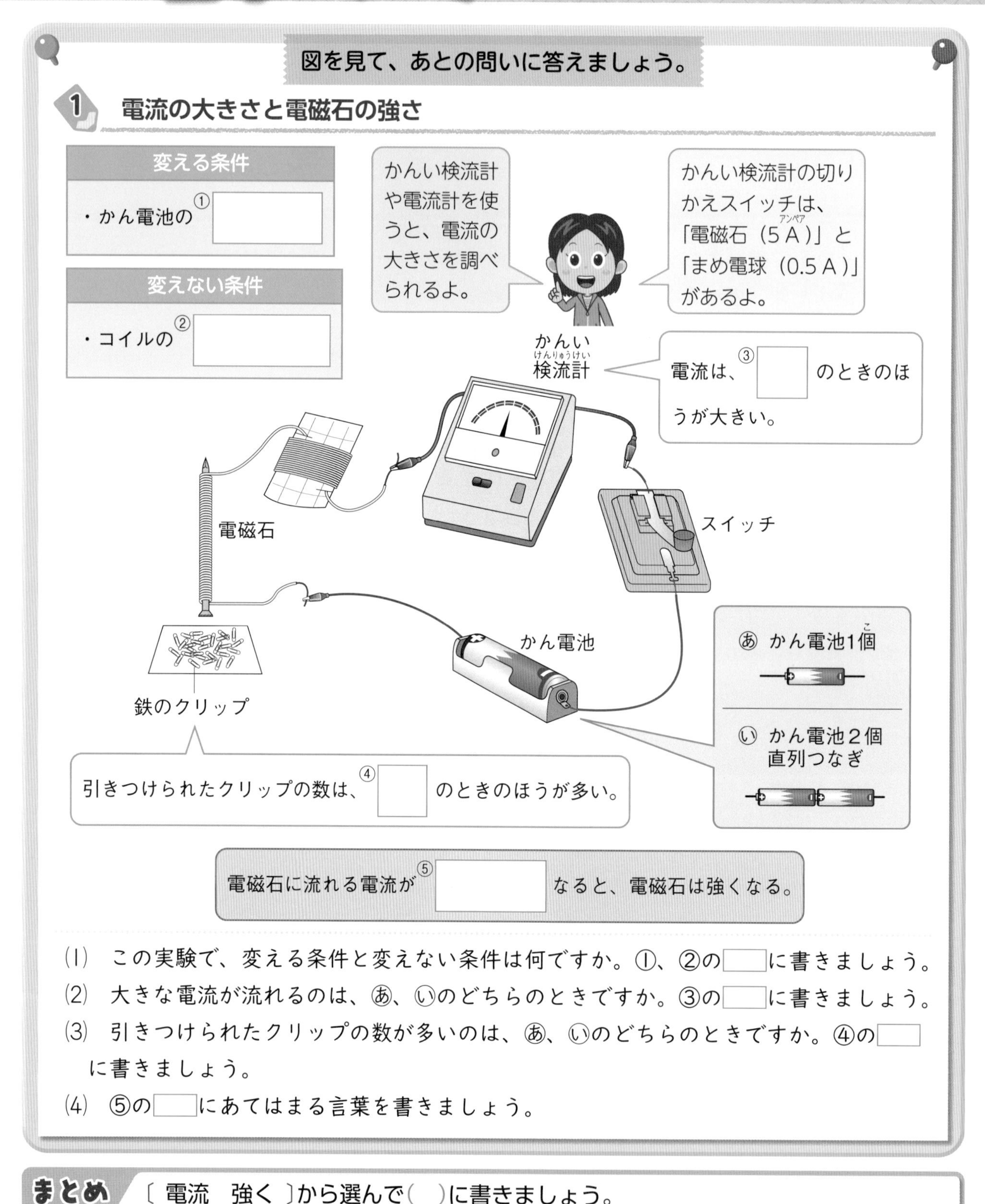

変える条件
・かん電池の①
変えない条件
・コイルの②
かんい検流計や電流計を使うと、電流の大きさを調べられるよ。
かんい検流計の切りかえスイッチは、「電磁石（5A）」と「まめ電球（0.5A）」があるよ。
かんい検流計
電流は、③　のときのほうが大きい。
電磁石
スイッチ
かん電池
鉄のクリップ
あ かん電池1個
い かん電池2個直列つなぎ
引きつけられたクリップの数は、④　のときのほうが多い。
電磁石に流れる電流が⑤　なると、電磁石は強くなる。

(1)　この実験で、変える条件と変えない条件は何ですか。①、②の□に書きましょう。
(2)　大きな電流が流れるのは、あ、いのどちらのときですか。③の□に書きましょう。
(3)　引きつけられたクリップの数が多いのは、あ、いのどちらのときですか。④の□に書きましょう。
(4)　⑤の□にあてはまる言葉を書きましょう。

まとめ　〔 電流　強く 〕から選んで(　)に書きましょう。

●電磁石に流れる①(　　　　)を大きくすると、電磁石の強さが②(　　　　)なる。

＜磁界＞導線に電流を流すと、導線の周りに磁石の力がはたらく磁界という空間ができます。電流が大きいほど、磁界のはたらきが大きくなります。

練習のワーク

教科書 147〜150、187ページ　答え 22ページ

できた数　／8問中

1 次の図のように、電磁石をつないだ回路にかん電池1個、かん電池2個をそれぞれつなぎ、電流を流して、電磁石を鉄のクリップに近づけました。表は、かん電池の数と電流の大きさ、電磁石に引きつけられたクリップの数を表したものです。あとの問いに答えましょう。

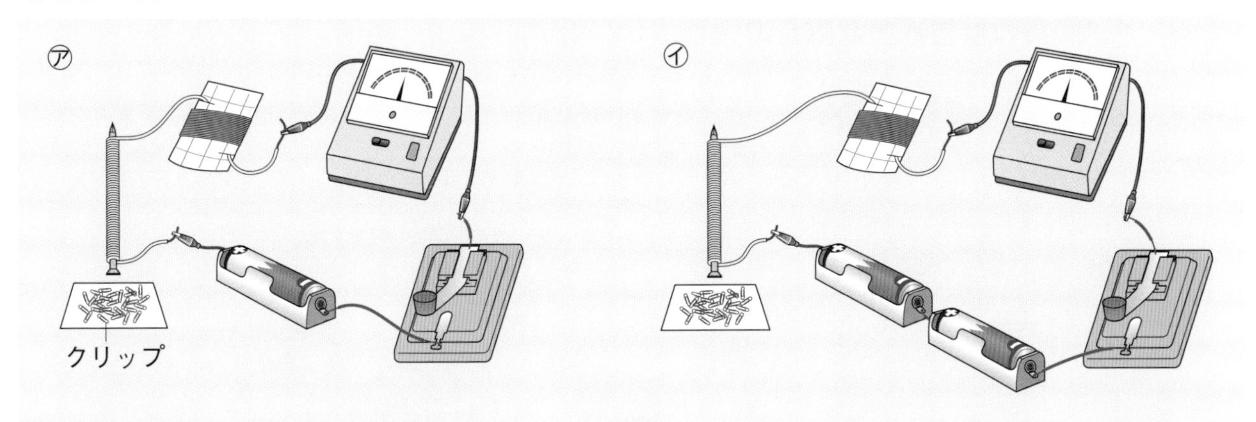

	電流の大きさ	クリップの数
㋐　かん電池1個	あ	う
㋑　かん電池2個	い	え

(1) かんい検流計について正しく説明したものに○をつけましょう。
　①(　　)電流の大きさを調べられるが、電流の向きは調べることができない。
　②(　　)回路のとちゅうでつなぐ。
　③(　　)この実験では、切りかえスイッチを「まめ電球(0.5A)」側に入れる。

(2) ㋑のようなかん電池2個のつなぎ方を何といいますか。次のア、イから選びましょう。(　　)
　ア　直列つなぎ
　イ　へい列つなぎ

(3) 次のア〜ウのうち、㋐と㋑で変えない条件を全て選びましょう。(　　)
　ア　導線の全体の長さ
　イ　電流の大きさ
　ウ　コイルのまき数

(4) 表のあ、いの電流の大きさとして適当(てきとう)なものを、次のア、イから選びましょう。　あ(　　)　い(　　)
　ア　1.1A　　イ　1.6A

(5) 表のう、えのクリップの数として適当なものを、次のア、イから選びましょう。　う(　　)　え(　　)
　ア　5個　　イ　10個

Aは、電流の大きさを表す単位だよ。

(6) 電磁石が鉄を引きつける力を強くするためには、電流の大きさをどのようにすればよいですか。(　　)

勉強した日　月　日

2 電磁石の強さ②

基本のワーク

学習の目標
コイルのまき数と電磁石の強さの関係を理解しよう。

教科書 147〜157ページ　答え 23ページ

図を見て、あとの問いに答えましょう。

1 コイルのまき数と電磁石の強さ

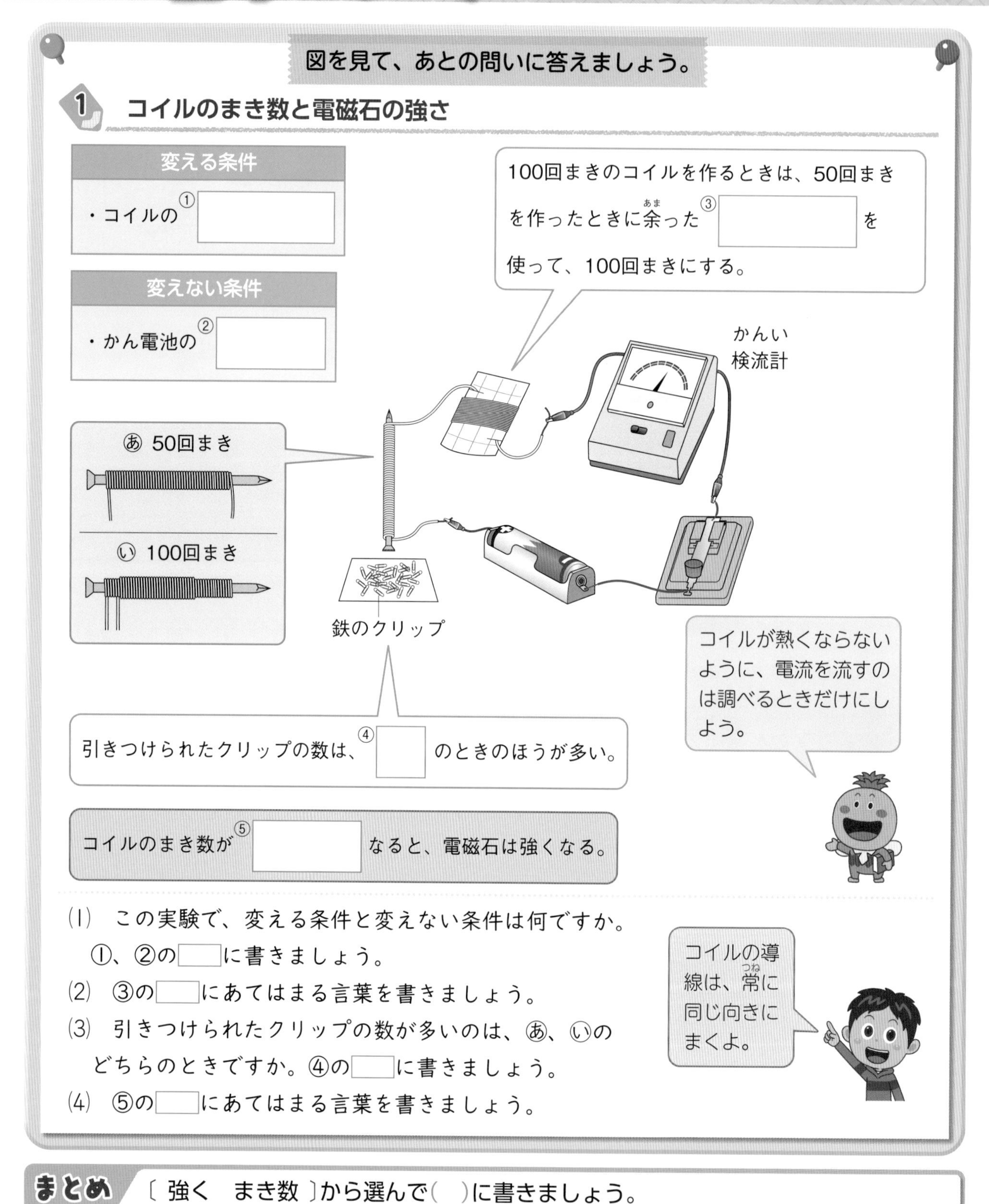

変える条件
・コイルの①
変えない条件
・かん電池の②
100回まきのコイルを作るときは、50回まきを作ったときに余った③　を使って、100回まきにする。
かんい検流計
あ 50回まき
い 100回まき
鉄のクリップ
コイルが熱くならないように、電流を流すのは調べるときだけにしよう。
引きつけられたクリップの数は、④　のときのほうが多い。
コイルのまき数が⑤　なると、電磁石は強くなる。
コイルの導線は、常に同じ向きにまくよ。

(1) この実験で、変える条件と変えない条件は何ですか。①、②の□に書きましょう。
(2) ③の□にあてはまる言葉を書きましょう。
(3) 引きつけられたクリップの数が多いのは、あ、いのどちらのときですか。④の□に書きましょう。
(4) ⑤の□にあてはまる言葉を書きましょう。

まとめ 〔強く　まき数〕から選んで(　)に書きましょう。

●コイルの①(　　　)を多くすると、電磁石の強さが②(　　　)なる。

モーターは、電磁石の周りを磁石で囲ったつくりをしていて、電磁石と磁石が引き合ったりしりぞけ合ったりする力を使って、電磁石を連続的に回転するようにしたそうちです。

練習のワーク

教科書 147～157ページ　答え 23ページ

1 次の図のように、コイルのまき数を50回にした電磁石と、まき数を100回にした電磁石を回路につなぎ、電流を流して、鉄のクリップに近づけました。表は、コイルのまき数と電流の大きさ、電磁石についたクリップの数を表したものです。あとの問いに答えましょう。

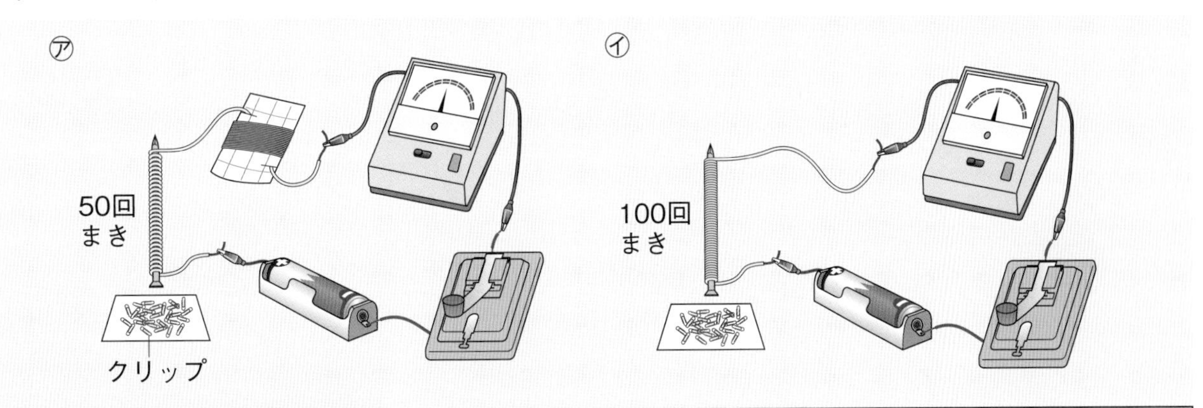

	電流の大きさ	クリップの数
㋐ 50回まき	1.1A	㋑
㋑ 100回まき	㋐	㋒

(1) この実験の方法として正しいものを全て選んで○をつけましょう。

①(　　)電流は、調べるときだけ流すようにする。

②(　　)かん電池のかわりに、電げんそうちを使ってもよい。

③(　　)50回まきのコイルを100回まきにするときは、50回まきのコイルを作ったときに余った導線を使う。

(2) 次のア～ウのうち、㋐と㋑で変えない条件を全て選びましょう。(　　　　)

ア 導線の全体の長さ　イ 電流の大きさ　ウ コイルのまき数

(3) 表の㋐の電流の大きさとして適当なものを、次のア、イから選びましょう。(　　　)

ア 1.1A　イ 1.6A

(4) 表の㋑、㋒のクリップの数として適当なものを、次のア、イからそれぞれ選びましょう。

㋑(　　　)　㋒(　　　)

ア 5個　イ 10個

(5) 電磁石が鉄を引きつける力を強くするためには、コイルのまき数をどのようにすればよいですか。(　　　　　)

(6) 右の図のように、コイルのまき数を25回にした電磁石で回路をつくり、電磁石を鉄のクリップに近づけました。このとき、電磁石についたクリップの数について正しく説明したものを、次のア、イから選びましょう。(　　　)

ア ㋐のときよりも少なかった。

イ ㋐のときよりも多かった。

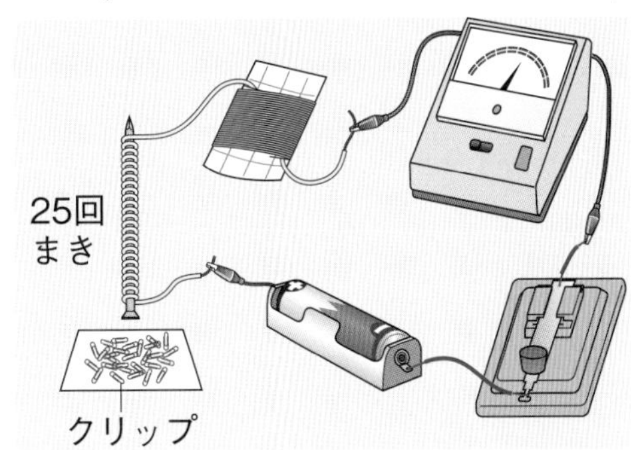

まとめのテスト②

9　電磁石の性質

教科書 147～157、187ページ　答え 23ページ

1 電磁石の強さ　コイルのまき数が50回の電磁石に、次の図のようにかん電池をつなぎ、電磁石の強さを調べました。あとの問いに答えましょう。　1つ8〔40点〕

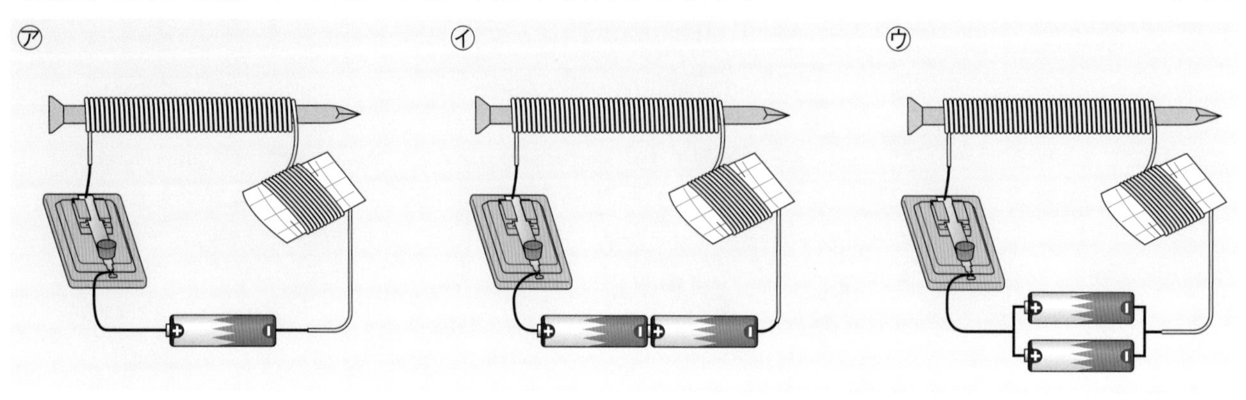

(1)　かん電池2個を直列つなぎにしたものは、㋐～㋒のどれですか。（　　　）

(2)　電磁石に流れる電流が最も大きいものは、㋐～㋒のどれですか。（　　　）

(3)　電磁石に流れる電流の大きさがほぼ同じものは、㋐～㋒のどれとどれですか。2つ選びましょう。（　　　と　　　）

(4)　それぞれの電磁石を鉄のクリップに近づけました。電磁石に引きつけられるクリップの数が最も多いものは、㋐～㋒のどれですか。（　　　）

記述 (5)　この実験から、コイルのまき数が同じであるとき、電流の大きさと電磁石の強さにはどのような関係があることがわかりますか。

（　　　　　　　　　　　　　　　　　　　　）

2 かんい検流計　かんい検流計と電磁石をつなぎ、図1のような回路を作りました。図2は、このときのかんい検流計の目もりを示したものです。あとの問いに答えましょう。ただし、かんい検流計の切りかえスイッチは「電磁石(5A)」側に入れました。　1つ5〔15点〕

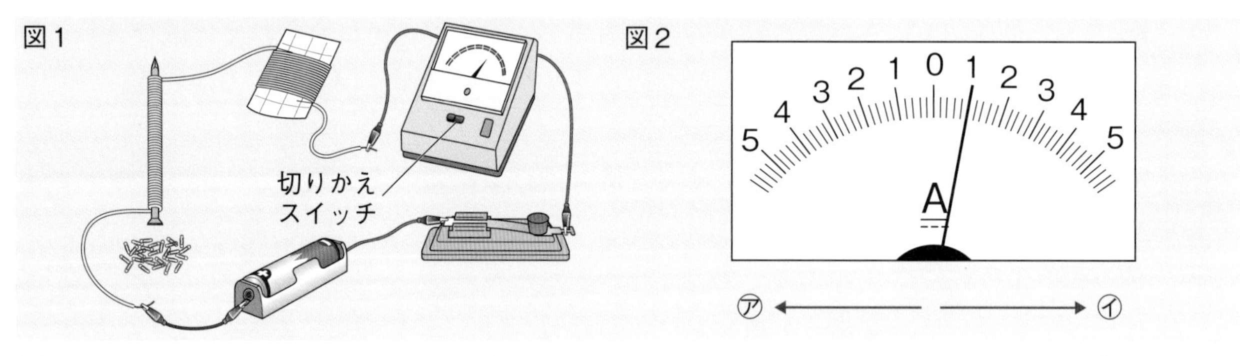

(1)　図2のとき、電流の向きは㋐、㋑のどちらですか。（　　　）

(2)　図2のとき、回路を流れる電流の大きさはいくらですか。単位も書きましょう。（　　　）

(3)　図1のかん電池の向きを反対にしてから、スイッチを入れました。このとき、かんい検流計のはりは、㋐、㋑のどちらの向きにふれますか。（　　　）

3 電磁石の強さ 次の図のように、同じ長さの導線を使って電磁石を作り、電磁石を鉄のクリップに近づけました。あとの問いに答えましょう。 1つ5〔15点〕

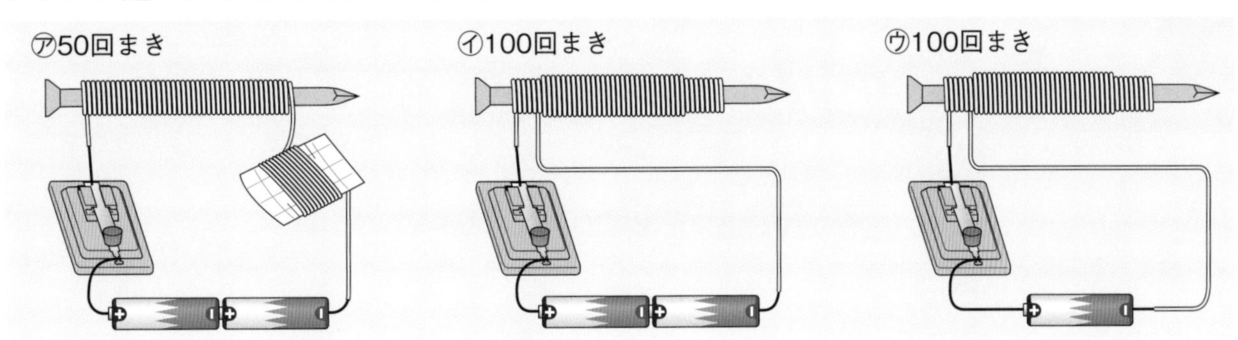

(1) 電流の大きさと電磁石の強さとの関係を調べたいとき、㋐～㋒のどれとどれの結果を比べますか。 （　　と　　）

(2) コイルのまき数と電磁石の強さとの関係を調べたいとき、㋐～㋒のどれとどれの結果を比べますか。 （　　と　　）

(3) 電磁石の強さが最も強いものは、㋐～㋒のどれですか。 （　　）

4 電磁石の強さ 次の図のように、同じ長さの導線を使って電磁石を作り、電磁石を強くする方法を調べました。あとの問いに答えましょう。 1つ5〔30点〕

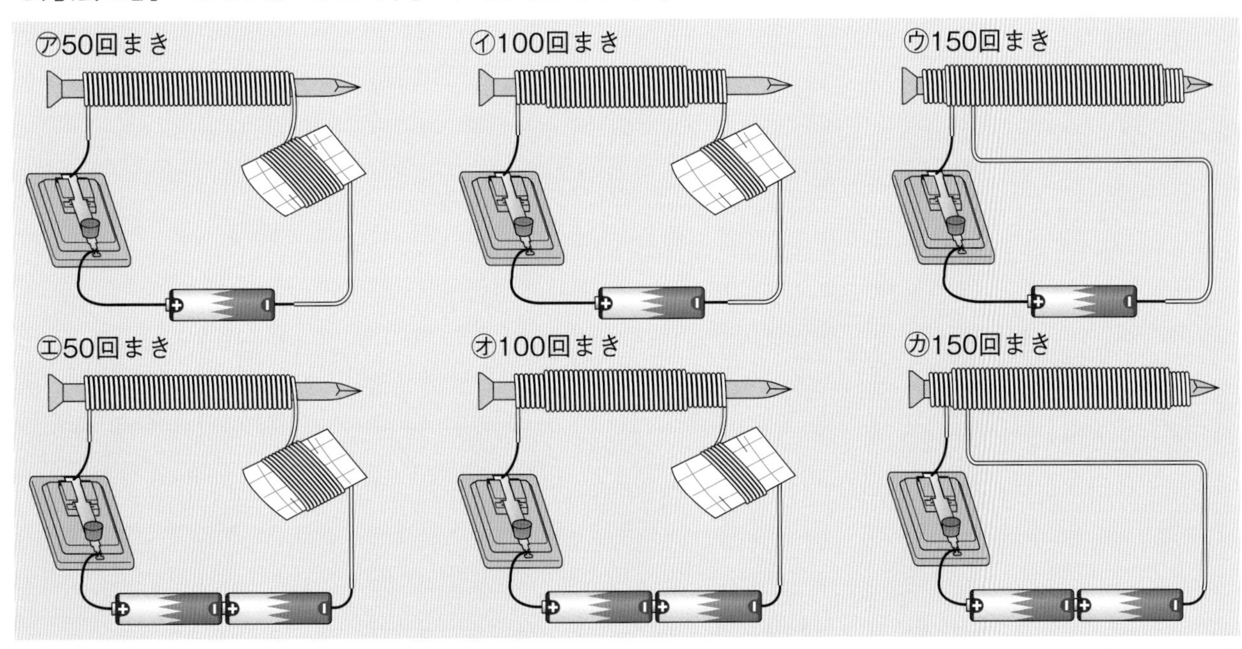

(1) ㋐と㋒を比べたとき、電磁石が強いのはどちらですか。 （　　）

(2) ㋐と㋓を比べたとき、電磁石が強いのはどちらですか。 （　　）

(3) ㋐～㋕の電磁石に鉄のクリップを近づけました。次の①、②にあてはまるものをそれぞれ㋐～㋕から選びましょう。

① 電磁石に引きつけられるクリップの数が最も多いもの。 （　　）

② 電磁石に引きつけられるクリップの数が最も少ないもの。 （　　）

記述 (4) この実験から、電磁石が鉄を引きつける力を強くするにはどのようにすればよいことがわかりますか。方法を2つ答えましょう。

（　　）

（　　）

勉強した日　月　日

母親のおなかの中での子どもの成長

基本のワーク

学習の目標
胎児の子宮内での成長のようすを理解しよう。

教科書 158〜169ページ　答え 24ページ

図を見て、あとの問いに答えましょう。

1 胎児(たいじ)の成長

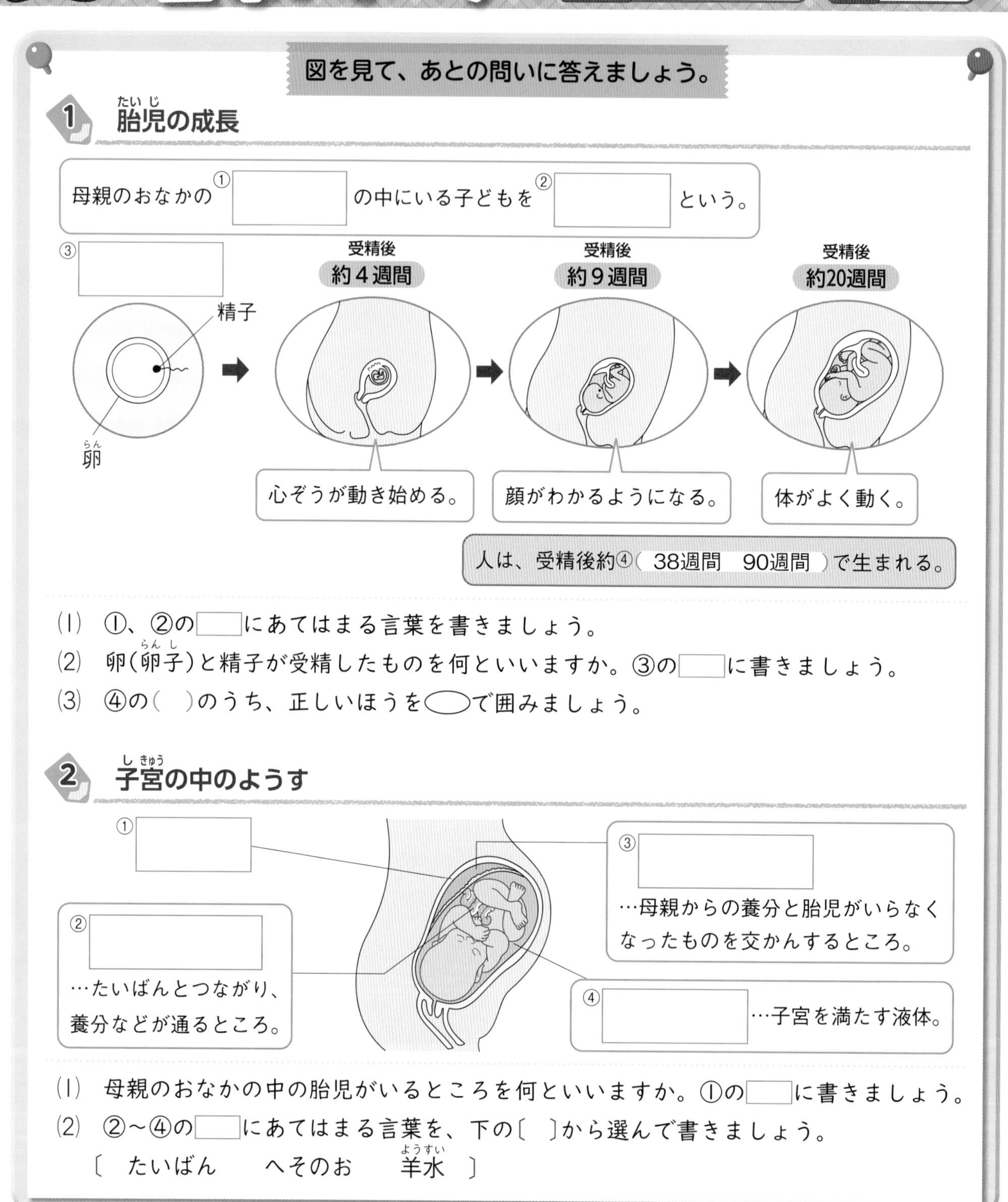

母親のおなかの①□の中にいる子どもを②□という。
③
精子
卵(らん)
受精後 約4週間
受精後 約9週間
受精後 約20週間
心ぞうが動き始める。
顔がわかるようになる。
体がよく動く。
人は、受精後約④(38週間　90週間)で生まれる。

(1) ①、②の□にあてはまる言葉を書きましょう。

(2) 卵(卵子(らんし))と精子が受精したものを何といいますか。③の□に書きましょう。

(3) ④の(　)のうち、正しいほうを◯で囲みましょう。

2 子宮(しきゅう)の中のようす

①
②
…たいばんとつながり、養分などが通るところ。
③
…母親からの養分と胎児がいらなくなったものを交かんするところ。
④
…子宮を満たす液体。

(1) 母親のおなかの中の胎児がいるところを何といいますか。①の□に書きましょう。

(2) ②〜④の□にあてはまる言葉を、下の〔　〕から選んで書きましょう。

〔 たいばん　へそのお　羊水(ようすい) 〕

まとめ　〔 子宮　たいばん 〕から選んで(　)に書きましょう。

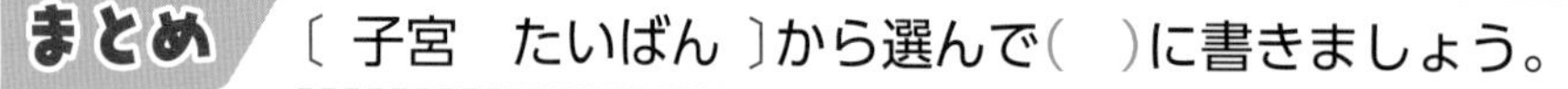

- 受精卵は胎児になり、母親の①(　　　　)の中で約38週間育ち、生まれてくる。
- 胎児は、母親から②(　　　　)とへそのおを通して養分をもらっている。

はってん　<胎児と息>母親の子宮の中にいる胎児は息をしていません。はじめて息をするのは、生まれた後すぐに、泣き声(うぶ声)をあげるときです。

練習のワーク

教科書 158〜169ページ　答え 24ページ

できた数　/18問中

1 人のたんじょうについて、次の問いに答えましょう。

(1) 次の(　)にあてはまる言葉を、下の〔　〕から選んで書きましょう。

女性(じょせい)の体内でつくられた①(　　　)と男性(だんせい)の体内でつくられた②(　　　)が結びつくことを③(　　　)といい、できた④(　　　)が成長を始める。

〔 精子　受精　受精卵　卵 〕

(2) 母親のおなかの中にいる子どものことを何といいますか。(　　　)

(3) 次の①〜③は、受精後約何週間の子どものようすですか。下の〔　〕から選んで書きましょう。

① 顔がわかるようになってくる。(　　　)

② 心ぞうができて、動き始める。(　　　)

③ 体がよく動くようになる。(　　　)

〔 4週間　9週間　20週間 〕

(4) 受精後、約何週間で子どもが生まれますか。次のア〜ウから選びましょう。(　　　)

ア 約18週間　イ 約38週間　ウ 約48週間

(5) 生まれるころのおよその身長と体重を、次のア〜ウから選びましょう。(　　　)

ア 身長約5cm、体重約300g　イ 身長約50cm、体重約3000g

ウ 身長約100cm、体重約10000g

2 右の図は、母親のおなかの中にいる胎児のようすを表したものです。次の問いに答えましょう。

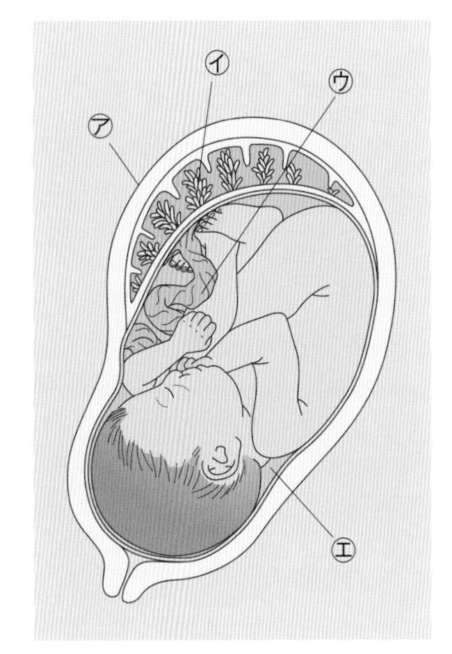

(1) 次の①〜③は、㋐〜㋒のどの部分を表していますか。

① 母親のおなかの中で、胎児がいるところ。(　　　)

② 養分やいらなくなったものが通るところ。(　　　)

③ 母親からの養分と胎児のいらなくなったものを交かんするところ。(　　　)

(2) (1)の①〜③の部分をそれぞれ何といいますか。

①(　　　)

②(　　　)

③(　　　)

(3) 外から受けるしょうげきから胎児を守るはたらきをする㋓の液体を何といいますか。(　　　)

(4) 母親のおなかの中にいる胎児は、成長に必要な養分をどこからとり入れますか。次のア、イから選びましょう。(　　　)

ア ㋓の液体の中からとり入れる。　イ 母親からとり入れる。

まとめのテスト

10 人のたんじょう

勉強した日　　月　　日

時間20分

得点　　/100点

教科書 158～169ページ　答え 24ページ

1 人の卵と精子 **右の図は、人の卵と精子のようすを表したものです。次の問いに答えましょう。**

1つ4〔24点〕

⑴ 卵を表しているのは、㋐、㋑のどちらですか。（　　）

⑵ 卵の直径はどのくらいの大きさですか。次のア～ウから選びましょう。（　　）

ア 約0.1mm　イ 約1mm　ウ 約1cm

⑶ 卵と精子は、それぞれ女性と男性のどちらの体内でつくられますか。

卵（　　）　精子（　　）

⑷ 卵と精子が結びつくことを何といいますか。（　　）

⑸ 卵と精子が結びついてできたものを何といいますか。（　　）

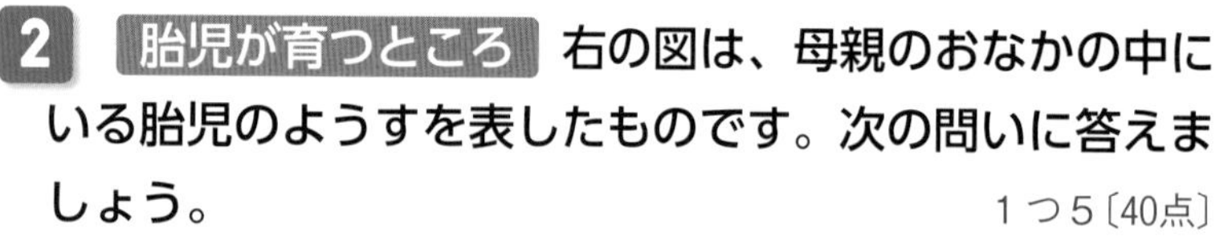

2 胎児が育つところ **右の図は、母親のおなかの中にいる胎児のようすを表したものです。次の問いに答えましょう。**

1つ5〔40点〕

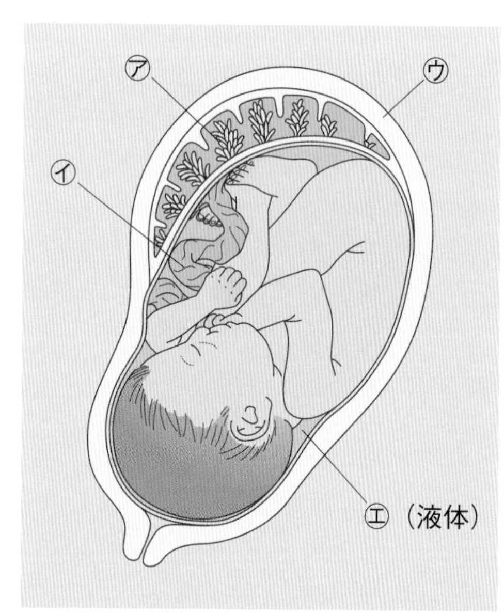

⑴ 人の胎児は、母親のおなかの中の何というところで育ちますか。（　　）

⑵ 母親からの養分と、胎児から運ばれてきたいらなくなったものを交かんしている部分は、㋐～㋒のどこですか。また、その部分の名前も答えましょう。

記号（　　）

名前（　　）

⑶ ⑵の部分と胎児をつないでいて、養分やいらなくなったものの通り道になっている部分は、㋐～㋒のどこですか。また、その部分の名前も答えましょう。

記号（　　）　名前（　　）

⑷ 母親のおなかの中で、胎児の周りを満たしている液体㋓を何といいますか。

（　　）

⑸ 液体㋓にはどのような役わりがありますか。次のア、イから選びましょう。（　　）

ア 外から受けるしょうげきから胎児を守る。　イ 胎児の養分になる。

記述 ⑹ 母親のおなかの中で、胎児は何も食べなくても育ちます。胎児は育つための養分をどのようにしてとり入れていますか。図の2つのつくりの名前を用いて書きましょう。

（　　）

3 **母親のおなかの中の子どものようす** 次の図は、受精後約４週間、約９週間、約20週間、約38週間の母親のおなかの中の子どものようすを表したものです。あとの問いに答えましょう。

1つ4〔36点〕

㋐
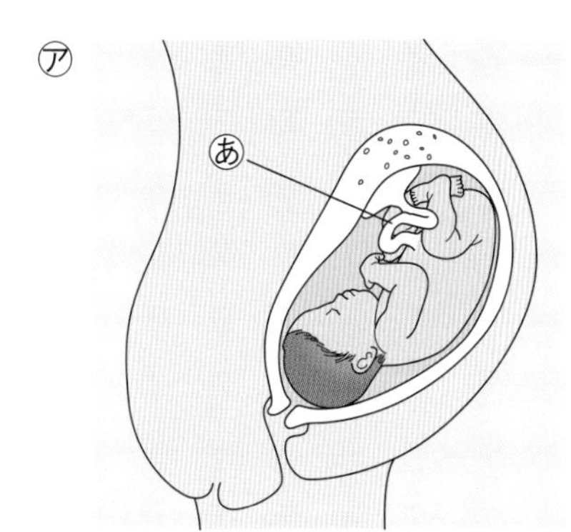

㋑
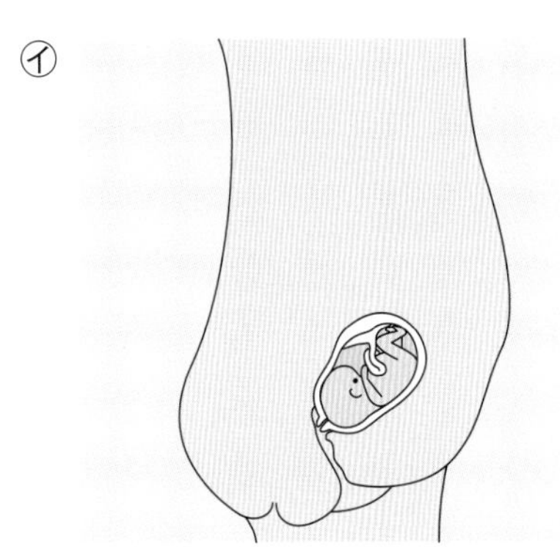

㋒
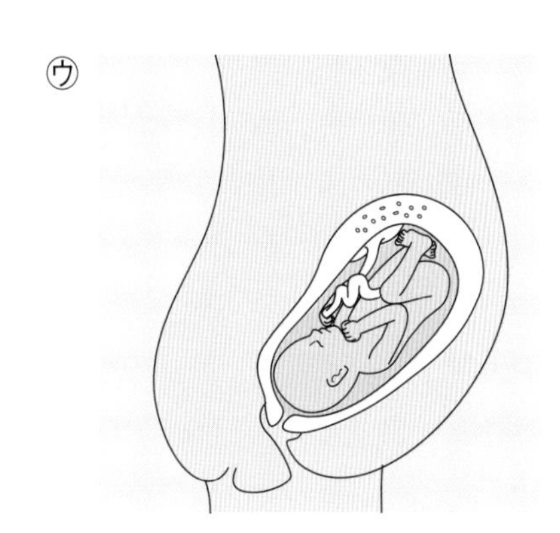

㋓
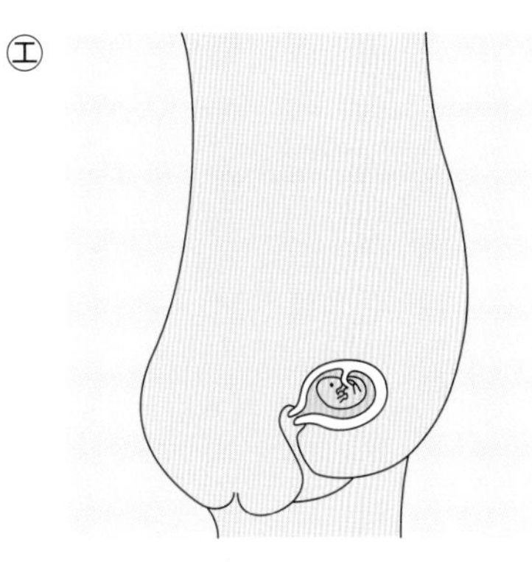

(1) 母親のおなかの中にいる子どものことを何といいますか。 (　　　　)

(2) ㋐～㋓を人の子どもが育つ順にならべましょう。

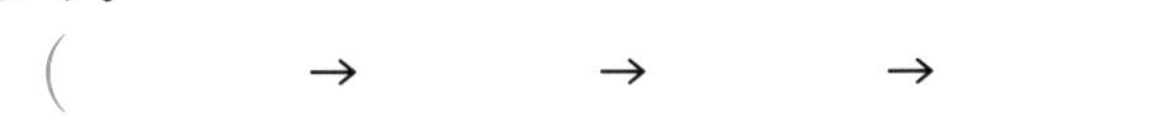
(　　　→　　　→　　　→　　　)

(3) 次の①～③のような子どものようすが見られるのは、図の㋐～㋓のどのころですか。

① 心ぞうが動き始める。 (　　)

② 顔がわかるようになってくる。 (　　)

③ 手足のきん肉が発達して、体がよく動くようになる。 (　　)

(4) 人の子どもが母親から生まれてくるのは、受精後、約何週間ですか。次のア～エから選びましょう。 (　　)

ア 約38週間　　イ 約48週間

ウ 約58週間　　エ 約68週間

(5) 生まれたときの人の身長は、およそどれくらいですか。次のア～エから選びましょう。 (　　)

ア およそ25cm　　イ およそ50cm

ウ およそ75cm　　エ およそ100cm

(6) 生まれたときの人の体重は、およそどれくらいですか。次のア～エから選びましょう。 (　　)

ア およそ2000g　　イ およそ3000g

ウ およそ4000g　　エ およそ5000g

(7) 図の㋐に見られるあのつくりは、生まれた後にいらなくなって、体からとれます。わたしたちの体にある、あがとれたあとを何といいますか。 (　　　　)

考えてとく問題にチャレンジ！

プラスワーク

答え 26ページ

1 植物の発芽と成長 教科書 20〜39ページ

インゲンマメの種子の発芽に空気や適した温度が必要かどうかを調べるために、次の図の㋐〜㋓のような準備をしました。あとの問いに答えましょう。

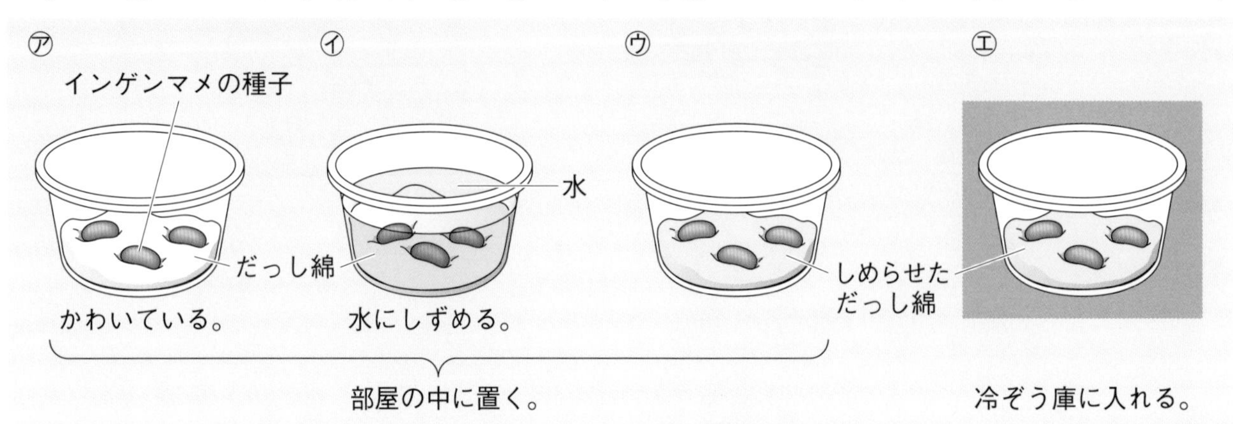

(1) 図の㋐〜㋓のうち、種子が発芽するものはどれですか。（　　）

思考 (2) 用意した㋐と㋑では、発芽と空気の条件との関係を正しく調べることができません。㋐と㋑のどちらをどのようにするとよいですか。

（　　）

思考 (3) 用意した㋒と㋓では、発芽と温度の条件との関係を正しく調べることができません。㋒と㋓のどちらをどのようにするとよいですか。

（　　）

2 メダカのたんじょう 教科書 40〜51ページ

図１のようにしてメダカを飼うことにしました。図２は、水そうに入れたメダカのようすを表したものです。あとの問いに答えましょう。

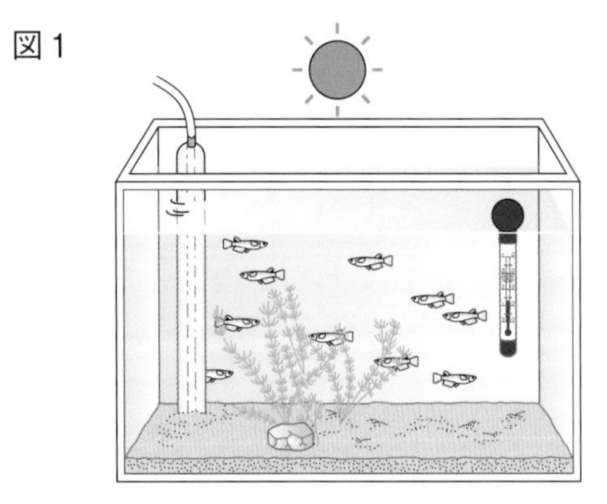

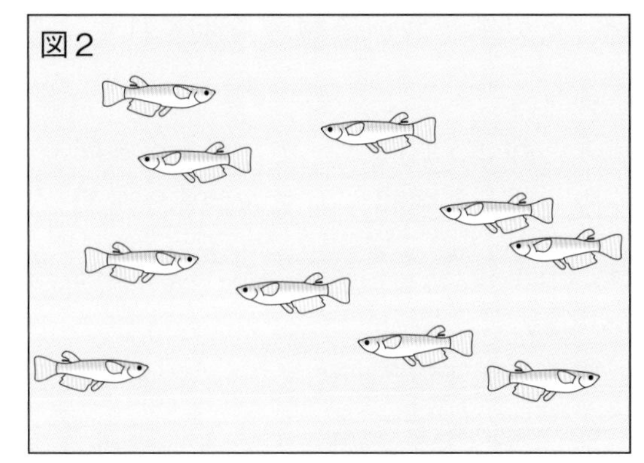

(1) 図１のメダカの飼い方には、正しくない点が１つあります。それは何ですか。

（　　）

(2) (1)を正しくしてメダカの世話をしていましたが、メダカはたまごを産みませんでした。なぜですか。図２からわかる理由を答えましょう。

（　　）

3 植物の実や種子のでき方 教科書 64〜79ページ

図１はアサガオの花、図２はツルレイシのおばなまたはめばなのようすを表したものです。あとの問いに答えましょう。

図１

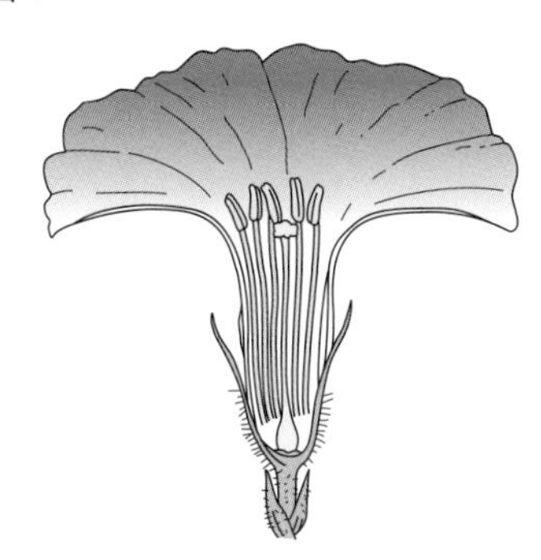

図２

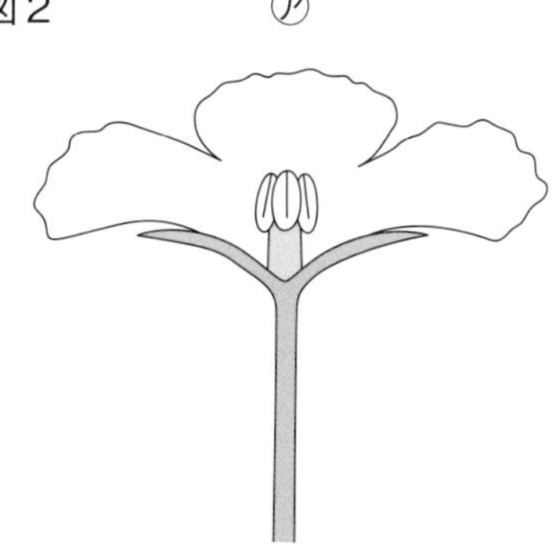

(1) ツルレイシのおばなは、図２の㋐、㋑のどちらですか。（　　　）

(2) アサガオの花とツルレイシの花で、花粉がつくられる部分はどこですか。図１、２のあてはまる部分を赤色で全てぬりましょう。

(3) 受粉した後、アサガオの花とツルレイシの花で、やがて実になる部分はどこですか。図１、２のあてはまる部分を青色でぬりましょう。

4 流れる水のはたらきと土地の変化 教科書 80〜101ページ

次の写真は、山の中を流れる川、平地に流れ出た川、平地を流れる川の川原に見られる石のようすです。あとの問いに答えましょう。

(1) 石の大きさが一番小さいのは、㋐〜㋒のどれですか。（　　　）

(2) 全ての写真に、同じものさしが写るようにしているのは、なぜですか。

（　　　　　　　　　　　　　　　　　　　　　　）

思考 (3) 山の中を流れる川の川原の石は、㋐〜㋒のどれですか。また、そのように考えた理由を書きましょう。

記号（　　　）

理由（　　　　　　　　　　　　　　　　　　　　）

5 ふりこの性質 教科書 124〜139ページ

次の㋐〜㋓のうち、ふりこのしくみを利用しているものを全て選びましょう。（　　　　）

㋐ぶらんこ

㋑モーター

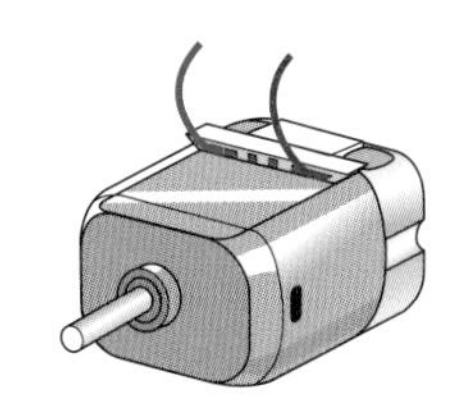

㋒ふりこ時計

㋓くず鉄を運ぶクレーン

6 もののとけ方 教科書 102〜123ページ

水よう液の中のとけ残った固体を液体からとりのぞくことにしました。あとの問いに答えましょう。

図1

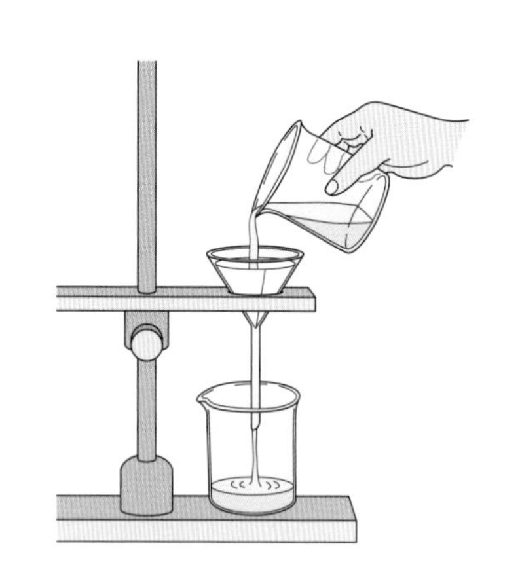

図2

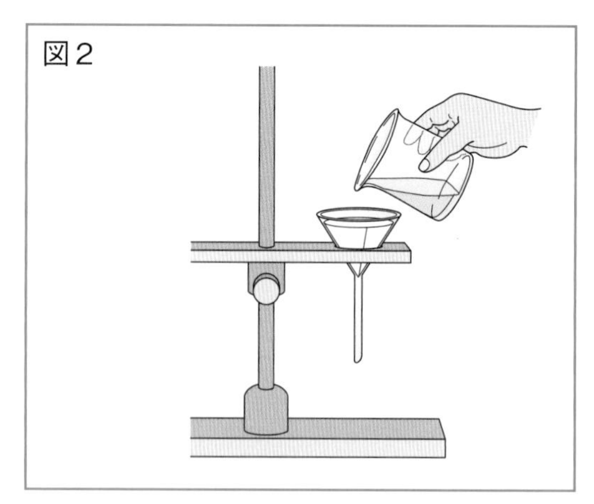

(1) 図1のように、固体を液体からとりのぞくことを何といいますか。　（　　　　）

(2) (1)の方法について、図1には正しくない点が2つあります。どのように直すとよいですか。図2に必要な器具をかき加えて、正しい方法にしましょう。

7 電磁石の性質 教科書 140〜157ページ

コイルのまき数が50回と100回の電磁石を作って、電磁石の強さを比べる実験をします。あとの問いに答えましょう。

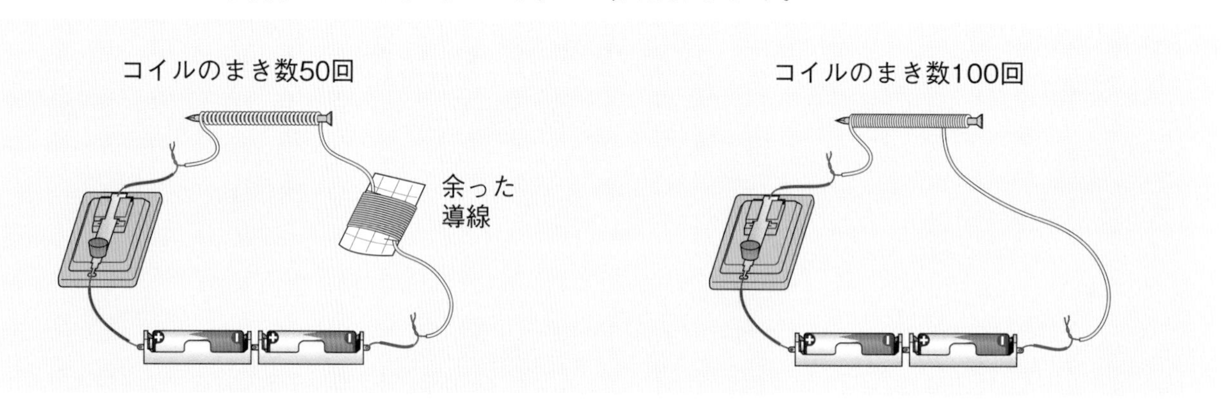

(1) コイルのまき数が50回の電磁石を作ったところ、導線が余ってしまいました。この余った導線はどのようにしますか。ア、イから選びましょう。　（　　　）

ア　切りとっておく。　　イ　切りとらずに、まとめておく。

(2) (1)のようにするのはなぜですか。

（　　　　　　　　　　　　　　　　）

8 生命のつながり 教科書 40〜51、158〜171ページ

次の問いに答えましょう。

(1) メダカと人の受精卵は、どのように変化していきますか。それぞれア、イから選びましょう。　メダカ（　　　）　人（　　　）

ア　親と似たすがたをした小さいものが大きくなっていく。

イ　少しずつ親と似たすがたに変化していく。

(2) たまごの中のメダカと人の胎児は、育つための養分をどのようにして得ていますか。ア〜エから選びましょう。　メダカ（　　　）　胎児（　　　）

ア　水の中からとり入れる。　　イ　たまごの中にある。

ウ　周りにある液体からとり入れる。　　エ　母親からもらう。

実力判定テスト 夏休みのテスト①

時間30分

名前　　　得点　　／100点

おわったらシールをはろう

教科書　4～32ページ　答え　28ページ

1 次の写真は、ある日の午前10時と午後2時の空全体を写したものです。あとの問いに答えましょう。

1つ9〔27点〕

午前10時　　午後2時

(1) 空全体の広さを10としたとき、雲のしめる量がいくつからいくつまでのときを「晴れ」としますか。

(　　～　　)

(2) 午前10時の天気は、晴れとくもりのどちらですか。

(　　　)

(3) 雲の量は、午前10時から午後2時にかけてどのように変化しましたか。

(　　　)

3 次の図の㋐～㋓のように、カップに入れただっし綿(めん)の上にインゲンマメの種子を置き、発芽(はつが)するかどうかを調べました。あとの問いに答えましょう。　1つ10〔30点〕

㋐

水を入れ、20℃の室内に置く。
(㋒と比(くら)べるときは暗くする。)

㋑

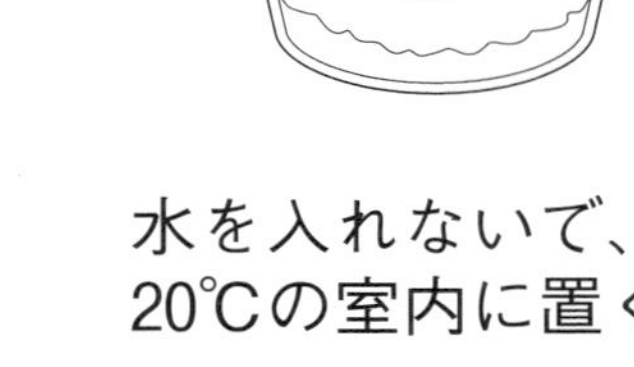

水を入れないで、20℃の室内に置く。

㋒ 冷ぞう庫

水を入れ、冷ぞう庫(約5℃)の中に入れる。

㋓

種子を水にしずめ、20℃の室内に置く。

(1) 次の①、②が発芽に必要かどうかを調べるには、㋐～㋓のどの結果を比べればよいですか。

●勉強した日　　月　　日

実力判定テスト 夏休みのテスト②

時間30分　名前　得点 ／100点　おわったらシールをはろう

教科書 33〜61、182〜183ページ　答え 28ページ

1 次の㋐〜㋒のようにしたインゲンマメを２週間育てました。あとの問いに答えましょう。　1つ7〔28点〕

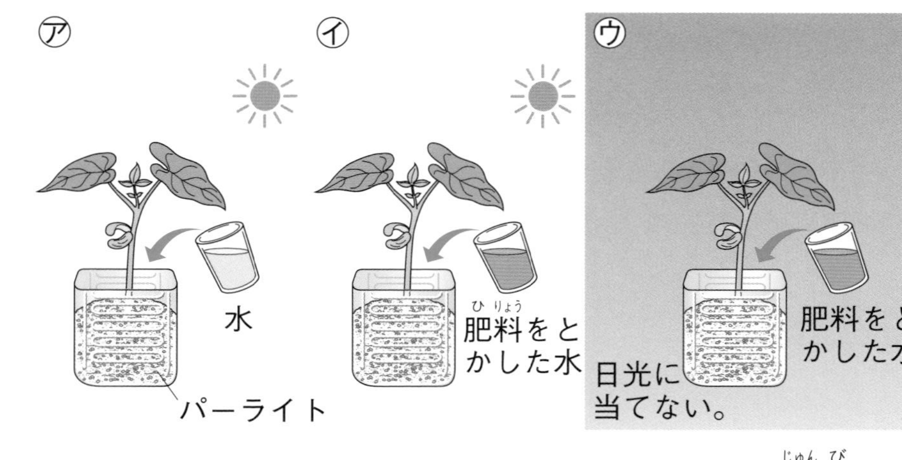

(1)　㋐〜㋒には、どのようなインゲンマメを準備したらよいですか。次のア、イから選びましょう。
（　　　　）

ア　育ち方が同じくらいのインゲンマメ
イ　育ち方がちがうインゲンマメ

(2)　植物の成長に肥料が関係しているかどうかを調べるには、㋐〜㋒のどれとどれを比べればよいですか。
（　　と　　）

3 右の図は、メダカのおすとめすのようすです。次の問いに答えましょう。　1つ6〔12点〕

(1)　メダカのおすは、㋐、㋑のどちらですか。（　　　）

(2)　たまごの中のメダカの成長について正しいものを、次のア、イから選びましょう。（　　　）

ア　たまごの中の養分を使ってメダカの体ができる。
イ　水から養分をとり入れて、メダカが大きくなる。

4 次の図のけんび鏡について、あとの問いに答えましょう。　1つ6〔18点〕

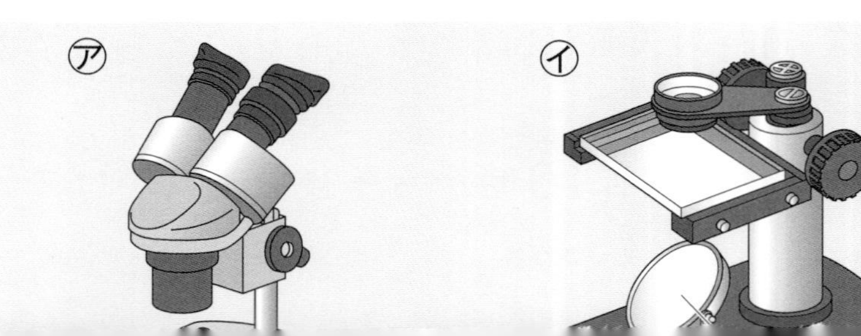

(3)　2週間後、一番よく育ったインゲンマメは、㋐～㋒のどれですか。（　　）

(4)　この実験から、植物の成長に関係している条件（じょうけん）について、どのようなことがわかりますか。

（　　）

2　メダカの飼（か）い方について、次の問いに答えましょう。

1つ6〔24点〕

(1)　メダカを飼う水（すい）そうはどのようなところに置きますか。ア、イから選びましょう。（　　）

ア　直しゃ日光の当たらない明るいところ。

イ　直しゃ日光の当たらない暗いところ。

(2)　メダカを飼う水そうの水をとりかえるとき、どのようにしますか。ア、イから選びましょう。（　　）

ア　全ての水を水道水ととりかえる。

イ　半分くらいの水をくみ置きの水ととりかえる。

(3)　めすが産んだたまごは、おすが出した何と結びつくと変化が始まりますか。（　　）

(4)　めすが産んだたまごとおすが出した(3)が結びつくことを、何といいますか。（　　）

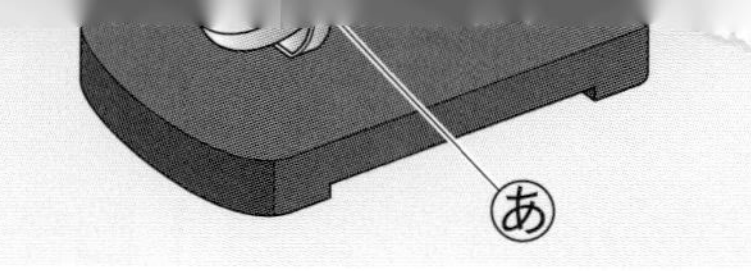

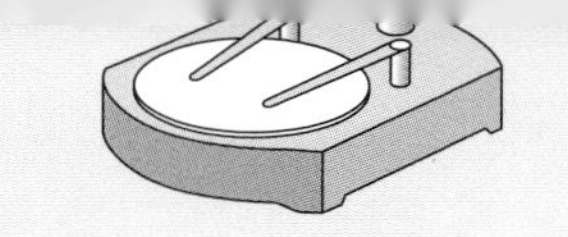

(1)　厚（あつ）みのあるものを立体的に観察することができるけんび鏡は、㋐、㋑のどちらですか。（　　）

(2)　㋑のけんび鏡は、どのようなところに置いて使いますか。次のア、イから選びましょう。（　　）

ア　直しゃ日光の当たる明るいところ。

イ　直しゃ日光の当たらない明るいところ。

(3)　㋑のけんび鏡では、㋐の向きを調節して、明るく見えるようにします。㋐を何といいますか。（　　）

5　台風について、次の問いに答えましょう。

1つ6〔18点〕

(1)　台風は日本のどの方位から近づいてきますか。ア～ウから選びましょう。（　　）

ア　日本の北　　イ　日本の南

ウ　日本の東

(2)　台風が近づくと、雨の量と風の強さはそれぞれどうなりますか。

雨（　　）

風（　　）

① 適した温度　（　　と　　）

② 空気　（　　と　　）

(2) ㋐〜㋓のどれが発芽しますか。　（　　）

2 次の図は、5月1日午後3時と5月2日午後3時の雲画像です。あとの問いに答えましょう。

1つ9〔27点〕

5月1日午後3時

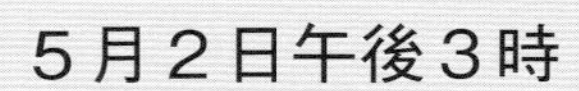

5月2日午後3時

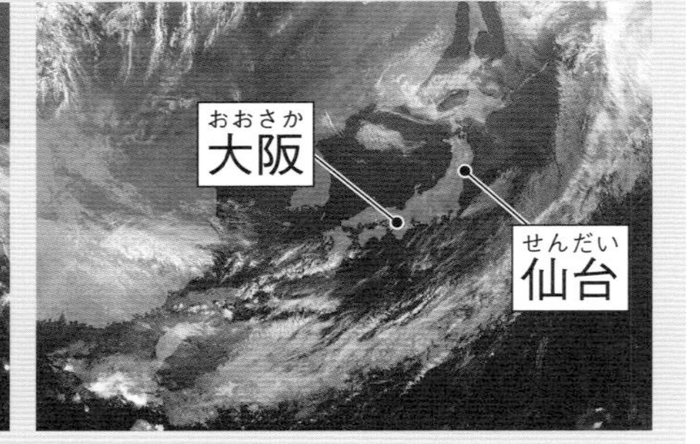

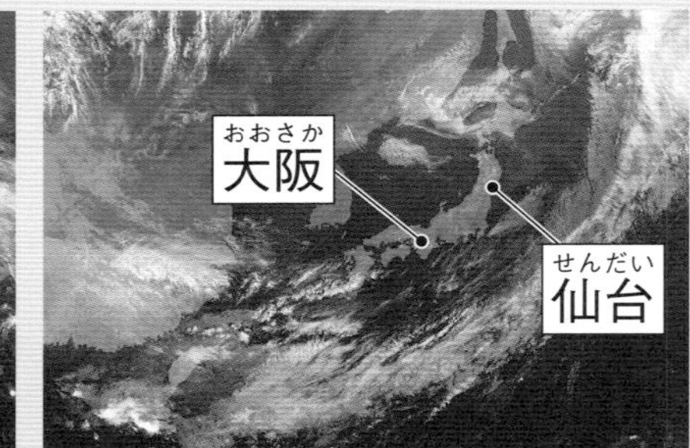

(1) 日本付近の雲は、およそどの方位からどの方位へ動いていますか。

（　　から　　）

(2) 雲画像より、5月2日午後3時の大阪の天気は、何だと考えられますか。

（　　）

(3) 5月2日午後3時の雲画像から、5月3日の仙台の天気は何だと予想できますか。

（　　）

4 次の図1は、発芽する前のインゲンマメの種子のつくりを、図2は発芽して成長したインゲンマメを表したものです。あとの問いに答えましょう。

1つ8〔16点〕

図1

㋐

㋑

図2

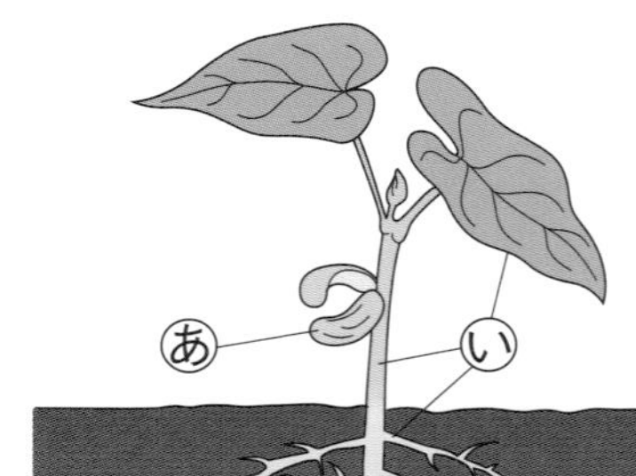

(1) 図1の㋐の部分は、発芽してしばらくすると、図2のあ、いのどちらの部分になりますか。（　　）

(2) 図1の㋑と図2のあを、横に切って、切り口にヨウ素液をかけました。㋑、あのうち、切り口が青むらさき色に変化したのはどちらですか。

（　　）

●勉強した日　　月　　日

冬休みのテスト②

名前　　得点　／100点

おわったら シールを はろう

教科書　102〜139ページ　答え　29ページ

1 もののが水にとけた液体(えきたい)について、次の問いに答えましょう。　1つ7〔28点〕

(1)　ものが水にとけた液体を何といいますか。
（　　　　　　）

(2)　(1)の液体は、とうめいですか、にごっていますか。
（　　　　　　）

(3)　(1)の液体の重さはどのような式で表すことができますか。ア〜ウから選びましょう。　（　　　　）

ア　(水の重さ)＋(とかしたものの重さ)

イ　(水の重さ)−(とかしたものの重さ)

ウ　(水の重さ)×(とかしたものの重さ)

(4)　100gの水に10gの食塩をとかしました。できた液体の重さは何gですか。　（　　　　）

2 次の図は、20℃の水50mLにミョウバンと食塩を5gずつ加え、とけ残りが出るまでとかしたようすです。

3 右の図のようなふりこを作りました。次の問いに答えましょう。　1つ7〔14点〕

(1)　図の㋐を何といいますか。
（　　　　　　）

(2)　次のア〜ウのうち、1往復(おうふく)を表しているのはどれですか。　（　　　　）

ア　おもりが㋐→㋑と動いたとき。

イ　おもりが㋐→㋑→㋒と動いたとき。

ウ　おもりが㋐→㋑→㋒→㋑→㋐と動いたとき。

4 次の図のようなふりこを作り、ふりこの1往復する時間について調べました。あとの問いに答えましょう。　1つ6〔30点〕

冬休みのテスト①

●勉強した日　　月　　日

時間 30分　名前　得点　/100点　おわったらシールをはろう

教科書　64〜101、183ページ　答え　29ページ

1 次の図は、アサガオの花のつくりを表したものです。あとの問いに答えましょう。　1つ7〔28点〕

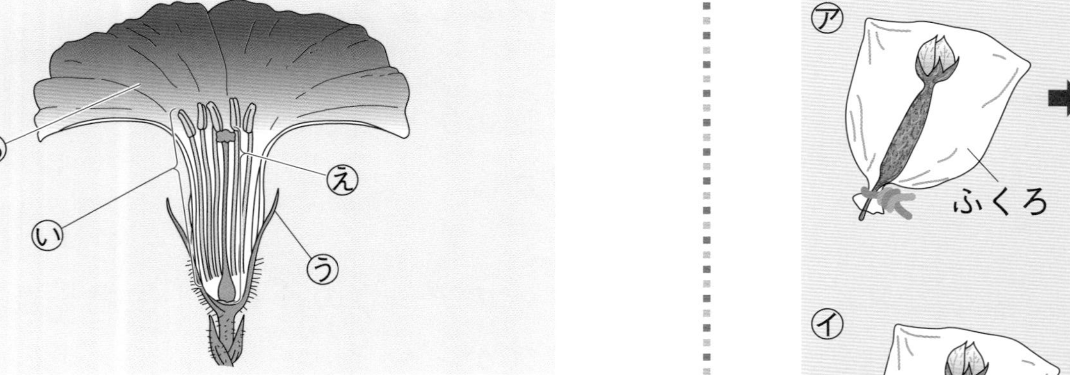

(1) アサガオの花のあ、えのつくりをそれぞれ何といいますか。

あ(　　　　)　え(　　　　)

(2) いやえの先についている粉（こな）のようなものを何といいますか。　(　　　　)

(3) アサガオの花のあ〜えのうち、(2)の粉はどこでつくられますか。　(　　　　)

2 右の図のようなけんび

3 次の図のアとイのようにしたツルレイシのつぼみについて、あとの問いに答えましょう。　1つ6〔18点〕

ア　ふくろ　→　花粉（かふん）をめしべの先につける。　→　またふくろをかける。

イ　ふくろ　→

(1) この実験に使うつぼみは、おばな、めばなのどちらですか。　(　　　　)

(2) 実ができたのは、ア、イのどちらですか。　(　　　　)

(3) この実験から、ツルレイシに実ができるためには何が必要であることがわかりますか。

鏡(きょう)について、次の問いに答えましょう。

1つ6〔24点〕

(1) 図のあ、うの部分をそれぞれ何といいますか。

あ(　　　　　)

う(　　　　　)

(2) 接眼(せつがん)レンズの倍率(ばいりつ)が15倍、対物レンズの倍率が10倍のとき、けんび鏡の倍率は何倍ですか。

(　　　　　)

(3) けんび鏡の使い方について、次のア～エをそうさの順にならべましょう。

(　　→　　→　　→　　)

ア　横から見ながら調節ねじを回して、スライドガラスと対物レンズの間をできるだけせまくする。

イ　スライドガラスをいの上に置く。

ウ　接眼レンズをのぞきながらうを調節して、明るく見えるようにする。

エ　接眼レンズをのぞきながら調節ねじを回し、スライドガラスと対物レンズの間を少しずつ広げながらピントを合わせる。

(　　　　　)

4 **右の図で、川のア～ウ付近のようすについて、次の問いに答えましょう。** 1つ5〔30点〕

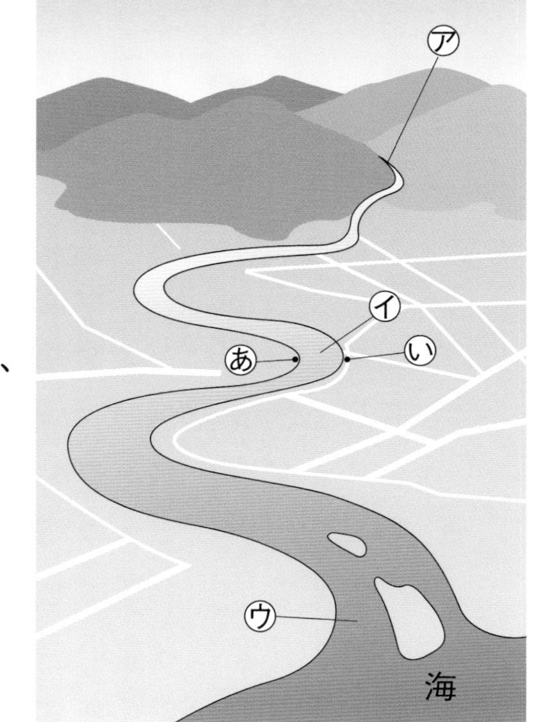

(1) 川の流れが速く、両岸が切り立ったがけになっているのは、ア、ウのどちらですか。(　　　)

(2) 小さくて丸みをもった石が多いのは、ア、ウのどちらですか。(　　　)

(3) 流れる水の3つのはたらきのうち、アで大きいはたらきは何ですか。2つ答えましょう。

(　　　　　)(　　　　　)

(4) 流れる水の3つのはたらきのうち、ウで大きいはたらきは何ですか。(　　　　　)

(5) イの部分で、土が積もって川原ができているのは、あ、いのどちら側ですか。(　　　)

あとの問いに答えましょう。 1つ7〔28点〕

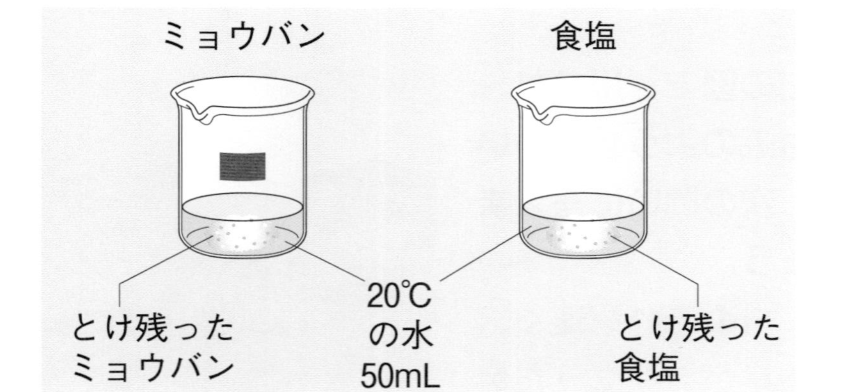

(1) 図のミョウバンと食塩の水よう液に20℃の水をさらに50mL加えてかき混ぜると、とけ残りはどうなりますか。ア～ウからそれぞれ選びましょう。

ミョウバン(　　　) 食塩(　　　)

ア 増える。　イ なくなる。

ウ あまり変わらない。

(2) 図のミョウバンの水よう液の温度を60℃まで上げると、とけ残りはどうなりますか。(1)のア～ウから選びましょう。ただし、ミョウバンは50mLの水に20℃で5.7g、60℃で28.7gとけます。

(　　　)

(3) 食塩をとけるだけとかした水よう液からとけている食塩を多くとり出すには、どのようにすればよいですか。(　　　　　　　　　　)

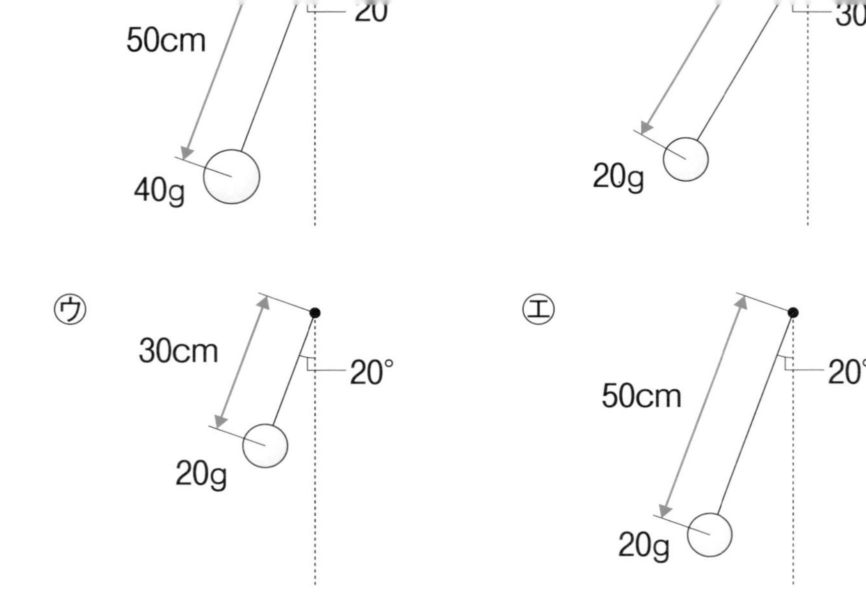

(1) ふりこの1往復する時間と①～③との関係を調べるとき、㋐～㋓のどれとどれの結果を比べますか。

① おもりの重さ (　　と　　)

② ふれはば (　　と　　)

③ ふりこの長さ (　　と　　)

(2) ふりこの1往復する時間に関係しないのは、次のア～ウのどれとどれですか。 (　　と　　)

ア おもりの重さ

イ ふれはば

ウ ふりこの長さ

(3) ㋐～㋓のうち、ふりこの1往復する時間が最も短かったのはどれですか。 (　　　)

●勉強した日　　月　　日

学年末のテスト①

時間 30分

名前

得点　　/100点

おわったら シールを はろう

教科書 140〜171ページ　答え 30ページ

1 次の図のような電磁石の極を調べる実験をしました。あとの問いに答えましょう。　1つ7〔21点〕

(1) 図のとき、電磁石のN極になっているのは、㋐、㋑のどちらですか。　(　　　)

(2) 図のとき、電磁石の右側に置いた方位磁針①のはりの向きはどのようになりますか。次のあ、いから選びましょう。　(　　　)

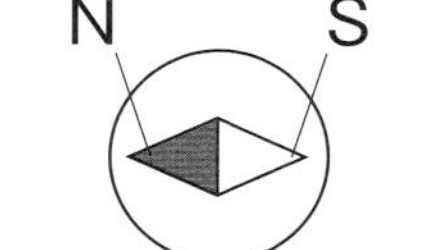
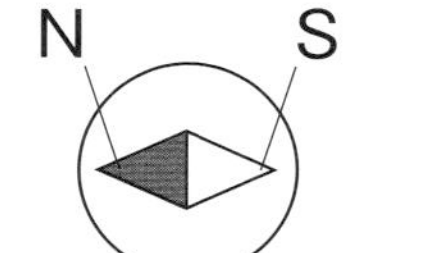

3 右の図は、人の精子と卵のようすを表したものです。次の問いに答えましょう。　1つ8〔16点〕

(1) 精子を表しているのは、㋐、㋑のどちらですか。　(　　　)

(2) 精子と卵が結びつくことを何といいますか。　(　　　)

4 右の図は、母親の体内での胎児のようすです。次の問いに答えましょう。　1つ6〔42点〕

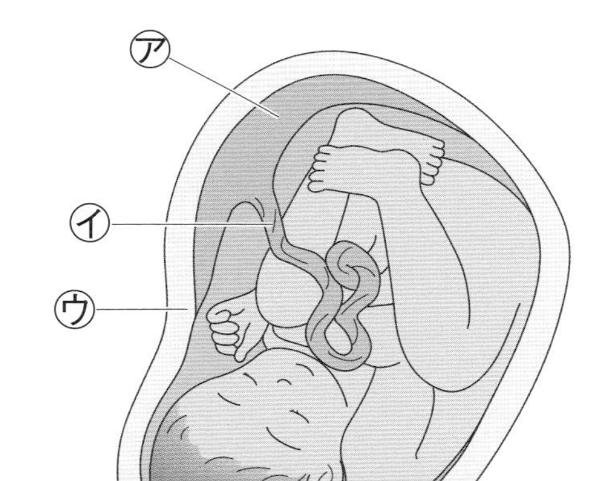

(1) 母親の体内の胎児が育つ部分を何といいますか。

学年末のテスト②

●勉強した日　　月　　日

時間 30分

名前　　　　得点　　／100点

おわったら シールを はろう

教科書　4～171ページ　　答え　30ページ

1 図１は春のころの午後３時の大阪(おおさか)の空のようすです。図２はこのときの雲画像(くもがぞう)です。あとの問いに答えましょう。　1つ5〔15点〕

図１

図２

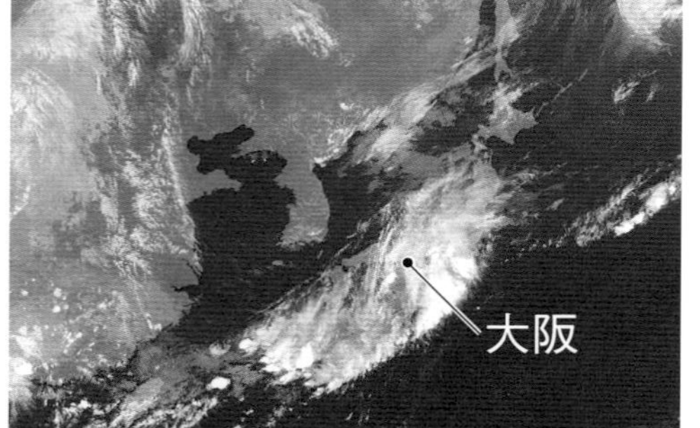

(1)　空のようすが図１で、雨がふっていなかったときの大阪の天気は何ですか。（　　　　）

(2)　日本付近の雲は、およそどの方位からどの方位へ動いていきますか。

（　　　　から　　　　）

(3)　大阪の天気はこの後どのように変化すると考えられますか。ア、イから選びましょう。（　　）

ア　雲が増(ふ)えていき、やがて雨がふる。

3 川が曲がって流れているところの流れる水のはたらきについて、次の問いに答えましょう。　1つ5〔25点〕

水の流れ　㋐　㋿あ　㋿い　㋑

(1)　水の流れが速いのは、あ、いのどちらですか。（　　）

(2)　地面がけずられているのは、㋐、㋑のどちらですか。（　　）

(3)　流れる水が地面をけずることを何といいますか。（　　）

(4)　石や土が積もっているのは、㋐、㋑のどちらですか。（　　）

(5)　流れる水が土を積もらせることを何といいますか。（　　）

4 右の図のように、20℃の水

イ　雲が減っていき、やがて晴れる。

2 **右の図は、アサガオの花のつくりを表したものです。次の問いに答えましょう。**

1つ5〔40点〕

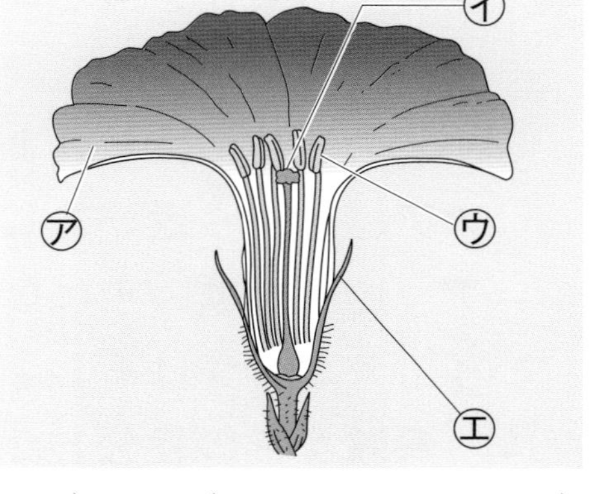

(1)　㋐～㋓のつくりをそれぞれ何といいますか。

㋐（　　　　）　㋑（　　　　）
㋒（　　　　）　㋓（　　　　）

(2)　花粉（かふん）がつくられる部分はどこですか。図の㋐～㋓から選びましょう。（　　）

(3)　受粉（じゅふん）とは、花粉がどの部分につくことですか。次のア～エから選びましょう。（　　）

ア　㋑の先　　イ　㋑のもと
ウ　㋒の先　　エ　㋒のもと

(4)　受粉するとどの部分が実になりますか。(3)のア～エから選びましょう。（　　）

(5)　受粉すると、実の中には何ができますか。

（　　　　）

50mLに食塩を5gずつとかしていきました。次の問いに答えましょう。

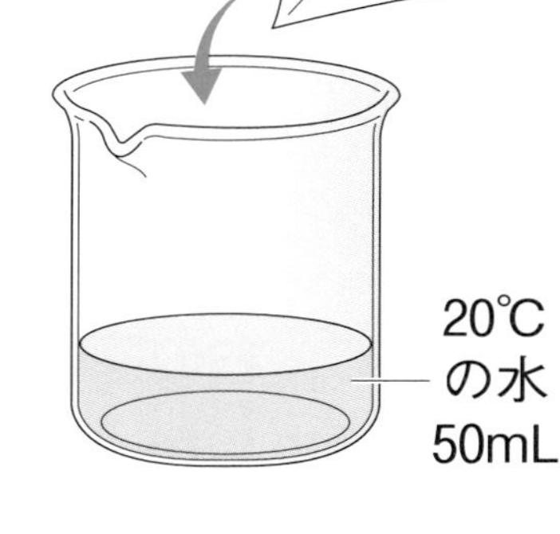

1つ5〔20点〕

(1)　50gの水に5gの食塩をとかしました。できた水よう液（すいようえき）の重さは何gですか。

（　　　　）

(2)　20℃の水50mLに5gの食塩を4回入れたところ、とけ残りが出てきました。この水50mLに食塩は何gまでとけましたか。ア、イから選びましょう。

（　　）

ア　5g以上10gまで　　イ　15g以上20gまで

(3)　食塩と同じように、20℃の水50mLにミョウバンを5gずつとかしていきました。ミョウバンのとける量は、(2)でとけた食塩の量と同じですか、ちがいますか。（　　　）

(4)　(2)の食塩のとけ残りを全てとかすにはどうすればよいですか。ア、イから選びましょう。

（　　）

ア　水よう液の温度を40℃に上げる。
イ　水を50mL加える。

(3)　電磁石の極を変えるには、流れる電流をどのようにすればよいですか。

（　　　　　　　　　　）

2 **同じ長さ、同じ太さの導線を使って、右の図のような電磁石を作りました。次の問いに答えましょう。**　1つ7〔21点〕

㋐50回まき

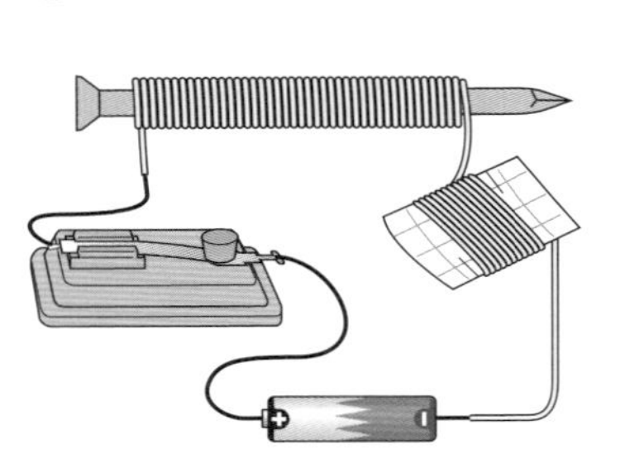

㋑100回まき

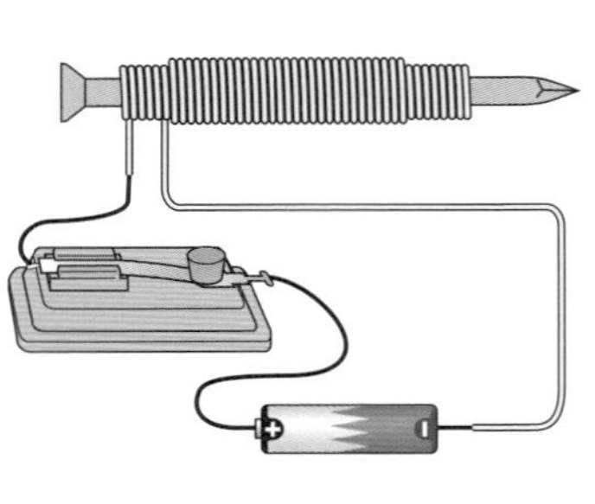

㋒100回まき

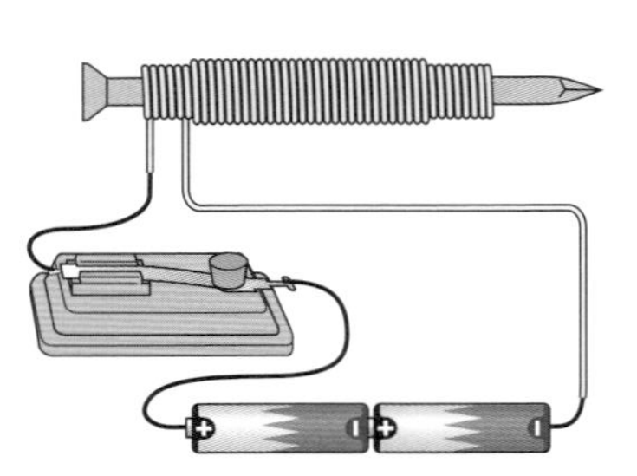

(1)　次の①、②の関係を調べるとき、どれとどれの結果を比べますか。図の㋐～㋒からそれぞれ選びましょう。

①　電流の大きさと電磁石の強さとの関係

（　　と　　）

②　コイルのまき数と電磁石の強さとの関係

（　　と　　）

(2)　電磁石の強さが最も強いものを、図の㋐～㋒から選びましょう。

（　　　　）

（　　　　）

(2)　(1)を満たしている、図の㋓の液体を何といいますか。

（　　　　）

(3)　㋓の液体にはどのような役わりがありますか。次のア、イから選びましょう。（　　）

ア　胎児の飲み水になる。

イ　外から受けるしょうげきから胎児を守る。

(4)　母親からの養分と、胎児がいらなくなったものを交かんしている部分はどこですか。図の㋐～㋒から選びましょう。（　　）

(5)　(4)で答えた部分と胎児をつなぎ、養分などを運んでいる部分を何といいますか。（　　　　）

(6)　人は、受精後およそ何週間たつと子どもが生まれますか。次のア～ウから選びましょう。

（　　）

ア　4週間　　イ　20週間　　ウ　38週間

(7)　人が生まれるころのおよその身長と体重を、次のア～ウから選びましょう。（　　）

ア　身長約25cm、体重約500g

イ　身長約50cm、体重約3000g

ウ　身長約100cm、体重約10000g

●勉強した日　　月　　日

かくにん！ 数や量の平均

平均の求め方をかくにんしよう！

名前

できた数　／10問中

おわったらシールをはろう

答え　31ページ

平均

たいせつ

さまざまな大きさの数や量をならして、同じ大きさにしたものを平均といいます。

平均は、次の式で求めることができます。

平均＝(数や量の合計)÷(数や量の個数)

例　走りはばとびを３回行ったところ、１回目が2.5m、２回目が2.7m、３回目が2.3mだった。３回の平均は、

(2.5＋2.7＋2.3)÷3＝2.5m

1 図のように、ストップウォッチを使って、ふりこが１往復する時間を求めました。あとの問いに答えましょう。

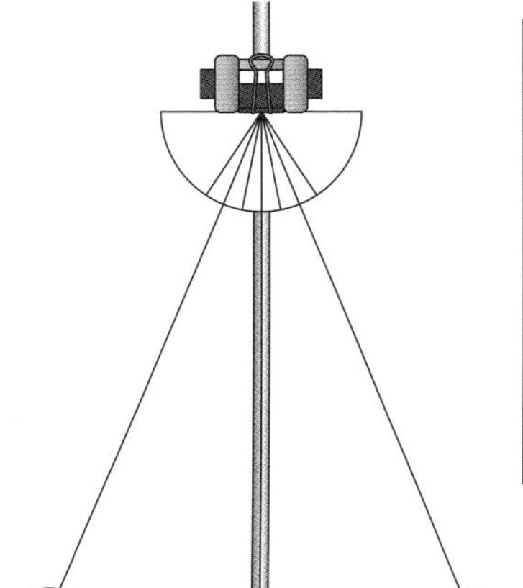

10往復する時間を３回はかった結果

	10往復する時間(秒)
１回目	15.3
２回目	15.5
３回目	15.2

ふりこが10往復する時間の平均は、
(15.3＋15.5＋15.2)÷3＝15.33…
小数第２位を四しゃ五入すると、
15.33…

ふりこが１往復する時間は、

ヒント

…往復する時間を１回で正確

●勉強した日　　月　　日

実力判定テスト かくにん！実験器具の使い方

時間30分

名前　　できた数　/8問中

おわったらシールをはろう

実験器具の使い方をかくにんしよう！

答え　31ページ

ろ過のしかた

1 ろ紙の折り方について、①〜③にあてはまる言葉をそれぞれ下の［　］から選びましょう。

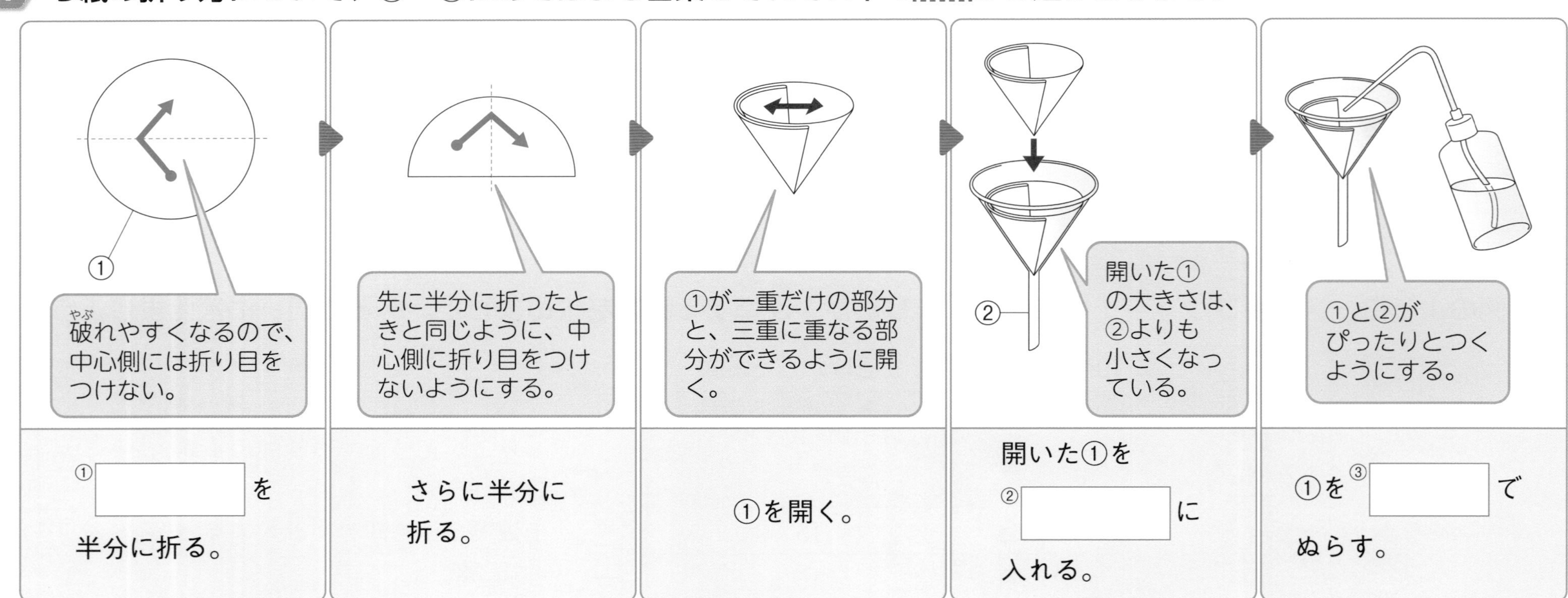

①［　　　］を半分に折る。 → さらに半分に折る。 → ①を開く。 → 開いた①を②［　　　］に入れる。 → ①を③［　　　］でぬらす。

薬包紙（やくほうし）　ろ紙　メスシリンダー　ろうと
水　アルコール

ろ過のしかたは、中学校の理科でも学習するよ。わす

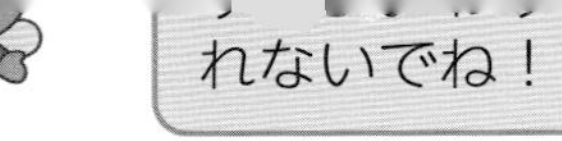

2 ろ過のしかたについて、あとの問いに答えましょう。

(1) かくはんぼうは、ろ紙にどのようにつけますか。①の（　）のうち、正しいほうを◯で囲みましょう。

(2) ろうとの先は、どのようにしますか。②の（　）のうち、正しいほうを◯で囲みましょう。

(3) 液は、どのように注ぎますか。③の（　）のうち、正しいほうを◯で囲みましょう。

(4) ろ過した液体を何といいますか。（　　　　）

(5) ろ過した液体は、どのように見えますか。次のア～ウから選びましょう。（　　　）

ア　にごって見える。　　イ　とうめいに見える。

ウ　にごっている部分ととうめいな部分が見える。

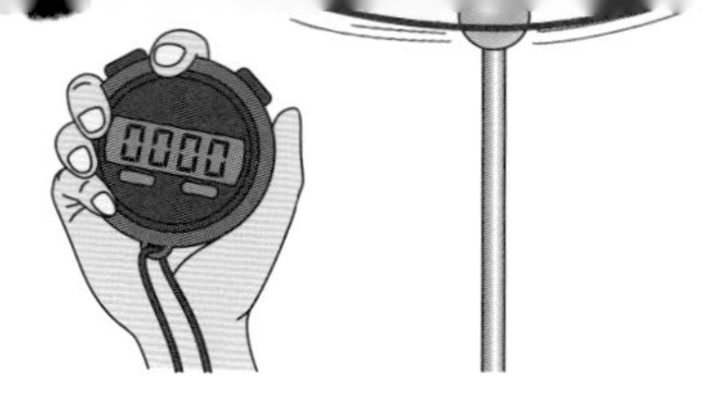

1往復する時間を……
にはかるのはむずかしいから、
10往復する時間をはかって、
平均を求めるといいよ！

15.3÷10＝1.53
小数第２位を四しゃ五入すると、
1.53→1.5秒

(1)　みかん５個の重さをはかると、それぞれ95g、103g、101g、99g、93gでした。これらのみかんの平均の重さは何gですか。小数第１位を四しゃ五入した重さを答えましょう。

（　　　　　）

(2)　図と同じように、ふりこが１往復する時間を求めました。次の①～⑨にあてはまる数字をそれぞれ□に書きましょう。

10往復する時間を３回はかった結果

	10往復する時間(秒)
１回目	16.4
２回目	16.1
３回目	16.2

ふりこの１往復する時間は、いろいろな求め方があるよ。

ふりこが10往復する時間の平均を、小数第２位まで求めると、
(①□＋②□＋③□)÷④□＝⑤□
⑤の小数第２位を四しゃ五入すると、⑥□となる。
ふりこが１往復する時間を、小数第２位まで求めると、
⑥÷⑦□＝⑧□
⑧の小数第２位を四しゃ五入すると、ふりこが１往復する時間は、
⑨□秒となる。

教科書ワーク

答えとてびき

「答えとてびき」は、とりはずすことができます。

大日本図書版

理科5年

使い方

まちがえた問題は、もう一度よく読んで、なぜまちがえたのかを考えましょう。正しい答えを知るだけでなく、なぜそうなるかを考えることが大切です。

1　天気の変化

2ページ　基本のワーク

1 (1)①晴れ　②くもり
(2)③「3」に〇　④「9」に〇
(3)⑤晴れ　⑥くもり
(4)⑦「動く」に〇　⑧「する」に〇

まとめ　①晴れ　②くもり　③量

3ページ　練習のワーク

1 (1)雲
(2)エ

2 (1)ア
(2)午前10時…イ　午後2時…ア
(3)ウ

てびき　1 (1)写真の白い色やはい色の部分は雲です。空全体の広さを10としたときの雲のしめる量で、晴れとくもりを決めます。

(2)空全体の広さを10としたときの、雲のしめる量が0～8のときを晴れ、9～10のときをくもりとします。午前10時の雲のしめる量は9くらいなので天気はくもり、午後2時の雲のしめる量は3くらいなので天気は晴れとわかります。よって、この日の午前10時から午後2時にかけて、天気はくもりから晴れになったと考えられます。

2 (1)天気と雲のようすは、同じ場所で同じ方向を向いて観察します。

(2)午前10時はくもりなので、空全体の広さを10としたときの雲のしめる量は9～10のはん囲に、午後2時は晴れなので、雲のしめる量は0～8のはん囲にあったと考えられます。

(3)雲は動いていて、量や形が時こくによって変わることがあります。雲のようすが変化すると、天気も変わることがあります。

4ページ　基本のワーク

1 (1)①雲　②晴れ
(2)③「雨の強さ」に〇

2 (1)①「西から東」に〇
②「西から東」に〇
(2)③晴れ

まとめ　①西　②東

5ページ　練習のワーク

1 (1)①西　②東　③西　④東
(2)イ　(3)ア
(4)エ
(5)雨

てびき　1 (1)4月20日から22日までの雲画像からわかるように、雲(雲画像の白い部分)はおよそ西から東へと動いています。雲の動きにつれて、天気も西から東へと変わっていきます。雨のふっている地いきも西から東へと変わっていきます。

(3)4月21日の午後3時の雲画像を見ると、札幌には雲がなく、アメダスの雨量情報から雨がふっていないことがわかります。一方、大阪、福岡は、アメダスの雨量情報から、雨がふっていることがわかります。

⑷アメダスの雨量情報から、大阪では21日の午後3時ごろは雨がふっていましたが、20日と22日の午後3時ごろは雨がふっていなかったことがわかります。また、雲画像から、大阪は20日、22日は雲におおわれず、晴れていたことがわかります。

⑸21日午後3時の雲画像とアメダスの雨量情報から、東京の西のほうで雨がふっていることがわかります。天気は西から東へ変わっていくので、この後の東京の天気は雨になると予想できます。このように、気象情報をもとに、天気をある程度予想することができます。

6・7ページ まとめのテスト

1 ⑴雲の(しめる)量
⑵午前10時…晴れ　午後2時…くもり
⑶ア

2 ⑴ア　⑵ウ
⑶ア、エ

3 ⑴雲　⑵㋐
⑶㋐　⑷㋑
⑸西から東へ変わっていく。

4 ⑴インターネット　など
⑵晴れ　⑶雨
⑷㋐の雲画像では、静岡の西側に雲があるから。

丸つけのポイント

3 ⑸西から東へ変わっていくことが書かれていれば正解(かい)です。

4 ⑷静岡の西側に雲があることや、その雲が静岡にかかることが書かれていれば正解です。雲は西から東に動くなど、正しい内容であっても、静岡のまわりのようすに注目していないものは不正解です。

てびき **1** ⑴⑵空全体の広さを10としたとき、雲のしめる量が0～8のときが晴れ、9～10のときがくもりなので、午前10時の天気は晴れ、午後2時の天気はくもりだとわかります。

⑶午前10時にはあまり雲がありませんでしたが、午後2時には雲でおおわれているので、雲の量が多くなっていることがわかります。このように、雲の量や形は時こくによって変わります。

2 ⑴1日のうちに天気と雲のようすを何度か観察する場合、同じ場所で観察するようにします。

⑵空全体の広さを10としたとき、雲のしめる量が9～10のときがくもりです。

⑶**ア・エ**…雲のようすは時こくによって変わることがあります。雲のようすが変化すると、天気も変わります。

イ…雲にはいろいろな種類がありますが、全ての雲が雨をふらせるわけではないので、あやまりです。

ウ…雲はほとんど動かないこともありますが、ゆっくり動いたり、速く動いたりすることもあります。

3 ⑵日本付近では、雲は西から東へ動くので、㋐で日本付近をおおっていた雲が、㋑のように東へ動いたと考えられます。このことから、5月13日の午後3時の雲画像は㋐であると考えられます。

⑶雨は雲のあるところでふります。㋒の雨量情報では、関東地方から九州地方にかけて広く雨がふっています。この地いきに雲がかかっているのは、㋐の雲画像です。

⑷㋓の写真では、雲がなく晴れているので、東京付近に雲のない、㋑の雲画像のときのものとわかります。

4 ⑵㋐の雲画像からは、東京付近には雲がないことがわかります。㋑の雨量情報からは、東京で雨がふっていないことがわかります。このため、東京の天気は晴れであったと考えられます。

⑶⑷日本付近では、雲は西から東へ動き、天気も西から東へと変化します。静岡の西の地いきに雨をふらせていた雲が静岡付近に動いてくるため、この後の静岡の天気は雨になると考えられます。

わかる! 理科 日本付近の上空には、西から東に向かって偏西風(へんせいふう)とよばれる強い風がふいているため、雲は西から東へと動いていくことが多いです。このような雲の動きは、春や秋に見られることが多いです。

2 植物の発芽と成長

8ページ **基本のワーク**

❶ (1)①「する」に◯
　②「しない」に◯
(2)③水

❷ ①水　②空気
③空気　④温度
⑤温度　⑥水

まとめ ①発芽　②水

9ページ **練習のワーク**

❶ (1)発芽
(2)ウ
(3)㋑

❷ (1)ア
(2)イ、ウ
(3)㋐発芽する。　㋑発芽しない。
(4)水

てびき ❶ (1)種子から芽が出ることを発芽といいます。
(2)発芽に水が必要かどうかを調べる実験では、水の条件以外の全ての条件をそろえます。

わかる!理科 実験を行うときは、調べたい条件を１つだけ変えて、それ以外の条件は全てそろえます。条件をいくつも変えてしまうと、どの条件のちがいによって結果が変わったのか、わからなくなってしまいます。このように条件を整えることは、どの実験でも必要になるので、しっかりと理解しましょう。

(3)発芽には水が必要なので、水がない㋐は発芽しませんが、水がある㋑は発芽します。

❷ (1)㋐には水をあたえていますが、㋑には水をあたえていないので、この実験は、種子の発芽と水の条件との関係を調べようとしていることがわかります。
(2)実験では、調べる条件以外の全ての条件をそろえます。このため、温度と空気の条件をそろえます。
(3)(4)種子の発芽には水が必要です。このため、水がある㋐は発芽しますが、水がない㋑は発芽しません。

10ページ **基本のワーク**

❶ (1)①「する」に◯
　②「しない」に◯
(2)③空気

❷ (1)①温度　②水　③空気
（②、③は順不同）
(2)④「する」に◯
　⑤「しない」に◯
(3)⑥温度

まとめ ①空気　②温度

11ページ **練習のワーク**

❶ (1)空気　(2)ウ
(3)ア、イ
(4)㋑
(5)空気

❷ (1)暗く
(2)イ
(3)ア、ウ
(4)㋐発芽しない。　㋑発芽する。
(5)適した温度

てびき ❶ (1)(2)㋑の種子は空気にふれていますが、㋐の種子は、水にしずめているので、空気にふれることができません。㋐と㋑で空気の条件を変えていることから、発芽と空気の条件との関係を調べていることがわかります。
(3)この実験では、空気の条件以外の条件は変えないで、全てそろえます。
(4)(5)発芽には空気が必要なので、空気にふれていない㋐の種子は発芽しませんが、空気にふれている㋑の種子は発芽します。

❷ (1)冷ぞう庫はドアをしめると暗くなります。明るさの条件をそろえるために、部屋の中に置く種子も、箱をかぶせるなどして暗くしておく必要があります。
(2)冷ぞう庫の中と部屋の中では、温度の条件がちがいます。このことから、発芽と温度の条件との関係を調べていることがわかります。
(3)実験では、調べる条件以外の全ての条件をそろえます。
(4)(5)発芽には適した温度が必要なので、冷ぞう庫の中に入れた㋐の種子は発芽しませんが、部屋の中に置いた㋑の種子は発芽します。

12ページ 基本のワーク

1 (1)①あと結ぶ。 ②いと結ぶ。
(2)③子葉

2 (1)①ヨウ素
(2)アの切り口をぬりつぶす。
(3)②「ふくまれている」に◯
③「なくなっている」に◯
(4)④発芽

まとめ ①葉 ②デンプン

13ページ 練習のワーク

1 (1)デンプン
(2)青むらさき色
(3)ヨウ素デンプン反応

2 (1)イ
(2)子葉
(3)ア
(4)イ

3 (1)イ
(2)アア イイ
(3)①デンプン ②発芽

てびき **1** ヨウ素液をデンプンにかけると、青むらさき色になります。これを、ヨウ素デンプン反応といいます。デンプンがないときは、色はうすい茶色のまま変化しません。

2 (1)(2)イの部分を子葉といい、この部分に養分がふくまれています。

(3)(4)アは、根、くき、葉になる部分です。発芽にイの子葉にふくまれる養分が使われるため、子葉はしぼんでいきます。一方、アの部分は根、くき、葉になって大きくなっていきます。

3 (1)種子はそのままではかたくて切れないので、水にひたしてやわらかくします。

(2)(3)種子にふくまれているデンプンは、発芽するときの養分として使われます。そのため、発芽して成長したインゲンマメの子葉(イ)にはほとんどデンプンが残っていません。

14・15ページ まとめのテスト1

1 (1)発芽
(2)ウ
(3)ア、イ

2 (1)ア発芽する。 イ発芽しない。
ウ発芽しない。 エ発芽する。
オ発芽しない。
(2)アとイ
(3)エとオ
(4)アとウ
(5)発芽には、水、(発芽に)適した温度、空気が必要であること。

3 (1)アイ、エ イア、ウ
(2)

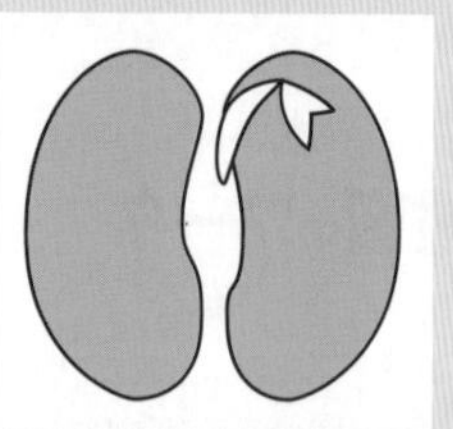

(3)ヨウ素デンプン反応

4 (1)種子を水にひたしておく。
(2)イ (3)イ
(4)少なくなっている。
(5)発芽

丸つけのポイント

2 (5)発芽には、水、適した温度、空気が必要であることが書かれていれば正解です。水、適した温度、空気のどれか1つでもぬけている場合は不正解です。

てびき **1** (2)(3)発芽と空気の条件との関係を調べたいので、空気の条件だけを変え、水の条件や温度の条件など、ほかの条件は全てそろえて実験します。

2 (2)水の条件だけがちがうアとイの結果を比べます。

(3)温度の条件だけがちがうエとオの結果を比べます。冷ぞう庫の中は暗いので、冷ぞう庫に入れたオと箱をかぶせたエの結果を比べることで、明るさの条件をそろえます。アとオでは温度と明るさの2つの条件がちがうので、正しく比べることができません。

(4)空気の条件だけがちがうアとウの結果を比べます。

3 (1)インゲンマメの種子のアは根、くき、葉になる部分です。イは子葉で、デンプンという養分がふくまれています。発芽後、アの根、くき、葉になる部分は大きくなっていきます。イの子葉は、発芽するときに養分として使われて、しぼんでいきます。

(2)ヨウ素液をかけると、デンプンがふくまれている㋑の部分が青むらさき色に変化します。

(3)ヨウ素液をデンプンにかけたときに、青むらさき色になる反応を、ヨウ素デンプン反応といいます。

4 (1)インゲンマメの種子はかたいので、やわらかくなるまで、水にひたしておきます。

(2)インゲンマメの種子の子葉(図2の㋑)にはデンプンがふくまれています。デンプンにヨウ素液をかけるとヨウ素デンプン反応が起こり、青むらさき色になります。

(3)〜(5)子葉にふくまれているデンプンは発芽に使われるため、発芽して成長したものの子葉にはデンプンが少なくなっています。そのため、ヨウ素液をかけても、色があまり変化しません。

16ページ 基本のワーク

1 (1)①日光 ②肥料 ③温度
(②、③は順不同)
(2)④あと結ぶ。 ⑤いと結ぶ。
(3)⑥日光

まとめ ①温度 ②日光

17ページ 練習のワーク

1 (1)ア (2)エ
(3)ア、イ、ウ、オ
(4)㋐ア ㋑イ
(5)㋐イ ㋑ア
(6)㋐ (7)日光

てびき **1** (1)インゲンマメの育ち方を比べるので、はじめの条件をそろえるために、同じくらいの大きさに育ったインゲンマメを準備します。

(2)㋐と㋑では、日光の条件だけがちがうので、植物の育ち方と日光との関係を調べる実験だとわかります。

(3)実験では、調べる条件以外の全ての条件をそろえます。

(4)〜(6)植物は、㋐のように日光が当たると、葉の数が多くなり、くきがよくのび、全体的に緑色で大きく育ちます。一方、㋑のように日光が当たらないと、葉の数が少なく、くきは短くて細く、全体的に黄色っぽくなり、大きくなりません。

(7)この実験で、日光に当てた㋐のインゲンマメのほうが大きく育ったことから、植物の成長には日光が関係していることがわかります。

18ページ 基本のワーク

1 (1)①肥料 ②日光 ③水
(②、③は順不同)
(2)④いと結ぶ。 ⑤あと結ぶ。
(3)⑥肥料

まとめ ①水 ②肥料

19ページ 練習のワーク

1 (1)イ (2)ア、ウ、エ、オ
(3)㋐ア ㋑イ
(4)㋐ア ㋑イ
(5)㋐イ ㋑ア
(6)イ

てびき **1** (1)㋐と㋑では、肥料の条件だけがちがうので、植物の育ち方と肥料との関係を調べる実験だとわかります。

(2)実験では、調べる条件以外の全ての条件をそろえます。

(3)〜(5)植物は、㋑のように日光を当てて肥料をあたえると、葉の数が多くなり、くきがよくのびて太くなり、全体的に大きく育ちます。一方、㋐のように日光に当てても、肥料をあたえないと、葉の数が少なく、くきは短く、全体的にあまり大きくなりません。

(6)この実験で、肥料をあたえた㋑のインゲンマメのほうが大きく育ったことから、植物の成長には肥料が関係していることがわかります。

20・21ページ まとめのテスト②

1 (1)同じくらいの大きさ
(2)ウ (3)ア、イ、エ
(4)肥料 (5)㋐
(6)日光に当たること。

2 (1)イ
(2)ア、ウ、エ、オ
(3)㋐
(4)肥料をあたえること。

3 (1)①イ ②ア ③ウ
(2)④オ ⑤カ ⑥エ
(3)⑦キ ⑧ケ ⑨ク

(4)㋑と㋒
(5)㋐と㋑
(6)植物の成長には、日光と肥料が関係していること。

丸つけのポイント

1 (6)日光が当たることが書かれていれば正解です。肥料や水など、この実験ではわからないことについても書かれている場合は不正解です。

2 (4)肥料をあたえることが書かれていれば正解です。日光や水など、この実験ではわからないことについても書かれている場合は不正解です。

3 (6)日光と肥料が関係していることが書かれていれば正解です。水や温度など、この実験ではわからないことについても書かれている場合は不正解です。

てびき **1** (1)2週間後のインゲンマメの成長のようすを比べられるように、同じくらいの大きさのインゲンマメを用意します。

(2)(3)日光の条件だけを変え、それ以外の条件は全てそろえています。

(4)よく成長させるために、肥料をとかした水をあたえます。

(5)(6)㋐はよく成長しますが、㋑はあまり成長しないことから、植物がよく成長するためには、日光に当たる必要があることがわかります。

2 (1)(2)肥料の条件だけを変え、それ以外の条件は全てそろえています。

(3)(4)㋑はよく成長しますが、㋐はよく成長しないことから、植物がよく成長するためには、肥料をあたえる必要があることがわかります。

3 (1)~(3)日光に当て、肥料をあたえた㋑が、最も大きくじょうぶに育っています。

(4)日光の条件だけがちがう㋑と㋒の結果を比べることで調べられます。

(5)肥料の条件だけがちがう㋐と㋑の結果を比べることで調べられます。

(6)㋑と㋒の結果から日光が植物の成長に関係していることがわかります。また、㋐と㋑の結果から肥料が植物の成長に関係していることがわかります。

わかる! 理科 植物の成長には、日光や肥料が関係しています。肥料がないと、大きく成長しません。また、発芽に必要な水、適した温度、空気も、植物の成長に必要です。
発芽に必要…水、適した温度、空気(インゲンマメの発芽には日光や肥料は必要ではない。)
よく成長するために必要…日光、肥料、水、適した温度、空気

3 メダカのたんじょう

22ページ 基本のワーク

1 (1)①「ある」に〇 ②「ない」に〇
③「広い」に〇 ④「卵」に〇
⑤「精子」に〇
(2)⑥受精 ⑦受精卵

2 (1)①「当たらない」に〇
(2)②水草 ③たまご

まとめ ①精子 ②受精卵

23ページ 練習のワーク

1 (1)①おす ②めす ③おす ④めす
(2)㋐おす ㋑めす (3)イ
(4)受精 (5)受精卵

2 (1)イ (2)ウ
(3)①× ②〇 ③× ④×

てびき **1** (1)(2)㋐のメダカは、せびれに切れこみがあり、しりびれのはばが広いので、おすです。㋑のメダカは、せびれに切れこみがなく、しりびれのはばがせまいので、めすです。

(3)おす(㋐)は精子を出し、めす(㋑)はたまご(卵)を産みます。

(4)(5)メダカのたまごと精子が結びつくことを受精といい、受精したたまごのことを受精卵といいます。

2 (1)水そうは、水温が上がり過ぎないようにするため、直しゃ日光の当たらない明るいところに置きます。

(2)メダカは、水温が約25℃のとき、活発に動いて、えさをたくさん食べるようになり、たまごをよく産むようになります。

(3)①、④水草やメダカは、自然の川や池にすてたり、はなしたりしてはいけません。

③おすとめすのメダカをいっしょに飼うようにすると、めすのメダカはたまごを産むようになります。

24ページ 基本のワーク

1 (1)① 1　② 4　③ 2　④ 3　⑤ 5
(2)⑥心ぞう　⑦目　⑧まく
⑨たまご　⑩はら

まとめ ①養分　②ふ化　③はら

25ページ 練習のワーク

1 (1)イ
(2)①㋑　②㋒　③㋐　④㋓
(3)㋒→㋓→㋐→㋑
(4)イ

2 (1)イ　(2)養分
(3)ア

てびき **1** (1)メダカのたまごは水に入れておかないと死んでしまうので、ふくろには水も入れておきます。

(2)(3)メダカのたまごは、あわの反対側の部分から変化が始まり(㋒)、体のもとになるものができ(㋓)、目がはっきりしてきて(㋐)、血液の流れが見られるようになってきます(㋑)。その後、体がさかんに動くようになり、やがて、親と似たすがたになって、たまごのまくを破ってたんじょう(ふ化)します。

(4)ふ化する前のメダカは、たまごの中の養分を使って成長しています。

2 (1)メダカが活発に動き回る、水温が25℃くらいのとき、たまごはおよそ11日でふ化します。

(2)(3)たまごからふ化したばかりの子メダカは、はらがふくらんでいます。この中には養分が入っています。子メダカはしばらくの間、ふくらんだはらの中の養分を使って育つので、何も食べず、底のほうでじっとしています。

26・27ページ まとめのテスト①

1 (1)せびれ
(2)しりびれ
(3)あ㋒　い㋑　う㋓　え㋐

2 (1)直しゃ日光が当たらない明るいところ。
(2)イ　(3)イ
(4)イ　(5)ア

3 (1)精子　(2)受精
(3)受精卵
(4)イ→ア→ウ
(5)イ

4 (1)㋐
(2)㋑→㋒→㋐
(3)たまごの中
(4)養分
(5)イ
(6)ふくらんだはらの中の養分を使って育つから。

丸つけのポイント

2 (1)直しゃ日光が当たらないことと、明るいことの両方が書かれていれば正解です。どちらか一方しか書かれていない場合は不正解です。

4 (6)はらの中の養分で育つことが書かれていれば正解です。

てびき **1** メダカのせびれは、おすには切れこみがあり、めすには切れこみがありません。また、メダカのしりびれは、おすはめすよりもはばが広くなっています。

2 (3)ア…水そうの底にしく小石はよくあらっておきます。

イ…たまごを産ませるには、おすとめすを同じ水そうで飼います。

ウ…メダカは水草を食べません。めすは、たまごを水草に産みつけます。

(4)水温を25℃くらいにすると、メダカは活発に動き、たまごをよく産むようになります。

(5)水がよごれないように、メダカのえさは食べ残しが出ないくらいの量をあたえます。

わかる! 理科 メダカの飼い方

・直しゃ日光が当たらないところに置く。
→直しゃ日光が当たると、水温が上がり過ぎてメダカが死んでしまいます。
・くみ置きの水道水を使う。
→水道水には消どくに使われた気体などが入っているため、そのまま使わないようにします。

3 (1)~(3)めすが産んだたまごとおすが出した精子が受精すると、受精卵になり、たまごの中で変化が始まります。

4 (2)(3)たまごの中のメダカは、たまごの中の養分を使って、少しずつ変化します。やがて、親と似たすがたになって、たまごのまくを破って出てきます。このように、動物のたまごがかえることをふ化といいます。

(4)~(6)たまごからかえったばかりの子メダカのはらには養分があり、しばらくはこの養分を使って育ちます。そのため、何も食べなくても生きていられるので、水そうの底のほうでじっとしています。

28ページ 基本のワーク

1 ①対物レンズ ②接眼レンズ ③視度調節リング ④反しゃ鏡 ⑤調節ねじ

2 ①接眼レンズ ②調節ねじ ③対物レンズ ④ステージ ⑤反しゃ鏡

まとめ ①大きく ②けんび鏡 ③対物

29ページ 練習のワーク

1 (1)㋐そう眼実体けんび鏡 ㋑解ぼうけんび鏡
(2)ウ→ア→イ
(3)イ→ウ→ア

2 (1)イ
(2)㋐接眼レンズ ㋑対物レンズ
(3)50倍 (4)イ
(5)エ→イ→ア→ウ

てびき **1** (2)㋐のそう眼実体けんび鏡は、厚みのあるものを立体的に観察することができます。両目で見えているものが1つに重なるようにしてから、右目→左目の順に調節します。

(3)解ぼうけんび鏡(㋑)を使うときは、まず、観察するものをステージの上に置き、観察したい部分が接眼レンズの真下にくるようにします。次に、調節ねじを少しずつ回して、横から見ながら接眼レンズと観察するものをできるだけ近づけます。その後、調節ねじを回して接眼レンズを上げて、ピントを合わせます。

2 (1)目をいためるので、けんび鏡は直しゃ日光の当たるところで使ってはいけません。

(3)けんび鏡の倍率は、接眼レンズの倍率×対物レンズの倍率 で求めることができるので、10×5=50(倍)となります。

(4)(5)対物レンズを一番低い倍率にしてから、接眼レンズ(㋐)をのぞき、反しゃ鏡を動かして明るく見えるようにします。次に、ステージにスライドガラスを置いた後、横から見ながら対物レンズ(㋑)とスライドガラスを近づけておきます。最後に、接眼レンズをのぞきながら調節ねじを回し、対物レンズとスライドガラスを遠ざけていって、ピントを合わせます。

30・31ページ まとめのテスト②

1 (1)そう眼実体けんび鏡
(2)㋐接眼レンズ ㋑視度調節リング ㋒調節ねじ ㋓対物レンズ ㋔ステージ
(3)ウ (4)イ→ウ→ア

2 (1)解ぼうけんび鏡
(2)㋐接眼レンズ ㋑調節ねじ ㋒反しゃ鏡
(3)イ→ア→エ→ウ

3 (1)直しゃ日光の当たらない明るいところ。
(2)イ
(3)㋐接眼レンズ ㋑調節ねじ ㋒レボルバー ㋓対物レンズ ㋔ステージ ㋕反しゃ鏡
(4)イ
(5)イ→ウ→エ→ア
(6)ウ (7)100倍
(8)イ
(9)上と下…イ 左と右…イ
(10)イ

丸つけのポイント

3 (1)直しゃ日光が当たらないことと、明るいことの両方が書かれていれば正解です。どちらか一方しか書かれていない場合は不正解です。

てびき **1** (3)イは解ぼうけんび鏡の特ちょうです。

(4)そう眼実体けんび鏡は、両目で見えているものが1つに重なるようにしてから、右目→左目の順にピントを合わせていきます。

2 (1)(2)解ぼうけんび鏡は、㋐の接眼レンズだけで観察します。対物レンズはありません。

(3)まず、反しゃ鏡の向きを変えて明るく見えるようにします。次に、観察するものをステージの上に置いて、観察したい部分が接眼レンズの真下にくるようにします。そして、横から見ながら、調節ねじを少しずつ回して接眼レンズと観察するものをできるだけ近づけます。その後、調節ねじを回して接眼レンズを上げて、ピントを合わせます。

3 (1)(2)直しゃ日光の当たるところでけんび鏡を使うと、目をいためるきけんがあります。そのため、必ず直しゃ日光の当たらない明るいところで使います。

(5)エのように横から見ながら、対物レンズとスライドガラスを近づけた後、アのように接眼レンズをのぞきながら対物レンズとスライドガラスを遠ざけ、ピントを合わせます。この順にそうさを行うのは、対物レンズとスライドガラスがぶつかってしまうことを防ぐためです。

(6)(7)けんび鏡の倍率は、接眼レンズの倍率×対物レンズの倍率　で求めます。よって、
10×10＝100(倍)　です。

(8)このときのけんび鏡の倍率は、
10×15＝150(倍)　です。けんび鏡の倍率を高くすると、観察するものがより大きく見えます。

(9)けんび鏡では、上と下、左と右が逆向きに見えます。

(10)けんび鏡は重いので、両手でしっかりと持ちます。

4　台風と防災

32ページ　基本のワーク

❶ (1)①「強く」に○
②「多くなる」に○
(2)③「晴れ」に○

❷ ①南

まとめ　①風　②雨　③晴れ

33ページ　練習のワーク

❶ (1)南
(2)㋑→㋐→㋒
(3)雨…多くなる。　風…強くなる。
(4)イ

❷ (1)㋑　(2)㋑
(3)予報円　(4)イ

てびき ❶ (1)台風は、南のあたたかい海の上で発生するため、日本の南のほうから近づいてくることが多いです。

(2)台風は、日本に近づくと、北や東のほうへ動くことが多いです。

(3)(4)台風が近づくと、雨の量が多くなって風が強くふきますが、台風が過ぎ去ると、おだやかに晴れることが多いです。

わかる!理科　台風は、日本の南のほうの熱帯地方とよばれる地いきの、あたたかい海の上で発生します。そして、夏から秋にかけて日本付近にやってきます。台風の最大風速(風の速さ)は、秒速17.2m以上です。これは、1秒の間に17.2mも進む速さです。台風の雲は、たくさんの積乱雲が集まってできています。

❷ (1)台風の中心に近いほど、風が強くなります。よって、㋐が風速25m(秒速)以上のはん囲、㋑が風速15m(秒速)以上のはん囲を表しています。

(2)台風の大きさは、風速15m(秒速)以上のはん囲の広さで表します。

(3)台風の中心が動いてくると考えられるはん囲を予報円といいます。

(4)台風の強さは、中心付近の最大風速で表します。

34・35ページ　まとめのテスト

1 (1)イ
(2)ア
(3)雨が多くふり、風は強くなる。
(4)ウ
(5)雨がやんで、晴れる。

2 (1)㋐イ　㋑ア
(2)予報円　(3)㋒ア　㋓ウ
(4)㋑　(5)ア

3 (1)ウ

(2)インターネット、テレビ、新聞などから1つ

(3)東京…ウ　福岡…イ

丸つけのポイント

1 (3)雨が多くふることと、風が強くなることの両方が書かれていれば正解です。どちらか一方しか書かれていない場合は不正解です。

(5)雨がやむことと、晴れることの両方が書かれていれば正解です。どちらか一方しか書かれていない場合は不正解です。

てびき **1** (1)台風は、南のあたたかい海の上で発生し、南のほうから日本に近づいてきます。

(2)この台風は、おおよそ雲画像の左下(南西)から右上(北東)に動いています。

(4)近畿地方で雨や風が最も強くなるのは、台風の雲が近畿地方付近にある、9月4日午後3時ごろです。

(5)台風が過ぎ去ると、雲のかたまりも遠ざかっていくので、雨や風がおさまり、おだやかに晴れることが多いです。

2 (1)台風の中心に近い㋐の円が風速25m(秒速)以上のはん囲、その外側にある㋑の円が風速15m(秒速)以上のはん囲を表しています。

(2)(3)㋒は、この後、台風の中心が動いてくると考えられるはん囲を表す予報円です。

(4)台風の大きさは、㋑の風速15m(秒速)以上のはん囲の広さで表します。

(5)台風の強さは、中心付近の最大風速で表します。

3 (1)図2の雨量情報から、東京や名古屋では雨がふっていて、福岡では雨がふっていないことがわかります。

(2)インターネットを利用すると、最新の雲画像や雨量情報を調べることができます。

(3)日本の南にある台風は北東へ進むので、福岡はだんだん風が弱まり、やがて晴れると考えられます。東京は、台風の中心が近づいてくるので、だんだん風が強くなり、やがて大雨がふると考えられます。

5　植物の実や種子のでき方

36ページ　基本のワーク

1 (1)①花びら　②がく

③おしべ　④めしべ

(2)⑤花粉

(3)⑥おしべ

2 (1)①おしべ　②花びら

③がく　④めしべ

(2)⑤おばな　⑥めばな

まとめ　①おしべ　②花粉

37ページ　練習のワーク

1 (1)㋐花びら　㋑おしべ

㋒めしべ　㋓がく

(2)先のほう…ア　もとのほう…ウ

(3)花粉　(4)㋑

(5)めしべ…1本　おしべ…5本

2 (1)㋐おしべ　㋑花びら

㋒がく　㋓めしべ

(2)Ⓘ　(3)Ⓐ　(4)①、④に○

てびき **1** (2)アサガオのめしべは、先のほうが丸く、もとのほうがふくらんでいます。

(3)(4)おしべの先でつくられた花粉が、めしべの先についています。

(5)アサガオの花のめしべは1本、おしべは5本あります。

2 (1)(2)(4)ツルレイシは、アサガオの花とはちがい、おしべとめしべが別の花についています。おしべ(㋐)のある花をおばな(Ⓐ)、めしべ(㋓)のある花をめばな(Ⓘ)といいます。花びら(㋑)とがく(㋒)は、おばなにもめばなにもあります。

(3)花粉は、おしべの先でつくられます。

38ページ　基本のワーク

1 (1)①スライドガラス

(2)②花粉

2 (1)①おしべ　②めしべ

③おしべ　④めしべ

(2)⑤「いない」に○

⑥「いる」に○

(3)⑦受粉

まとめ　①受粉　②直前

39ページ 練習のワーク

1 (1)花粉
(2)ア
(3)ア

2 (1)花粉
(2)おしべの先…㋑　めしべの先…㋒
(3)ア
(4)イ
(5)受粉

てびき 1 (1)(2)アサガオの花粉は、丸くてとげのようなものがたくさんついたつくりをしています。
(3)おしべの先のふくろから出た花粉が、めしべの先につきます。このことを受粉といいます。
2 (1)(2)花が開く前のおしべの先には花粉が出ていないので、めしべの先にも花粉はついていません。よって、花が開く前のおしべの先は㋑、めしべの先は㋒です。おしべの花粉は花が開く直前に出てめしべの先につくので、花が開いた後のおしべの先は㋓、めしべの先は㋐です。
(3)(4)アサガオの場合、つぼみの中でおしべがのびます。そして、花が開く直前に、おしべから出た花粉がめしべの先につきます。

40ページ 基本のワーク

1 (1)①㋑　②㋐
(2)③受粉　④花粉
(3)⑤㋓と結ぶ。　⑥㋒と結ぶ。
(4)⑦受粉

まとめ　①受粉　②実　③種子

41ページ 練習のワーク

1 (1)おしべ
(2)ウ　(3)ア

2 (1)イ
(2)㋐
(3)実
(4)種子
(5)受粉すること。

てびき 1 アサガオでは、花が開く直前に受粉するため、つぼみのときに全てのおしべをとり、自然に受粉しないようにします。
2 (1)つぼみのときから花がしぼむまでふくろをかけることで、ほかのアサガオの花の花粉がめしべにつく(受粉する)ことを防いでいます。
(2)〜(5)受粉させた㋐では、やがてめしべのもとがふくらみ、実ができます。実の中には種子ができます。受粉させなかった㋑では、実ができずに落ちてしまいます。

42ページ 基本のワーク

1 (1)①受粉　②花粉
(2)③㋓と結ぶ。　④㋒と結ぶ。
(3)⑤受粉

2 ①風　②こん虫

まとめ　①受粉　②種子

43ページ 練習のワーク

1 (1)めばな　(2)受粉
(3)ア　(4)㋐ア　㋑ウ
(5)受粉すること。

2 (1)㋐
(2)㋑

てびき 1 (1)ツルレイシの実は、めしべのあるめばなにできるため、この実験にはめばなのつぼみを使います。
(2)めばなのつぼみにふくろをかけておくと、花がさいたときに自然に花粉がつく(受粉する)ことを防ぐことができます。この実験では、受粉と実ができることの関係を調べるため、ほかの花粉が自然につかないようにします。
(3)花粉は、おばなのおしべでつくられます。
(4)(5)受粉させた㋐では、めしべのもとがふくらんで実になり、その中に種子ができます。受粉させなかった㋑では、実も種子もできません。
2 ツツジは主にこん虫、イネは風によって花粉が運ばれて受粉します。

44・45ページ まとめのテスト

1 ①△　②○　③◎　④○　⑤◎

2 (1)㋐花びら　㋑めしべ
㋒おしべ　㋓がく
(2)㋑　(3)花粉
(4)ウ　(5)ア　(6)イ

3 (1)㋐　(2)めしべ
(3)おしべ　(4)㋒

4 (1)㋐　(2)受粉
(3)イ

5 (1)イ
(2)花がさく直前に受粉しないようにするため。
(3)ほかの花の花粉で受粉しないようにするため。
(4)㋐ア　㋑ウ
(5)受粉すること。

丸つけのポイント

5 (2)受粉しないようにするため、と書かれていれば正解です。その上で、自然に、自分の花粉で、などのように、どのように受粉するのかが書かれていることが望ましいです。

(3)受粉しないようにするため、と書かれていれば正解です。その上で、ほかの花の花粉で、実験以外で、などのように、どのように受粉するのかが書かれていることが望ましいです。

てびき **1** ①②アサガオは１つの花にめしべとおしべがあります。ツルレイシは、おしべがあってめしべがないおばなと、めしべがあっておしべがないめばながあります。

③アサガオもツルレイシのおばなもめばなも、がくは花びらの外側にあります。

④アサガオには、１本のめしべをとり囲むように５本のおしべがあります。ツルレイシのめばなには、めしべはありますが、おしべはありません。

⑤アサガオもツルレイシのめばなも、めしべのもとがふくらんでいて、受粉すると、この部分が実になります。

2 (3)～(5)花粉はおしべの先のふくろでつくられます。このふくろが開くと花粉が外に出され、めしべの先につきます。このことを受粉といいます。

(6)受粉すると、めしべのもとがふくらんで実になり、中に種子ができます。

3 (1)～(3)ツルレイシでは、めしべのもとがふくらんでいるほうがめばな(㋐)です。めしべ(ⓘ)はめばなに、おしべ(ⓤ)はおばな(㋑)にのみあるつくりです。

(4)花粉は、おばなにあるおしべでつくられます。

4 (1)アサガオの花粉は、㋐のように、丸くてとげのようなものがたくさんついています。㋑はツルレイシの花粉です。

(3)アサガオのつぼみでは、めしべの先に花粉がついていませんが、やがておしべがのびてきて、花が開く直前に、めしべの先に花粉がついて受粉します。

5 (1)㋐と㋑では、花粉をつける(受粉させる)かどうかだけを変えているので、この実験では、受粉の役わりを調べることができます。

(2)アサガオは花が開く直前に受粉するので、自然に受粉しないようにするために、つぼみのときに全てのおしべをとります。

(3)ふくろをかけることで、ほかのアサガオの花粉がこん虫などによって運ばれてきて受粉してしまうことを防ぎます。受粉させる花にもふくろをかけることで、㋐と㋑でふくろをかけるという条件をそろえることができます。

(4)(5)受粉させた㋐では、実ができ、中に種子ができます。受粉させなかった㋑では、実も種子もできません。

6 流れる水のはたらきと土地の変化

46ページ 基本のワーク

1 (1)①運ばれる　②たまる
(2)③「けずられる」に◯
④「速い」に◯
(3)⑤速く　⑥大きく

まとめ　①しん食　②運ぱん　③たい積

47ページ 練習のワーク

1 (1)㋐イ　㋑ア
(2)外側
(3)ア
(4)①ア
②土をけずるはたらき…ア
土をおし流すはたらき…ア

2 (1)㋐しん食　㋑運ぱん　㋒たい積
(2)㋒　(3)㋐、㋑

てびき **1** (1)流れが速いところでは、おがくずが運ばれますが、流れがゆるやかなところでは、おがくずがたまります。

(2)(3)曲がって流れているところの外側は流れが速いため、土がけずられます。一方、内側は流れがおそいため、土が積もります。

(4)流れる水の量が増えると、水の流れが速くなるため、土をけずるはたらき(しん食)や土をおし流すはたらき(運ぱん)が大きくなります。

❷ (1)流れる水が土などをけずるはたらきをしん食、土などをおし流すはたらきを運ぱん、土などを積もらせるはたらきをたい積といいます。

(2)水の流れがゆるやかなところでは土が積もるので、たい積のはたらきが大きくなります。

(3)水の流れが速くなると、しん食や運ぱんのはたらきが大きくなり、多くの土がけずられて流されます。

48ページ 基本のワーク

❶ (1)①がけ　②川原
(2)③速い　④ゆるやか
(3)⑤角ばった
⑥丸みをもった

まとめ　①大きく　②小さく

49ページ 練習のワーク

❶ (1)㋐イ　㋑ウ　㋒ア
(2)①広い　②せまい
③ゆるやか　④速い
⑤広い川原　⑥切り立ったがけ
⑦小さい　⑧大きい
⑨丸みをもっている
⑩角ばっている

❷ (1)㋐
(2)①小さい　②われたり

てびき ❶ ㋐は、流れがゆるやかで、川はばが広いので、平地を流れる川のようすです。川原の石は、小さくて丸みをもっています。㋒は、大きくて角ばった石があるので、山の中を流れる川のようすです。流れは速く、両岸が切り立ったがけになっています。㋑は、㋐と㋒の間にある平地に流れ出た川のようすです。

❷ 山の中を流れる川では大きくて角ばった石が多いですが、流れる水のはたらきによって石が流されていくうちに、石がけずられたり、われたりします。石が平地まで流されていくうちに、小さくて丸みをもったものが多くなっていきます。

50・51ページ まとめのテスト❶

1 (1)①しん食　②たい積　③運ぱん
(2)①㋐　②㋒　③㋐
(3)ウ、エ

2 (1)速くなる。
(2)イ
(3)大きくけずられる。
(4)運ぱん

3 (1)速い…㋐　ゆるやか…㋒
(2)㋐　(3)㋒
(4)㋐　(5)㋒

4 (1)山の中を流れる川…㋑
平地を流れる川…㋐
(2)㋐㋒　㋑㋑　㋒㋐　(3)ア
(4)石が流されていくうちに、われたりけずられたりするから。

丸つけのポイント

4 (4)石が流されるうちに、われる、または、けずられることが書かれていれば正解です。

てびき **1** (2)㋐では流れが速く、㋒では流れがゆるやかになります。流れが速いところでは、しん食や運ぱんのはたらきが大きくなります。流れがゆるやかなところでは、たい積のはたらきが大きくなります。

(3)曲がって流れているところで比べると、外側は流れが速く、内側は流れがおそくなります。流れの速いところでは土がけずられ、おそいところでは土が積もります。

2 (1)(2)流す水の量を増やすと、流れが速くなるため、しん食のはたらきが大きくなります。㋐では、みぞが深くなります。

(3)流す水の量を増やすと、曲がって流れているところの外側は、けずられ方が大きくなります。

(4)流す水の量を増やすと、しん食や運ぱんのはたらきが大きくなります。問題文には、おし流されることについて書かれているので、「運ぱん」があてはまります。

3 ㋐の山の中を流れる川では、土地のかたむきが大きいので、流れが速くなり、しん食するはたらきが大きくなります。このため、川岸がけずられて、両岸が切り立ったがけになっています。一方、㋒の平地を流れる川では、土地のかたむきが小さいので、流れがゆるやかになり、たい積するはたらきが大きくなります。このため、流されてきた石やすなが積もり、川原が広がっています。

4 (1)㋐は、流れがゆるやかで、川はばが広いので、平地を流れる川のようすです。㋑は、大きくて角ばった石があるので、山の中を流れる川のようすです。㋒は、㋐と㋑の間にある、平地に流れ出た川のようすです。

(2)石の大きさは、大きい順に山の中を流れる川の川原の石＞平地に流れ出た川の川原の石＞平地を流れる川の川原の石の順になります。

(3)(4)山の中を流れる川では大きく角ばった石が多いですが、流れる水のはたらきによって石が流されていくうちに、石がわれたりけずられたりして、小さく丸みをもった形になります。

52ページ　基本のワーク

1 ①「多かった」に〇
②「大きく」に〇

2 ①「こう水」に〇
②「流される」に〇
③「こう水」に〇

まとめ　①速く　②しん食　③運ぱん

53ページ　練習のワーク

1 (1)㋑　(2)ア
(3)ア　(4)ア

2 (1)㋐イ　㋑ア　㋒ウ
(2)㋐イ　㋑ウ　㋒ア

てびき **1** (1)～(3)大雨がふった後は、川の水の量が増え、川の流れが速くなります。

(4)雨がやんでしばらくすると、増えた水は下流に流されて海へ出ていくので、川の水位は雨がふる前の高さにもどります。

2 ㋐のダムは、川の水の量を調節してこう水を防ぐ役わりがあります。㋑の多目的遊水地は、いつもは公園などに利用されていますが、大雨がふったときは、増えた水を一時的にためてこう水を防ぐ役わりがあります。㋒のさ防ダムは、川底がけずられたり、すなや石が一度に流されたりすることを防ぐ役わりがあります。

54ページ　基本のワーク

1 (1)①しん食　②運ぱん　③たい積
(2)④V字谷　⑤三角州

2 ①㋐と結ぶ。　②㋑と結ぶ。

まとめ　①扇状地　②三角州　③V字谷

55ページ　練習のワーク

1 (1)扇状地
(2)イ
(3)①ゆるやか
②たい積
③長

2 (1)㋐
(2)小石とすなが多く流されているから。
(3)運ぱん

丸つけのポイント

2 (2)小石とすなが多く流されているから、と書かれていれば正解です。小石、すなという言葉を用いていない場合は不正解です。

てびき **1** 山から平地に出た川では、かたむきが急にゆるやかになったところで、土砂がたい積します。このとき、土砂が扇状にたい積するため、この土地は扇状地とよばれています。扇状地などの流れる水のはたらきによってできる土地は、長い年月をかけてできます。

2 (1)(2)川の流れが速いほど、運ぱんのはたらきが大きいので、流れの速いところにしずめた板は㋐です。

(3)図3で、㋐のほうが、小石やすなが多く流されているので、運ぱんのはたらきが大きいところにしずめたことがわかります。

56・57ページ　まとめのテスト2

1 (1)多くの雨がふったから。　(2)ウ
(3)イ

2 (1)㋑
(2)㋐運ぱんされてきた土砂がたい積してできた。
㋑川底がしん食されてできた。
(3)長い年月をかけてできる。

3 (1)㋐エ　㋑ウ　㋒ア
(2)㋐、㋑
(3)①ひなん

②ハザードマップ

4 (1)しん食、運ぱん

(2)㋐

(3)(㋑よりも㋐のほうが、)流された小石やすなが少ないから。

丸つけのポイント

1 (1)雨がふったことが書かれていれば正解です。

2 (2)㋐石、すな、土などがたい積したことが書かれていれば正解です。

㋑川底がしん食されたことが書かれていれば正解です。

4 (3)流された小石やすなについて、㋐が㋑よりも少ないことが書かれていれば正解です。小石、すなという言葉が使われていない場合は不正解です。

てびき **1** (1)雨がふった後は、川の水の量が増えるので、川の水位が上がります。

(2)雨量が多いときは、川の水の量が増えるため、しん食や運ぱんのはたらきが大きくなります。すると、岸や川底がけずられて、石やすなが運ぱんされるので、土地のようすが変わることがあります。

(3)雨がやんでしばらくすると、増えた水は下流に流されて海へ出ていくので、川の水位は雨がふる前の水位にもどります。

2 (1)(2)㋐は、山から平地に出た川で、上流から運ぱんされてきた土砂がたい積してできた土地(扇状地)です。㋑は、川の流れの速い山の中の川で、流れる水によって川底がしん食され続けてできた深い谷(V字谷)です。

(3)㋐や㋑のような土地は、長い年月をかけてつくられます。

3 (1)(2)㋐の多目的遊水地は、いつもは公園などに利用されていますが、大雨がふったときは、増えた水を一時的にためてこう水を防ぐ役わりがあります。㋑のダムは、川の水の量を調節してこう水を防ぐ役わりがあります。㋒のさ防ダムは、川底がけずられたり、すなや石が一度に流されたりすることを防ぐ役わりがあります。

(3)災害が起こったときに予想されるひ害のようすやひなん場所などが示されている地図をハザードマップといい、災害の種類によってさまざまなものがつくられています。

4 川の流れが速いほど、運ぱんのはたらきが大きくなります。図3の㋐のほうが、小石やすなが少なく流されているので、運ぱんのはたらきが小さいところにしずめたことがわかります。

7 もののとけ方

58ページ 基本のワーク

1 (1)①水よう液

(2)②とうめい

2 (1)①115

(2)②水　③とかしたもの(食塩)

(順不同)

まとめ ①水よう液　②とうめい

③水

59ページ 練習のワーク

1 (1)水よう液

(2)①、④に○

2 (1)ア　(2)薬包紙

(3)㋑

(4)イ

(5)54g

(6)ウ

てびき **1** 水にものがとけた液体を水よう液といいます。水よう液には、色のついているものと色のついていないものがありますが、全てとうめいです。さとうを水にとかすと、小さなつぶになって見えなくなりますが、さとうは水よう液の中にあります。

2 (1)電子てんびんは水平なところに置き、スイッチを入れて、表示が0になっていることを確かめてから使います。

(2)食塩などの薬品は、電子てんびんの皿に直接のせず、薬包紙の上にのせます。

(3)全体の重さを比べているので、㋑のように、食塩をのせていた薬包紙ものせて、重さをはかる必要があります。㋐のようにすると、薬包紙の重さの分だけ軽くなってしまいます。正しくはかると、食塩をとかす前ととかした後で、全体の重さは変わりません。

(4)ものを水にとかしても、とかしたものはなくならないので、容器や薬包紙をふくめた全体の重さは、とかす前と後で変わりません。

(5)水よう液の重さは、水の重さととかしたものの重さの和で求められます。よって、

50＋4＝54(g)　です。

(6)ものが水にとけるとつぶは見えなくなりますが、なくなったのではなく、とても小さくなって水全体に広がっています。

60ページ　基本のワーク

1 (1)①スポイト　②メスシリンダー
(2)③水平
(3)④Ⓘ

2 ①「ある」に〇
②「ある」に〇

まとめ　①限り　②ちがう

61ページ　練習のワーク

1 (1)水平なところ。
(2)㋑　(3)イ
(4)Ⓘ
(5)ア

2 (1)食塩
(2)食塩…ある。　ミョウバン…ある。
(3)イ

てびき 1 (1)メスシリンダーは、水平なところに置いて使います。

(2)(4)水面は、へこんだ部分(Ⓘ)を真横(㋑)から見ます。

(3)必要な水をはかりとるときは、必要な体積の目もりより少し下のところまで水を入れた後、スポイトで少しずつ水を加えていきます。

(5)水面のへこんだ部分は、60の目もりよりも低い位置にあるので、60mLよりも少ない量の水が入っています。

2 食塩は4回目でとけ残りが出ているので、50mLの水に食塩は15g以上とけますが、20gはとけないことがわかります。また、ミョウバンは2回目でとけ残りが出ているので、50mLの水にミョウバンは5g以上とけますが、10gはとけないことがわかります。このように、50mLの水にとける食塩やミョウバンの量には限りがあり、その量はとかすものによってちがうことがわかります。

62・63ページ　まとめのテスト1

1 (1)保護(ほご)めがね　(2)イ
(3)①水平なところ。
②薬包紙
③ウ→イ→ア

2 (1)メスシリンダー　(2)水平なところ。
(3)㋑
(4)①×　②×　③×　④〇

3 (1)水の重さ＋とかしたものの重さ＝水よう液の重さ
(2)110g
(3)60g
(4)58g
(5)10g

4 (1)食塩…ある。　ミョウバン…ある。
(2)食塩…イ　ミョウバン…ア
(3)食塩
(4)イ

丸つけのポイント

3 (1)水の重さ＋とかしたものの重さ＝水よう液の重さ、とかしたものの重さ＋水の重さ＝水よう液の重さ、水よう液の重さ＝水の重さ＋とかしたものの重さ、のように式が正しく書かれていれば正解です。水よう液の重さは、水の重さととかしたものの重さの和、のように文章で表しているものは、式の形になっていないので、不正解です。

てびき 1 (1)薬品を使う実験では、薬品が目に入らないように保護めがねをかけるようにします。

(2)薬品が手についたときは、すぐに水であらい流します。

(3)②薬品は、電子てんびんの皿に直接のせず、薬包紙の上にのせます。

③薬包紙を皿にのせてから、「0キー」をおして、表示を「0」にします。表示を「0」にしてから薬包紙を皿にのせると、薬包紙の分だけ重くなってしまいます。

2 (3)60mLの水が入ったメスシリンダーの水面は、へこんだ部分が60の目もりに合っています。

(4)水よう液は全てとうめいで、つぶは見えません。また、色がついているものとついていな

いものがあります。食塩の水よう液には色がついていません。

3 (1)(2)ものを水にとかしても、とかしたものの重さはなくならないので、容器や薬包紙をふくめた全体の重さは、とかす前と後で変わりません。

(3)水よう液の重さ＝水の重さ＋とかしたものの重さ　より、55＋5＝60(g)

(4)(3)と同じ式を使って、50＋8＝58(g)となります。

(5)100(g)＋□(g)＝110(g)　□＝10(g)より、10gの食塩を入れたことがわかります。

4 食塩は4回目でとけ残りが出ているので、50mLの水に食塩は15g以上とけますが、20gはとけないことがわかります。また、ミョウバンは2回目でとけ残りが出ているので、50mLの水にミョウバンは5g以上とけますが、10gはとけないことがわかります。このように、50mLの水にとける食塩やミョウバンの量には限りがあり、その量はとかすものによってちがうことがわかります。

64ページ 基本のワーク

1 ①「増える」に◯　②「増える」に◯

2 ①「ほとんど変わらない」に◯
②「増える」に◯

まとめ ①増える　②変わらない

65ページ 練習のワーク

1 (1)変えない。
(2)食塩…イ　ミョウバン…イ
(3)食塩…増える。　ミョウバン…増える。

2 (1)食塩…ウ　ミョウバン…イ
(2)食塩…ほとんど変わらない。
ミョウバン…増える。

てびき **1** (1)水の量を増やしたときのとけ方について調べるので、水の量だけを変えて、そのほかの条件は全てそろえて実験します。

(2)(3)食塩もミョウバンも、水を加えるととけ残りがなくなります。このことから、食塩やミョウバンのとける量は、水の量を増やすと増えることがわかります。

わかる!理科 水の量が2倍、3倍、…となると、とけるものの量も2倍、3倍、…となります。算数では、このような関係を比例(ひれい)といいます。つまり、「とけるものの量は、水の量に比例する」ということができます。

2 食塩は水よう液の温度を上げてもとけ残りの量がほとんど変わりません。ミョウバンは水よう液の温度を上げるととけ残りがなくなります。このことから、水よう液の温度を上げると、食塩のとける量はほとんど変わりませんが、ミョウバンのとける量は増えることがわかります。

わかる!理科 水の温度が2倍、3倍、…となっても、とけるものの量が2倍、3倍、…となるわけではありません。水の温度が上がったときの、とけるものの量の増え方は、ものによってちがいがあります。

66ページ 基本のワーク

1 (1)①ろ紙　②ろうと
(2)③かくはんぼう　(3)④ろ液

2 ①出てくる　②出てくる
③ほとんど出てこない　④出てくる

まとめ ①もの　②ミョウバン

67ページ 練習のワーク

1 (1)㋐ろ紙　㋑ろうと
(2)イ　(3)ろ過
(4)ろ液　(5)㋐

2 (1)図2…ア　図3…イ
(2)図2…ア　図3…ア

てびき **1** (2)ろ紙は、4つに折ったものを開き、ろうとにはめてから水でぬらします。

(3)〜(5)固体が混ざっている液体をろ過すると、固体はろ紙(㋐)に残ります。そして、固体がとりのぞかれた液体(ろ液)がビーカー(㋒)にたまります。

2 ろ液を熱して水の量を減らすと、食塩もミョウバンもとり出すことができます。また、ミョウバンの水よう液では、温度を下げると、とけていたミョウバンをとり出すことができます。

わかる！理科 ミョウバンのように、水よう液の温度が上がったときにとける量が大きく変化するものは、水よう液を冷やすととけていたものをとり出すことができます。一方、食塩のように、水よう液の温度が上がってもとける量があまり変わらないものは、水よう液を冷やしてもとけていたものをあまりとり出すことができません。食塩は、水よう液を熱して水の量を減らすことでとり出せます。

68・69ページ **まとめのテスト②**

1 (1)50mLの水…ア　100mLの水…イ
(2)水の量が増えると、ミョウバンのとける量も増える。
(3)水の量を増やす。

2 (1)ミョウバン…なくなる。
食塩…ほとんど変わらない。
(2)ミョウバン…水よう液の温度が上がると、とける量が増える。
食塩…水よう液の温度を上げても、とける量はほとんど変わらない。

3 (1)ろ過　(2)㊀
(3)ろ液
(4)とけている。

4 (1)㋐…じょう発皿
図4…こまごめピペット
(2)図2…出てくる。
図3…出てくる。
(3)図2…(ほとんど)出てこない。
図3…出てくる。
(4)水よう液を冷やす。
熱して(水をじょう発させて)水の量を減らす。

丸つけのポイント

1 (2)「水の量が増えると、ミョウバンのとける量も増える」と書かれていれば正解です。「水の量が減ると、ミョウバンのとける量も減る」、「水の量が変わると、ミョウバンのとける量も変わる」という場合は、この実験の目的とはことなるため、不正解とします。

2 (2)ミョウバン…「水よう液の温度が上がると、とける量が増える」と書かれていれば正解です。「水よう液の温度が下がると、ミョウバンのとける量も減る」、「水の量が変わると、ミョウバンのとける量も変わる」という場合は、(1)の結果が適切(てきせつ)に反えいされていないため、不正解とします。

食塩…「水よう液の温度を上げても、とける量はほとんど変わらない」、「水よう液の温度が変わっても、とける量はほとんど変わらない」、と書かれていれば正解です。

4 (4)水よう液を冷やす、水よう液の温度を下げる、水の量を減らす、と書かれていれば正解です。水の量を減らす、のかわりに、水よう液から水をじょう発させる、と書かれている場合も、正解です。

てびき **1** (1)50mLの水には2回目でとけ残りが出ているので、ミョウバンは5gまではとけますが、10gはとけないことがわかります。また、100mLの水には3回目でとけ残りが出ているので、ミョウバンは10gまではとけますが、15gはとけないことがわかります。

(2)50mLの水よりも、100mLの水のほうがミョウバンがとける量が多いので、水の量が増えると、ミョウバンのとける量も増えることがわかります。

2 ミョウバンは水よう液の温度を上げるととけ残りがなくなりますが、食塩は水よう液の温度を上げてもとけ残りはほとんど変わりません。このことから、水よう液の温度を上げると、ミョウバンのとける量は増えますが、食塩のとける量はほとんど変わらないことがわかります。

3 (2)ろ過するとき、液体はかくはんぼうに伝わらせて静かに注ぎます。また、ろうとの先をビーカーの内側につけます。㋐と㋑は、かくはんぼうを使っていないので、あやまりです。㋐と㋒は、ろうとの先をビーカーの内側につけていないので、あやまりです。

(3)(4)固体のミョウバンが混ざっている液体をろ過すると、固体のミョウバンはろ紙に残り、水にとけているミョウバンはビーカーにたまります。

4 (2)(3)図2のように、水よう液を冷やして温度を下げると、温度によるとけるものの量の変化が大きいミョウバンの水よう液では、とけていたミョウバンをとり出すことができますが、温度を変えてもとける量がほとんど変化しない食塩の水よう液では、とけていた食塩をとり出すことができません。図3のように、水よう液を熱して水の量を減らすと、ミョウバンも食塩もとり出すことができます。

(4)ミョウバンは、水よう液を冷やしても、熱して水の量を減らしても、水よう液からとけているミョウバンをとり出すことができます。一方、食塩は、水よう液を冷やしても、水よう液からとけている食塩をとり出すことができませんが、熱して水の量を減らせば、水よう液からとり出すことができます。

8　ふりこの性質

70ページ　基本のワーク

1 ①ふりこ　②おもり
③ふれはば　④ふりこの長さ

2 (1)① 13.0　② 16.3
(2)③ 1.3　④ 1.6
(3)⑤長くなる

まとめ　①長さ　②時間

71ページ　練習のワーク

1 (1)ふりこ　(2)ふれはば
(3)ふりこの長さ　(4)ウ

2 (1)イ　(2)ア、ウ
(3)① 9.3秒　② 0.9秒
(4)㋒　(5)長くなる。

てびき **1** (1)糸におもりをつけ、おもりが一定の時間で往復をくり返すようにしたものをふりこといいます。

(3)ふりこの長さは、持つところからおもりの中心までの長さです。

2 (1)(2)ふりこの長さとふりこの1往復する時間との関係を調べる実験では、ふりこの長さだけを変えて、おもりの重さやふれはばを変えないようにします。実験をするときは、変える条件と変えない条件を整理しておきましょう。

(3)① 10往復する時間を3回はかっているので、その平均は、10往復する時間の合計÷3より、(9＋10＋9)÷3＝9.33…→9.3(秒)

②1往復する時間の平均は、10往復する時間を往復した回数(10)でわると求められるので、9.3÷10＝0.93→0.9(秒)

(4)(5)ふりこの長さが長いほど、ふりこの1往復する時間も長くなります。このため、㋒のふりこの1往復する時間が最も長くなります。

72ページ　基本のワーク

1 (1)①重さ　②ふれはば
(2)③ 14.0　④ 14.3
(3)⑤ 1.4　⑥ 1.4　(4)⑦変わらない

まとめ　①重さ　②時間

73ページ　練習のワーク

1 (1)ア　(2)イ、ウ
(3)変わらない。

2 (1)ガラスの玉…20.0秒
金属の玉…20.3秒
(2)ガラスの玉…2.0秒
金属の玉…2.0秒
(3)おもりの重さが変わっても、ふりこの1往復する時間は変わらないこと。

丸つけのポイント

2 (3)「おもりの重さが重くなっても、ふりこの1往復する時間は変わらない」、「おもりの重さが軽くなっても、ふりこの1往復する時間は変わらない」、と書かれていても正解です。

てびき **1** (1)(2)おもりの重さとふりこの1往復する時間との関係を調べる実験では、おもりの重さだけを変えて、ふりこの長さやふれはばを変えないようにします。

(3)ふりこの1往復する時間は、おもりの重さによっては変わりません。

2 (1) 10往復する時間の平均＝10往復する時間の合計÷3より、ガラスの玉では、(20＋21＋19)÷3＝20.0(秒)　金属の玉では、(21＋19＋21)÷3＝20.33→20.3(秒)

(2) 1往復する時間の平均＝10往復する時間の平均÷10より、ガラスの玉のときは、20.0÷10＝2.0(秒)　金属の玉のときは、20.3÷10＝2.03→2.0(秒)

(3)(2)の結果から、おもりの重さが変わっても、ふりこの1往復する時間は変わらないことがわかります。

74ページ 基本のワーク

1 (1)①ふれはば　②長さ
(2)③14.0
(3)④1.4
(4)⑤変わらない

まとめ　①ふれはば　②時間

75ページ 練習のワーク

1 (1)ウ
(2)ア、イ
(3)変わらない。

2 (1)20°…10.3秒　10°…10.0秒
(2)20°…1.0秒　10°…1.0秒
(3)ふれはばが変わっても、ふりこの1往復する時間は変わらないこと。

丸つけのポイント

2 (3)「ふれはばが大きくなっても、ふりこの1往復する時間は変わらない」、「ふれはばが小さくなっても、ふりこの1往復する時間は変わらない」、と書かれていても正解です。

てびき 1 (1)(2)ふれはばとふりこの1往復する時間との関係を調べる実験では、ふれはばだけを変えて、おもりの重さやふりこの長さを変えないようにします。
(3)ふりこの1往復する時間は、ふれはばによっては変わりません。

2 (1)10往復する時間の平均＝10往復する時間の合計÷3より、ふれはばが20°のときは、(10＋11＋10)÷3＝10.33→10.3(秒)　ふれはばが10°のときは、(9＋11＋10)÷3＝10.0(秒)
(2)1往復する時間の平均＝10往復する時間の平均÷10より、ふれはばが20°のときは、10.3÷10＝1.03→1.0(秒)　ふれはばが10°のときは、10.0÷10＝1.0(秒)
(3)(2)の結果から、ふれはばが変わっても、ふりこの1往復する時間は変わらないことがわかります。

76・77ページ まとめのテスト

1 (1)イ　(2)ウ
(3)エ　(4)ア
(5)①あ1.0秒　い2.0秒
②イ

2 (1)①イ　②ウ(①、②は順不同)
③ア　④ウ(③、④は順不同)
⑤ア　⑥イ(⑤、⑥は順不同)
(2)⑦2.0　⑧2.0　⑨2.0
⑩2.0　⑪2.0　⑫2.0
⑬1.3　⑭1.7　⑮2.0
(3)ア、イ
(4)ふりこの長さを長くする。

丸つけのポイント

2 (4)ふりこの長さを長くする、と書かれていれば正解です。

てびき 1 (1)ふりこの長さとは、持つところからおもりの中心までの長さのことです。おもりのはしまでの長さではありません。
(3)(4)ふりこの1往復する時間をストップウォッチなどではかると、はかり方のわずかなちがいなどで、結果にもちがいが出てしまうことがあります。そのため、平均を求めてずれを小さくします。1往復する時間はとても短いので、10往復する時間を3回はかってその平均を求め、さらに10でわって1往復する時間の平均を求めます。
(5)①10往復する時間の平均＝10往復する時間の合計÷3より、ふりこあでは、(9＋11＋9)÷3＝9.66→9.7(秒)　1往復する時間の平均＝10往復する時間の平均÷10より、9.7÷10＝0.97→1.0(秒)
ふりこいでは、10往復する時間の平均は、(20＋19＋21)÷3＝20.0(秒)　1往復する時間の平均は、20.0÷10＝2.0(秒)
②ふりこの長さが長いほど、ふりこの1往復する時間も長くなります。1往復する時間は、ふりこあよりも、ふりこいのほうが長いので、ふりこの長さは、ふりこあよりも、ふりこいのほうが長いことがわかります。

2 (1)調べたい条件だけを変え、そのほかの条件は全て変えずに実験を行います。
(2)⑦10往復する時間の平均＝10往復する

時間の合計÷3より、(20＋21＋19)÷3＝20.0(秒)　1往復する時間の平均＝10往復する時間の平均÷10より、20.0÷10＝2.0(秒)
⑧～⑮も同じようにして求めます。
(3)ふりこが1往復する時間は、ふりこの長さによって変わります。おもりの重さやふれはばを変えても変わりません。
(4)ふりこの長さを長くすると、ふりこの1往復する時間が長くなります。

9　電磁石の性質

78ページ　基本のワーク

1. ①コイル　②電磁石　③鉄心
2. (1)①電流
(2)②引きつける
(3)③ある

まとめ　①コイル　②電磁石
③電流

79ページ　練習のワーク

1. (1)コイル
(2)ア
(3)イ
2. (1)㋐引きつけられる。
㋑引きつけられない。
(2)電流を流したとき
(3)①、②に○

てびき 1 (1)ビニル導線をくぎにまいたとき、余った導線があると、実験をするときにじゃまになります。実験をしやすくするために、工作用紙などにまいておきます。
(2)電磁石は、コイルに鉄心を入れて作ります。
(3)ビニル導線の外側のビニルには電流が流れないので、電流が流れるように、はしを2cmくらいむいておきます。
2 (1)(2)電流を流しているときだけ、電磁石は磁石のはたらきをして、鉄のクリップを引きつけます。
(3)電磁石は電流が流れているときだけ磁石のはたらきがありますが、磁石はいつも磁石のはたらきがあります。

わかる! 理科　電磁石と磁石の同じところとちがうところ

同じところ
・鉄を引きつける。銅などは引きつけない。
・はなれていても鉄を引きつける。
・N極とS極がある。
・同じ極どうしはしりぞけ合い、ちがう極どうしは引き合う。

ちがうところ
・電磁石は電流を流したときだけ磁石のはたらきがあるが、磁石はいつもある。
・電磁石は磁石の強さを変えることができるが、磁石は変えることができない。
・電磁石は極の向きを変えることができるが、磁石は極を変えることができない。

80ページ　基本のワーク

1. (1)①かんい検流計　(2)②変わる
(3)③N　④S　⑤S　⑥N
(4)⑦変わる

まとめ　①電流　②電磁石

81ページ　練習のワーク

1. (1)㋐S極　㋑N極
(2)
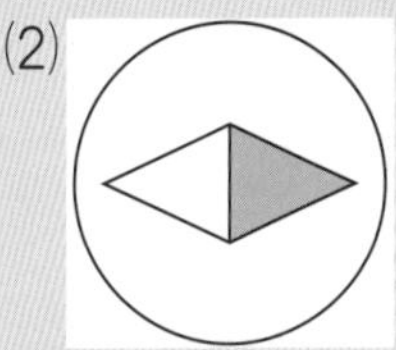
(3)①、③、④に○
(4)イ
(5)㋒N極　㋓S極
(6)㋑ ㋒
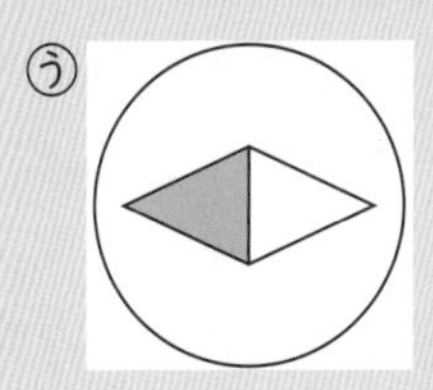
(7)(電磁石の極も)変わる。

てびき 1 (1)(2)電磁石の㋐には方位磁針のN極が引きつけられたことから、㋐がS極だとわかり、反対側の㋑はN極だとわかります。よって、㋑の右側に置いた方位磁針のはりは、S極が㋑に引きつけられます。
(3)(4)かん電池の向きを反対にしたときの電磁石の性質を調べるので、かん電池の向きだけを変えて、ほかの条件は変えません。かん電池の向きを変えたとき、回路に流れる電流の向きも変わります。

⑸⑹図１の方位磁針のはりの向きを手がかりにして、図２の電磁石の㋒、㋓の極を考えていきます。図１から図２に、電流の流れる向きを変えると、電磁石のＮ極とＳ極が反対になるので、㋒がＮ極、㋓がＳ極になります。よって、㋒の左側に置いた方位磁針のはりは、Ｓ極が㋒に引きつけられます。㋓の右側に置いた方位磁針のはりは、Ｎ極が㋓に引きつけられます。

82・83ページ まとめのテスト❶

1 ⑴コイル　⑵ウ
⑶電流（電気）

2 ⑴ア　⑵イ
⑶⑴のとき…している。
⑵のとき…していない。
⑷電流が流れたときだけ磁石のはたらきをすること。

3 ⑴ア
⑵ある。

4 ⑴㋐Ｎ極　㋑Ｓ極　⑵イ
⑶㋒Ｓ極　㋓Ｎ極
⑷

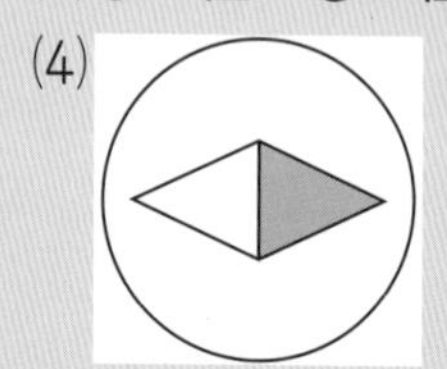

⑸かん電池の向きを反対にする。
（電流が流れる向きを変える。）

丸つけのポイント

2 ⑷電流が流れたときに磁石になること、が書かれていれば正解です。

4 ⑸かん電池の向きを反対にする（変える）、電流が流れる向きを変える、のどちらかが書かれていれば正解です。

てびき **1** ⑴⑵導線を同じ向きに何回もまいたコイルに鉄心（鉄くぎなどの鉄からできたもの）を入れたものを電磁石といいます。

⑶導線の外側のビニルは電流が流れないので、はしのビニルをむいて電流が流れるようにします。

2 電磁石は、電流が流れているときだけ、磁石のはたらきをして、鉄のクリップを引きつけます。電流が流れていないときは、電磁石は磁石のはたらきをしないので、鉄のクリップを引きつけません。

3 電流が流れているとき、電磁石は磁石のはたらきをするので、方位磁針のはりを引きつけます。このとき、電磁石にはＮ極とＳ極があります。

4 ⑴㋐は、方位磁針のＳ極が引きつけられているので、Ｎ極だとわかります。反対側の㋑はＳ極です。

⑵〜⑷かん電池の向きを反対にすると、電磁石に流れる電流の向きが変わり、電磁石の極も変わります。そのため、電磁石の鉄くぎの頭または先に引きつけられる方位磁針のはりも反対になります。

わかる! 理科 電磁石のＮ極とＳ極の向きは、電磁石に流れる電流の向きとコイルのまき方によって決まっています。くわしくは、中学校で学習します。この単元では、ほかの条件は変えないで電流の向きだけを変えると、電磁石の極が変わるということを理解しましょう。

84ページ 基本のワーク

1 ⑴①数　②まき数
⑵③㋑　⑶④㋑
⑷⑤大きく

まとめ ①電流　②強く

85ページ 練習のワーク

1 ⑴②に○　⑵ア
⑶ア、ウ　⑷㋐ア　㋑イ
⑸㋒ア　㋓イ
⑹大きくする。

てびき **1** ⑴①かんい検流計は、電流の大きさと向きを調べられます。

③電磁石を使った実験のときは、切りかえスイッチを「電磁石（5A）」側に入れます。

⑶電流の大きさと電磁石の強さとの関係を調べるので、電流の大きさ（かん電池の数）だけを変えて、そのほかの条件は全てそろえて実験します。

⑷かん電池２個を直列つなぎにすると、かん

電池１個のときよりも回路に流れる電流は大きくなります。

(5)電磁石を流れる電流を大きくするほど、電磁石は強くなります。電磁石が強くなるほど、鉄のクリップをたくさん引きつけます。

86ページ 基本のワーク

1 (1)①まき数　②数(向き)

(2)③導線

(3)④㋑　(4)⑤多く

まとめ　①まき数　②強く

87ページ 練習のワーク

1 (1)①、③に○

(2)ア、イ

(3)ア

(4)㋑ア　㋒イ

(5)多くする。

(6)ア

てびき **1** (1)②電げんそうちを使うと、電流が流れすぎてしまうので使いません。

(2)コイルのまき数と電磁石の強さとの関係を調べるので、コイルのまき数だけを変えて、そのほかの条件は全て変えないで実験します。

わかる! 理科 コイルのまき数と電磁石の強さとの関係を調べるとき、まき数以外の条件は全てそろえます。そのため、回路につないでいる導線全体の長さも同じにします。コイルにまかずに余った導線を切ってしまうと全体の導線の長さという条件が変わってしまうので、切らずにまとめておきます。

(3)コイルのまき数を変えただけで、ほかの条件は全てそろえて調べているので、電磁石(回路)を流れる電流の大きさはどちらも同じになっています。

(4)(5)コイルのまき数を多くすると、電磁石は強くなるので、鉄のクリップをたくさん引きつけます。

(6)コイルのまき数が㋐よりも少ないので、電磁石が弱くなり、電磁石につくクリップの数は、㋐のときよりも少なくなります。

88・89ページ まとめのテスト❷

1 (1)㋑

(2)㋑

(3)㋐と㋒

(4)㋑

(5)電流を大きくすると電磁石が強くなること。

2 (1)㋑

(2)1A(1.0A)

(3)㋐

3 (1)㋑と㋒

(2)㋐と㋑

(3)㋑

4 (1)㋒

(2)㋓

(3)①㋕　②㋐

(4)(電磁石に流れる)電流を大きくする。
コイルのまき数を多くする。

丸つけのポイント

1 (5)電流を大きくすると電磁石が強くなる、と書かれていれば正解です。電流を小さくすると電磁石が弱くなる、と書かれていても正解です。

4 (4)電流を大きくする、コイルのまき数を多くする、と書かれていれば正解です。

てびき **1** (1)～(3)かん電池２個を直列つなぎにすると、流れる電流が大きくなります。かん電池２個をへい列につないだときは、かん電池１個のときと同じ大きさの電流が流れます。

わかる! 理科 かん電池のつなぎ方と電流の大きさ

・かん電池２個を直列つなぎにすると、電流の大きさは、かん電池１個のときよりも大きくなる。

・かん電池２個をへい列につなぐと、電流の大きさは、かん電池１個のときと同じになる。

(4)(5)電磁石に流れる電流が大きくなると電磁石が強くなり、鉄のクリップをたくさん引きつけます。

2 (1)かんい検流計のはりがふれる向きが電流の向きを示すので、図２でははりのふれた㋑の向きに電流が流れています。

(2)単位はA(アンペア)を用います。切りかえスイッチは「電磁石(5A)」側に入れていて、はりが1の目もりを示しているので、電流の大きさは1Aです。

(3)かん電池の向きを反対にすると、電流の向きも反対になるので、はりは㋐の向きにふれます。

3 (1)電流の大きさだけがちがい、ほかの条件が全て同じものの結果を比べます。

(2)コイルのまき数だけがちがい、ほかの条件が全て同じものの結果を比べます。

(3)流れる電流が最も大きく、コイルのまき数が最も多いものを選びます。

4 (1)㋐と㋒では、コイルのまき数だけがちがい、ほかの条件は全て同じになっています。このとき、コイルのまき数が多い㋒の電磁石のほうが強いです。

(2)㋐と㋓では、かん電池の数(電磁石に流れる電流の大きさ)だけがちがい、ほかの条件は全て同じになっています。このとき、電流が大きい㋓の電磁石のほうが強いです。

(3)①電磁石が強いほど、引きつけられるクリップの数が多くなるので、コイルのまき数が一番多く、かん電池の数も多い(電流が大きい)ものを選びます。

②電磁石が弱いほど、引きつけられるクリップの数が少なくなるので、コイルのまき数が一番少なく、かん電池の数も少ない(電流が小さい)ものを選びます。

10 人のたんじょう

90ページ 基本のワーク

1 (1)①子宮　②胎児
(2)③受精卵
(3)④「38週間」に〇

2 (1)①子宮
(2)②へそのお　③たいばん
④羊水

まとめ ①子宮　②たいばん

91ページ 練習のワーク

1 (1)①卵　②精子
③受精　④受精卵
(2)胎児
(3)①9週間　②4週間　③20週間
(4)イ
(5)イ

2 (1)①㋐　②㋒　③㋑
(2)①子宮　②へそのお　③たいばん
(3)羊水
(4)イ

てびき **1** (1)女性の体内でつくられた卵(卵子)と男性の体内でつくられた精子が結びついてできた受精卵は、女性の子宮の中で成長していきます。

(3)(4)受精から約4週間で心ぞうが動き始め、約9週間で顔がわかるようになってきます。約20週間もすると体がよく動くようになり、約38週間で母親から生まれます。

(5)生まれるころの人の身長は約50cm、体重は約3000gです。ただし、この身長と体重のあたいは平均なので、人によってちがいます。

2 子宮の中の胎児は、周りを満たす羊水に守られながら、たいばんとへそのおを通して、母親から養分をもらって育ちます。

92・93ページ まとめのテスト

1 (1)㋑　(2)ア
(3)卵…女性　精子…男性
(4)受精　(5)受精卵

2 (1)子宮
(2)記号…㋐　名前…たいばん

(3)記号…㋑　名前…へそのお
(4)羊水
(5)ア
(6)たいばんからへそのおを通して、母親からとり入れている。

3 (1)胎児
(2)㋓→㋑→㋒→㋐
(3)①㋓　②㋑　③㋒
(4)ア
(5)イ
(6)イ
(7)へそ

丸つけのポイント

2 (6)たいばんとへそのおを通して、母親からとり入れている、と書かれていれば正解です。たいばん、へそのおという言葉がない場合は不正解です。

てびき **1** (1)㋐は男性の体内でつくられた精子、㋑は女性の体内でつくられた卵(卵子)を表しています。

(2)人の卵の直径は、メダカの受精卵(約1mm)よりも小さく、約0.1mmしかありません。

わかる! 理科 人とメダカの似ているところとちがうところ

似ているところ
- 女性(めす)の卵(たまご)と男性(おす)の精子が受精して受精卵ができる。
- 受精卵が成長する。

ちがうところ
- 人の胎児は、母親から養分をもらって成長する。
- メダカは、たまごの中の養分で成長する。

2 (1)～(4)㋐はたいばん、㋑はへそのお、㋒は子宮、㋓は羊水を表しています。

(6)子宮の中の胎児は、たいばんとへそのおを通して、成長に必要な養分を母親から受けとっています。

3 (2)㋐は受精後約38週間、㋑は受精後約9週間、㋒は受精後約20週間、㋓は受精後約4週間の胎児のようすを表しています。

(3)(4)受精してから約4週間で心ぞうが動き始め、約9週間では顔がわかるようになります。約20週間のころには体がよく動くようになり、約38週間で回転できないほどに大きくなって生まれ出てきます。このように、受精卵から少しずつ人の体の形ができていきます。

(5)(6)生まれたときの人の身長は約50cm、体重は約3000gです。

プラスワーク

94～96ページ **プラスワーク**

1 (1)㋒

(2)㋐のだっし綿を水でしめらせる。

(3)㋒に箱をかぶせて暗くする。

2 (1)水そうに直しゃ日光が当たっている点。

(2)おすとめすをいっしょに飼っていないから。

3 (1)㋐

(2)

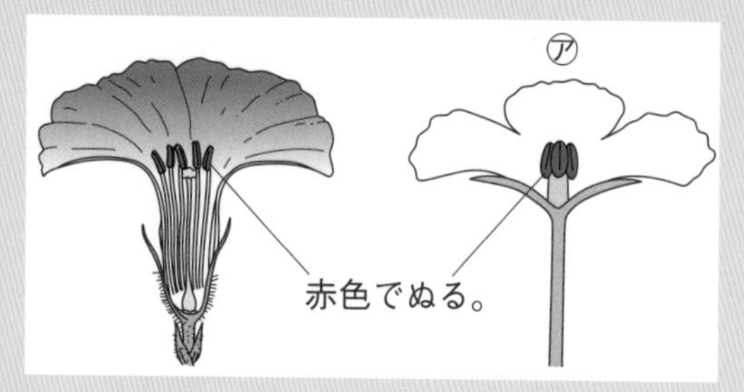

(3)

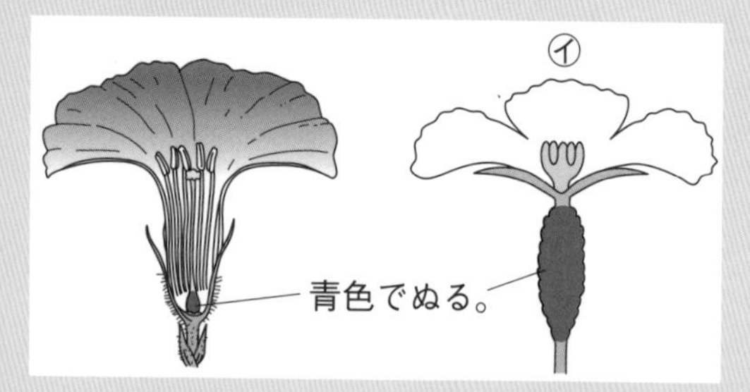

4 (1)㋒

(2)(同じものさしをもとに、)石の大きさを比べられるようにするため。

(3)記号…㋐

理由…石が(角ばっていて)最も大きいから。

5 ㋐、㋒

6 (1)ろ過

(2)

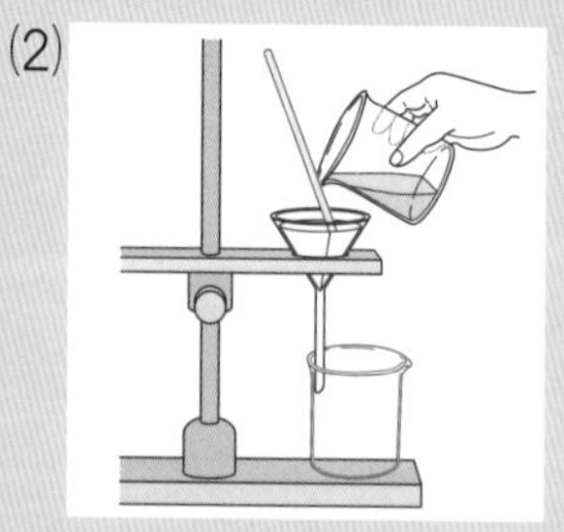

7 (1)イ

(2)全体の導線の長さを同じにするため。

8 (1)メダカ…イ　人…イ

(2)メダカ…イ　胎児…エ

丸つけのポイント

1 (2)㋐に水をあたえる、ことが書かれていれば正解です。

(3)㋒に箱やおおいなどをして暗くする、ことが書かれていれば正解です。

2 (1)水そうに日光が当たっている、ことが書かれていれば正解です。水そうを日光が当たらない明るいところに置いていない、と書かれていても正解です。

(2)おすだけを飼っているから、と書かれていても正解です。

4 (2)石の大きさを比べられるようにするため、と書かれていれば正解です。

(3)理由…石が最も大きい、ことが書かれていれば正解です。

7 (2)導線の長さを同じにするため、コイルのまき数以外の条件を全て同じにするため、と書かれていても正解です。

てびき **1** (1)水、空気、発芽に適した温度の条件がそろっているのは㋒だけなので、㋒の種子だけが発芽します。

(2)㋐は空気があり、㋑は空気がないのですが、㋐には水がなく、㋑には水があるため、空気と水の２つの条件が変わってしまっています。正しく調べるためには、水の条件をそろえます。㋐のだっし綿を水でしめらせると、㋐の種子にも水があたえられ、㋐と㋑で空気の条件以外をそろえることができます。

(3)冷ぞう庫の中は、ドアをしめると暗くなります。そのため、㋒と㋓では温度以外にも、明るさの条件が変わってしまっています。よって、㋒に箱をかぶせるなどして暗くすることで、㋒と㋓で明るさの条件もそろえます。

2 (1)メダカを飼うとき、水そうを直しゃ日光が当たるところに置いてはいけません。水そうは、直しゃ日光が当たらない、明るいところに置くようにします。

(2)図２を見ると、どのメダカもせびれに切れこみがあり、しりびれのはばが広くなっています。このことから、水そうに入れたメダカは全ておすであることがわかります。メダカがたまごを産むようにするには、おすとめすを同じ水そうで飼う必要があります。

3　(1)花のもとがふくらんでいる㋑がめばな、ふくらんでいない㋐がおばなです。

(2)花粉は、おしべでつくられます。アサガオの花では、おしべはめしべの周りに5本あります。ツルレイシの花では、おしべはおばなにあります。

(3)受粉した後、めしべのもとがふくらんで実になります。アサガオの花では、めしべは花の中心にあります。ツルレイシの花では、めしべはめばなにあります。

4　(1)㋐の石は、ものさしよりもずっと大きい石であることがわかります。反対に、㋒の石はとても小さい石であることがわかります。

(2)別々の場所を写した3まいの写真ですが、同じ長さのものさしが写っているので、それぞれの石の大きさを比べることができます。このように、写真をとるときは、同じものもいっしょにとると、後で大きさを比べやすくなります。

(3)山の中を流れる川では大きい石が多いのですが、流れる水のはたらきによって石が流されていくうちに、石がわれたりけずられたりして、小さくなっていきます。

5　ぶらんこでは人、ふりこ時計ではおもりが行ったり来たりをくり返します。よって、これらは、ふりこの動きをしています。モーターとくず鉄を運ぶクレーンは電磁石のはたらきを利用しています。

6　ろ過する液体は、かくはんぼうに伝わらせるようにして、少しずつろうとに注ぎます。図1のようにビーカーから直接ろうとに注いではいけません。また、ろうとの先の長いほうを、ビーカーの内側につけます。こうすることで、ろ過された液体がビーカーの内側を伝わっていくので、液体がはねることがありません。

7　コイルのまき数以外の条件を全てそろえるために、コイルにまかずに余った導線も切らずにまとめておきます。こうすることで、導線の全体の長さという条件を変えずに調べることができます。切りとってしまうと、導線の全体の長さが変わってしまい、正しく調べることができません。

8　(1)メダカと人の受精卵は、親と似たすがたをしていませんが、少しずつ親と似たすがたに変化していきます。

(2)メダカのたまごの中には養分がふくまれていて、その養分を使ってたまごの中のメダカが育ちます。人の胎児は、受精卵の中の養分ではなく、母親から運ばれてくる養分を使って育ちます。

実力判定テスト　夏休みのテスト①

1 次の写真は、ある日の午前10時と午後2時の空全体を写したものです。あとの問いに答えましょう。　1つ9〔27点〕

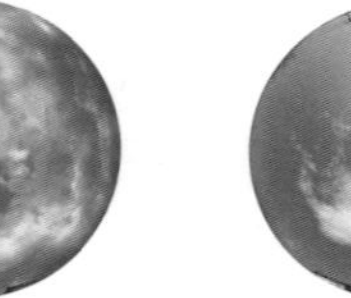

(1) 空全体の広さを10としたとき、雲のしめる量がいくつからいくつまでのときを「晴れ」としますか。（ 0 ～ 8 ）

(2) 午前10時の天気は、晴れとくもりのどちらですか。（ くもり ）

(3) 雲の量は、午前10時から午後2時にかけてどのように変化しましたか。（少なくなった。(減った。)）

2 次の図は、5月1日午後3時と5月2日午後3時の雲画像です。あとの問いに答えましょう。　1つ9〔27点〕

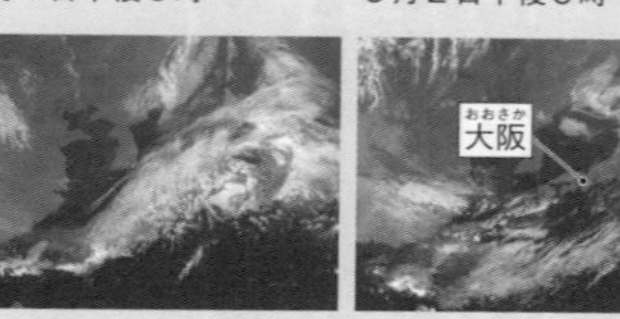

(1) 日本付近の雲は、およそどの方位からどの方位へ動いていますか。（ 西 から 東 ）

(2) 雲画像より、5月2日午後3時の大阪の天気は、何だと考えられますか。（ 晴れ ）

(3) 5月2日午後3時の雲画像から、5月3日の仙台の天気は何だと予想できますか。（ 晴れ ）

3 次の図の㋐～㋓のように、カップに入れただっし綿の上にインゲンマメの種子を置き、発芽するかどうかを調べました。あとの問いに答えましょう。　1つ10〔30点〕

(1) 次の①、②が発芽に必要かどうかを調べるには、㋐～㋓のどの結果を比べればよいですか。

① 適した温度　（ ㋐ と ㋒ ）

② 空気　（ ㋐ と ㋓ ）

(2) ㋐～㋓のどれが発芽しますか。（ ㋐ ）

4 次の図1は、発芽する前のインゲンマメの種子のつくりを、図2は発芽して成長したインゲンマメを表したものです。あとの問いに答えましょう。　1つ8〔16点〕

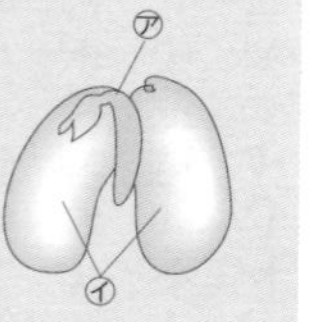

(1) 図1の㋐の部分は、発芽してしばらくすると、図2のあ、いのどちらの部分になりますか。（ い ）

(2) 図1の㋑と図2のあを、横に切って、切り口にヨウ素液をかけました。㋑、あのうち、切り口が青むらさき色に変化したのはどちらですか。（ ㋑ ）

実力判定テスト　夏休みのテスト②

1 次の㋐～㋒のようにしたインゲンマメを2週間育てました。あとの問いに答えましょう。　1つ7〔28点〕

(1) ㋐～㋒には、どのようなインゲンマメを準備したらよいですか。次のア、イから選びましょう。（ ア ）

ア 育ち方が同じくらいのインゲンマメ

イ 育ち方がちがうインゲンマメ

(2) 植物の成長に肥料が関係しているかどうかを調べるには、㋐～㋒のどれとどれを比べればよいですか。（ ㋐ と ㋑ ）

(3) 2週間後、一番よく育ったインゲンマメは、㋐～㋒のどれですか。（ ㋑ ）

(4) この実験から、植物の成長に関係している条件について、どのようなことがわかりますか。

（植物は、日光を当てて、肥料をあたえるとよく育つこと。）

2 メダカの飼い方について、次の問いに答えましょう。　1つ6〔24点〕

(1) メダカを飼う水そうはどのようなところに置きますか。ア、イから選びましょう。（ ア ）

ア 直しゃ日光の当たらない明るいところ。

イ 直しゃ日光の当たらない暗いところ。

(2) メダカを飼う水そうの水をとりかえるとき、どのようにしますか。ア、イから選びましょう。（ イ ）

ア 全ての水を水道水ととりかえる。

イ 半分くらいの水をくみ置きの水ととりかえる。

(3) めすが産んだたまごは、おすが出した何と結びつくと変化が始まりますか。（ 精子 ）

(4) めすが産んだたまごとおすが出した(3)が結びつくことを、何といいますか。（ 受精 ）

3 右の図は、メダカのおすとめすのようすです。次の問いに答えましょう。　1つ6〔12点〕

(1) メダカのおすは、㋐、㋑のどちらですか。（ ㋑ ）

(2) たまごの中のメダカの成長について正しいものを、次のア、イから選びましょう。（ ア ）

ア たまごの中の養分を使ってメダカの体ができる。

イ 水から養分をとり入れて、メダカが大きくなる。

4 次の図のけんび鏡について、あとの問いに答えましょう。　1つ6〔18点〕

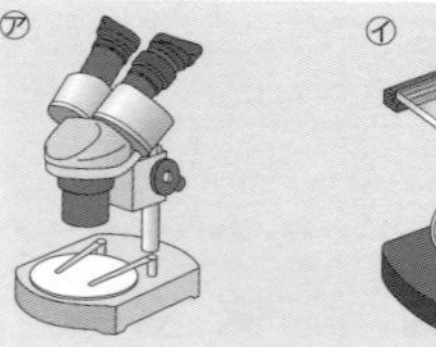

(1) 厚みのあるものを立体的に観察することができるけんび鏡は、㋐、㋑のどちらですか。（ ㋐ ）

(2) ㋑のけんび鏡は、どのようなところに置いて使いますか。次のア、イから選びましょう。（ イ ）

ア 直しゃ日光の当たる明るいところ。

イ 直しゃ日光の当たらない明るいところ。

(3) ㋑のけんび鏡では、あの向きを調節して、明るく見えるようにします。あを何といいますか。（ 反しゃ鏡 ）

5 台風について、次の問いに答えましょう。　1つ6〔18点〕

(1) 台風は日本のどの方位から近づいてきますか。ア～ウから選びましょう。（ イ ）

ア 日本の北　イ 日本の南

ウ 日本の東

(2) 台風が近づくと、雨の量と風の強さはそれぞれどうなりますか。

雨（ 多くなる。 ）

風（ 強くなる。 ）

もんだいのてびきは 32 ページ

実力判定テスト 冬休みのテスト①

1 次の図は、アサガオの花のつくりを表したものです。あとの問いに答えましょう。　1つ7〔28点〕

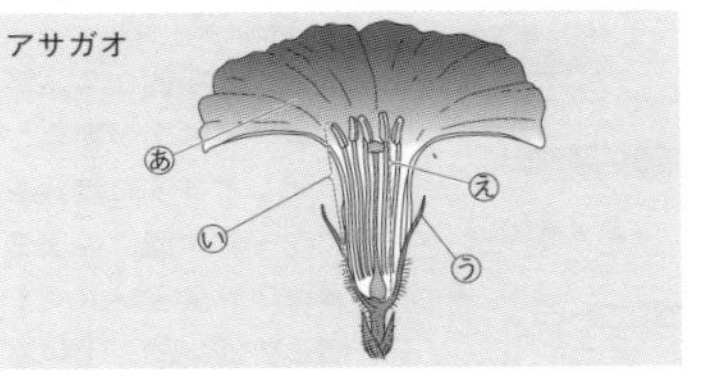

(1) アサガオの花のあ、えのつくりをそれぞれ何といいますか。
あ（ 花びら ）　え（ めしべ ）

(2) いやえの先についている粉のようなものを何といいますか。　（ 花粉 ）

(3) アサガオの花のあ～えのうち、(2)の粉はどこでつくられますか。　（ い ）

2 右の図のようなけんび鏡について、次の問いに答えましょう。　1つ6〔24点〕

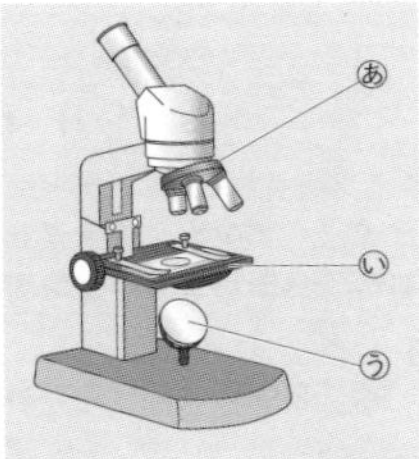

(1) 図のあ、うの部分をそれぞれ何といいますか。
あ（ レボルバー ）
う（ 反しゃ鏡 ）

(2) 接眼レンズの倍率が15倍、対物レンズの倍率が10倍のとき、けんび鏡の倍率は何倍ですか。
（ 150倍 ）

(3) けんび鏡の使い方について、次のア～エをそうさの順にならべましょう。
（ ウ → イ → ア → エ ）

ア　横から見ながら調節ねじを回して、スライドガラスと対物レンズの間をできるだけせまくする。
イ　スライドガラスをいの上に置く。
ウ　接眼レンズをのぞきながらうを調節して、明るく見えるようにする。
エ　接眼レンズをのぞきながら調節ねじを回し、スライドガラスと対物レンズの間を少しずつ広げながらピントを合わせる。

3 次の図のアとイのようにしたツルレイシのつぼみについて、あとの問いに答えましょう。　1つ6〔18点〕

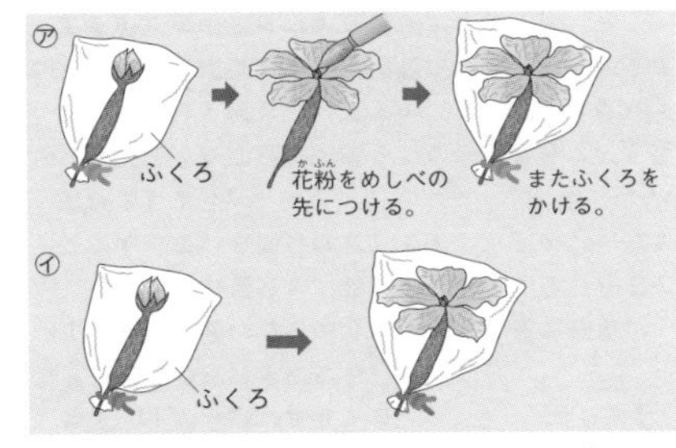

(1) この実験に使うつぼみは、おばな、めばなのどちらですか。　（ めばな ）

(2) 実ができたのは、ア、イのどちらですか。　（ ア ）

(3) この実験から、ツルレイシに実ができるためには何が必要であることがわかりますか。
（受粉すること。（めしべの先に花粉がつくこと。））

4 右の図で、川のア～ウ付近のようすについて、次の問いに答えましょう。　1つ5〔30点〕

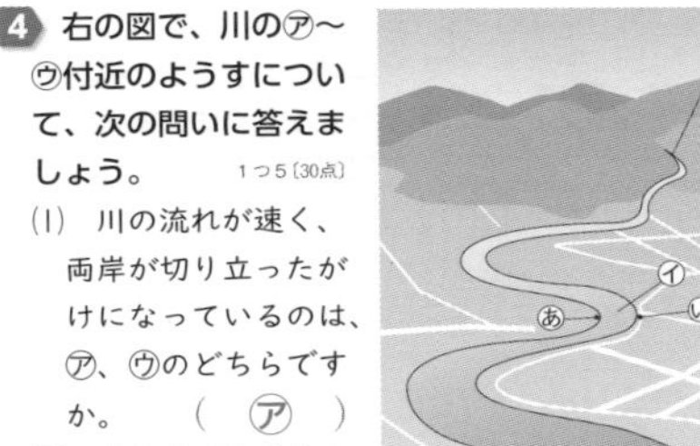

(1) 川の流れが速く、両岸が切り立ったがけになっているのは、ア、ウのどちらですか。　（ ア ）

(2) 小さくて丸みをもった石が多いのは、ア、ウのどちらですか。　（ ウ ）

(3) 流れる水の3つのはたらきのうち、アで大きいはたらきは何ですか。2つ答えましょう。
（ しん食 ）（ 運ぱん ）

(4) 流れる水の3つのはたらきのうち、ウで大きいはたらきは何ですか。　（ たい積 ）

(5) イの部分で、土が積もって川原ができているのは、あ、いのどちら側ですか。　（ あ ）

実力判定テスト 冬休みのテスト②

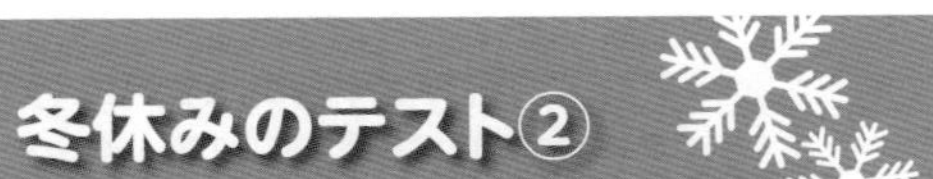

1 ものが水にとけた液体について、次の問いに答えましょう。　1つ7〔28点〕

(1) ものが水にとけた液体を何といいますか。
（ 水よう液 ）

(2) (1)の液体は、とうめいですか、にごっていますか。
（ とうめい ）

(3) (1)の液体の重さはどのような式で表すことができますか。ア～ウから選びましょう。　（ ア ）
ア　（水の重さ）＋（とかしたものの重さ）
イ　（水の重さ）－（とかしたものの重さ）
ウ　（水の重さ）×（とかしたものの重さ）

(4) 100gの水に10gの食塩をとかしました。できた液体の重さは何gですか。　（ 110g ）

2 次の図は、20℃の水50mLにミョウバンと食塩を5gずつ加え、とけ残りが出るまでとかしたようすです。あとの問いに答えましょう。　1つ7〔28点〕

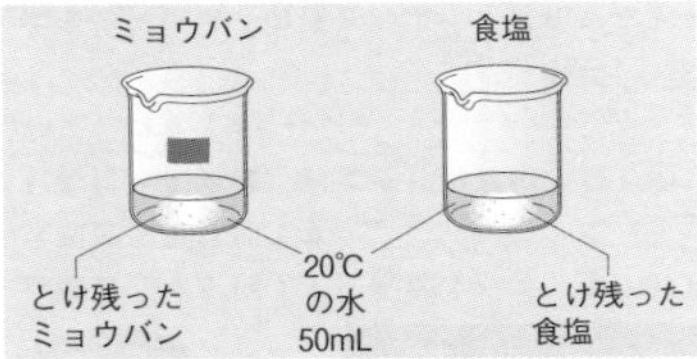

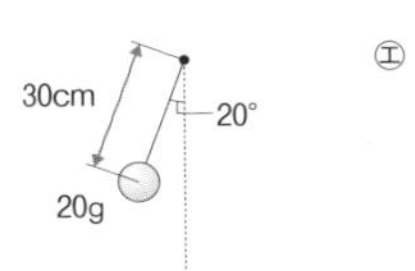

(1) 図のミョウバンと食塩の水よう液に20℃の水をさらに50mL加えてかき混ぜると、とけ残りはどうなりますか。ア～ウからそれぞれ選びましょう。
ミョウバン（ イ ）　食塩（ イ ）
ア　増える。　イ　なくなる。
ウ　あまり変わらない。

(2) 図のミョウバンの水よう液の温度を60℃まで上げると、とけ残りはどうなりますか。(1)のア～ウから選びましょう。ただし、ミョウバンは50mLの水に20℃で5.7g、60℃で28.7gとけます。
（ イ ）

(3) 食塩をとけるだけとかした水よう液からとけている食塩を多くとり出すには、どのようにすればよいですか。（ 熱して水の量を減らす。 ）

3 右の図のようなふりこを作りました。次の問いに答えましょう。　1つ7〔14点〕

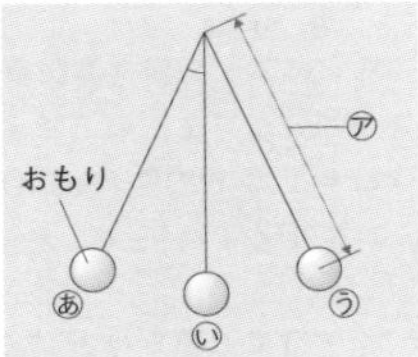

(1) 図のアを何といいますか。
（ ふりこの長さ ）

(2) 次のア～ウのうち、1往復を表しているのはどれですか。　（ ウ ）
ア　おもりがあ→いと動いたとき。
イ　おもりがあ→い→うと動いたとき。
ウ　おもりがあ→い→う→い→あと動いたとき。

4 次の図のようなふりこを作り、ふりこの1往復する時間について調べました。あとの問いに答えましょう。　1つ6〔30点〕

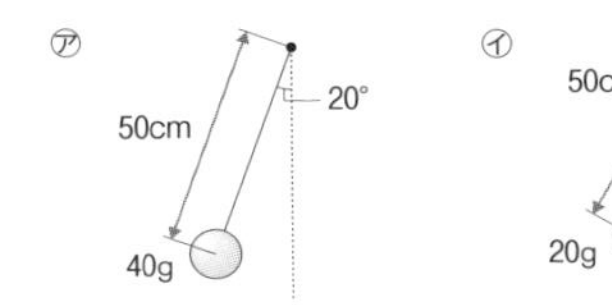

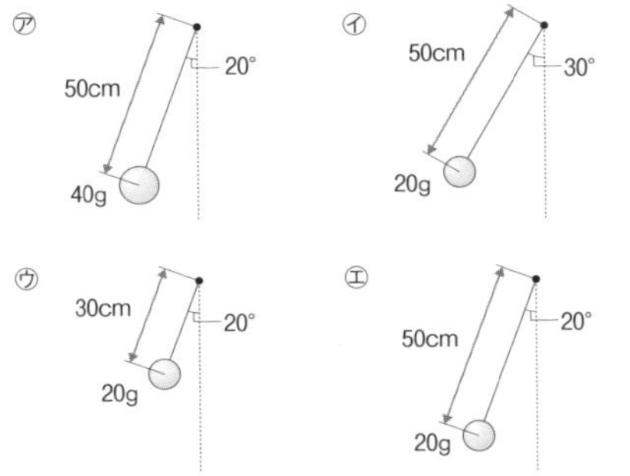

(1) ふりこの1往復する時間と①～③との関係を調べるとき、ア～エのどれとどれの結果を比べますか。
① おもりの重さ　（ ア と エ ）
② ふれはば　（ イ と エ ）
③ ふりこの長さ　（ ウ と エ ）

(2) ふりこの1往復する時間に関係しないのは、次のア～ウのどれとどれですか。　（ ア と イ ）
ア　おもりの重さ
イ　ふれはば
ウ　ふりこの長さ

(3) ア～エのうち、ふりこの1往復する時間が最も短かったのはどれですか。　（ ウ ）

もんだいのてびきは32ページ

実力判定テスト　学年末のテスト①

1 次の図のような電磁石の極を調べる実験をしました。あとの問いに答えましょう。　1つ7〔21点〕

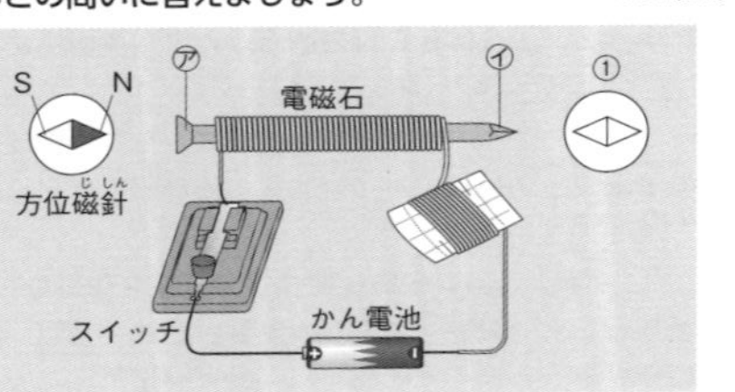

(1) 図のとき、電磁石のN極になっているのは、㋐、㋑のどちらですか。　（ ㋑ ）

(2) 図のとき、電磁石の右側に置いた方位磁針①のはりの向きはどのようになりますか。次のあ、いから選びましょう。　（ あ ）

い N S

(3) 電磁石の極を変えるには、流れる電流をどのようにすればよいですか。
（ 向きを変える。 ）

2 同じ長さ、同じ太さの導線を使って、右の図のような電磁石を作りました。次の問いに答えましょう。　1つ7〔21点〕

㋐50回まき　㋑100回まき　㋒100回まき

(1) 次の①、②の関係を調べるとき、どれとどれの結果を比べますか。図の㋐～㋒からそれぞれ選びましょう。

① 電流の大きさと電磁石の強さとの関係
（ ㋑ と ㋒ ）

② コイルのまき数と電磁石の強さとの関係
（ ㋐ と ㋑ ）

(2) 電磁石の強さが最も強いものを、図の㋐～㋒から選びましょう。　（ ㋒ ）

3 右の図は、人の精子と卵のようすを表したものです。次の問いに答えましょう。　1つ8〔16点〕

(1) 精子を表しているのは、㋐、㋑のどちらですか。　（ ㋐ ）

(2) 精子と卵が結びつくことを何といいますか。
（ 受精 ）

4 右の図は、母親の体内での胎児のようすです。次の問いに答えましょう。　1つ6〔42点〕

(1) 母親の体内の胎児が育つ部分を何といいますか。
（ 子宮 ）

(2) (1)を満たしている、図の㋓の液体を何といいますか。
（ 羊水 ）

(3) ㋓の液体にはどのような役わりがありますか。次のア、イから選びましょう。　（ イ ）
ア 胎児の飲み水になる。
イ 外から受けるしょうげきから胎児を守る。

(4) 母親からの養分と、胎児がいらなくなったものを交かんしている部分はどこですか。図の㋐～㋒から選びましょう。　（ ㋐ ）

(5) (4)で答えた部分と胎児をつなぎ、養分などを運んでいる部分を何といいますか。　（ へそのお ）

(6) 人は、受精後およそ何週間たつと子どもが生まれますか。次のア～ウから選びましょう。
（ ウ ）
ア 4週間　　イ 20週間　　ウ 38週間

(7) 人が生まれるころのおよその身長と体重を、次のア～ウから選びましょう。　（ イ ）
ア 身長約25cm、体重約500g
イ 身長約50cm、体重約3000g
ウ 身長約100cm、体重約10000g

実力判定テスト　学年末のテスト②

1 図1は春のころの午後3時の大阪の空のようすです。図2はこのときの雲画像です。あとの問いに答えましょう。　1つ5〔15点〕

図1

図2

(1) 空のようすが図1で、雨がふっていなかったときの大阪の天気は何ですか。　（ くもり ）

(2) 日本付近の雲は、およそどの方位からどの方位へ動いていきますか。
（ 西 から 東 ）

(3) 大阪の天気はこの後どのように変化すると考えられますか。ア、イから選びましょう。　（ イ ）
ア 雲が増えていき、やがて雨がふる。
イ 雲が減っていき、やがて晴れる。

2 右の図は、アサガオの花のつくりを表したものです。次の問いに答えましょう。　1つ5〔40点〕

(1) ㋐～㋓のつくりをそれぞれ何といいますか。
㋐（ 花びら ）　㋑（ めしべ ）
㋒（ おしべ ）　㋓（ がく ）

(2) 花粉がつくられる部分はどこですか。図の㋐～㋓から選びましょう。　（ ㋒ ）

(3) 受粉とは、花粉がどの部分につくことですか。次のア～エから選びましょう。　（ ア ）
ア ㋑の先　　イ ㋑のもと
ウ ㋒の先　　エ ㋒のもと

(4) 受粉するとどの部分が実になりますか。(3)のア～エから選びましょう。　（ イ ）

(5) 受粉すると、実の中には何ができますか。
（ 種子 ）

3 川が曲がって流れているところの流れる水のはたらきについて、次の問いに答えましょう。　1つ5〔25点〕

(1) 水の流れが速いのは、あ、いのどちらですか。
（ あ ）

(2) 地面がけずられているのは、㋐、㋑のどちらですか。
（ ㋐ ）

(3) 流れる水が地面をけずることを何といいますか。　（ しん食 ）

(4) 石や土が積もっているのは、㋐、㋑のどちらですか。　（ ㋑ ）

(5) 流れる水が土を積もらせることを何といいますか。
（ たい積 ）

4 右の図のように、20℃の水50mLに食塩を5gずつとかしていきました。次の問いに答えましょう。　1つ5〔20点〕

(1) 50gの水に5gの食塩をとかしました。できた水よう液の重さは何gですか。
（ 55g ）

(2) 20℃の水50mLに5gの食塩を4回入れたところ、とけ残りが出てきました。この水50mLに食塩は何gまでとけましたか。ア、イから選びましょう。
（ イ ）
ア 5g以上10gまで　　イ 15g以上20gまで

(3) 食塩と同じように、20℃の水50mLにミョウバンを5gずつとかしていきました。ミョウバンのとける量は、(2)でとけた食塩の量と同じですか、ちがいますか。　（ ちがう。 ）

(4) (2)の食塩のとけ残りを全てとかすにはどうすればよいですか。ア、イから選びましょう。
（ イ ）
ア 水よう液の温度を40℃に上げる。
イ 水を50mL加える。

もんだいのてびきは32ページ

実力判定テスト かくにん! 実験器具の使い方

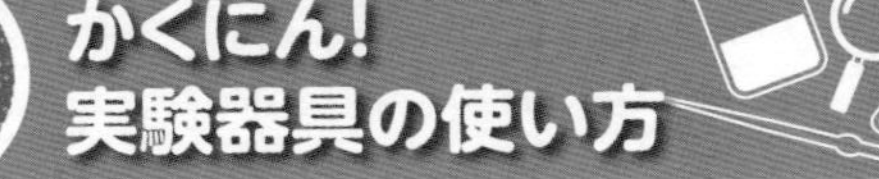

★ ろ過のしかた

1 ろ紙の折り方について、①～③にあてはまる言葉をそれぞれ下の[　]から選びましょう。

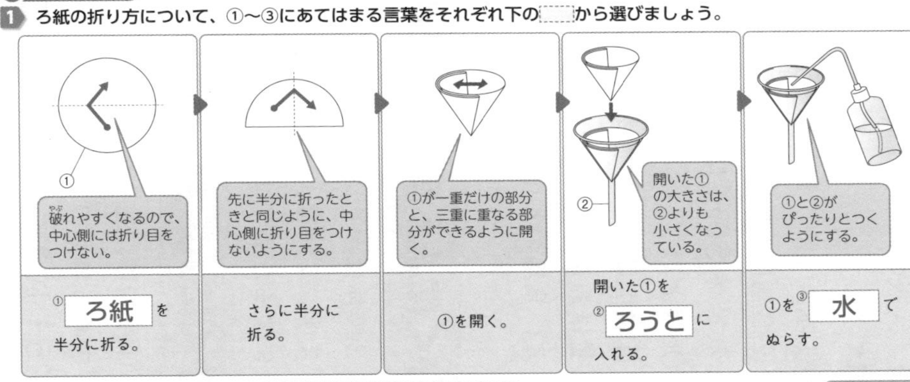

①
破れやすくなるので、中心側には折り目をつけない。
先に半分に折ったときと同じように、中心側に折り目をつけないようにする。
①が一重だけの部分と、三重に重なる部分ができるように開く。
②
開いた①の大きさは、②よりも小さくなっている。
①と②がぴったりとつくようにする。

①[ろ紙]を半分に折る。	さらに半分に折る。	①を開く。	開いた①を②[ろうと]に入れる。	①を③[水]でぬらす。

薬包紙（やくほうし）　ろ紙　メスシリンダー　ろうと
水　アルコール

ろ過のしかたは、中学校の理科でも学習するよ。わすれないでね！

2 ろ過のしかたについて、あとの問いに答えましょう。

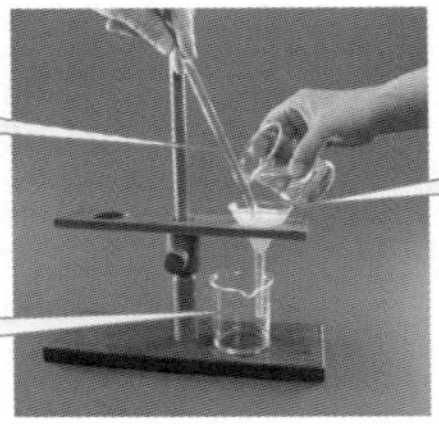

液はかくはんぼうに伝わらせて、③(勢いよく (静かに))注ぐ。

ろうとの先を、ビーカーの内側に②((つける) つけない)。

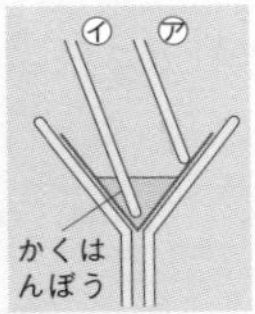

かくはんぼう ⑦ ⑦ かくはんぼうは①((ア) イ)のようにつける。

(1) かくはんぼうは、ろ紙にどのようにつけますか。①の(　)のうち、正しいほうを◯で囲みましょう。
(2) ろうとの先は、どのようにしますか。②の(　)のうち、正しいほうを◯で囲みましょう。
(3) 液は、どのように注ぎますか。③の(　)のうち、正しいほうを◯で囲みましょう。
(4) ろ過した液体を何といいますか。　(ろ液)
(5) ろ過した液体は、どのように見えますか。次のア～ウから選びましょう。　(イ)
ア にごって見える。　イ とうめいに見える。
ウ にごっている部分ととうめいな部分が見える。

実力判定テスト かくにん! 数や量の平均

★ 平均

たいせつ
さまざまな大きさの数や量をならして、同じ大きさにしたものを平均といいます。
平均は、次の式で求めることができます。
平均＝(数や量の合計)÷(数や量の個数)

例 走りはばとびを３回行ったところ、１回目が2.5m、２回目が2.7m、３回目が2.3mだった。３回の平均は、
(2.5＋2.7＋2.3)÷３＝2.5m

1 図のように、ストップウォッチを使って、ふりこが１往復（おうふく）する時間を求めました。あとの問いに答えましょう。

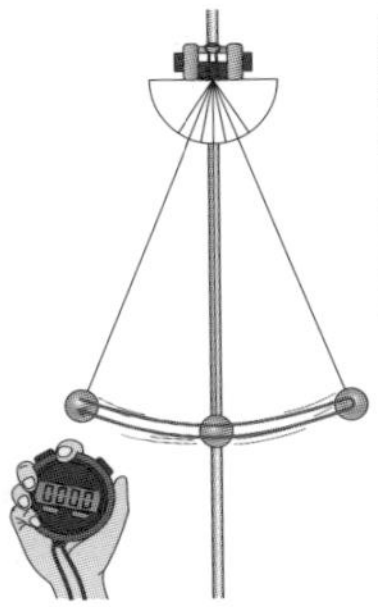

10往復する時間を３回はかった結果

	10往復する時間(秒)
１回目	15.3
２回目	15.5
３回目	15.2

ふりこが10往復する時間の平均は、
(15.3＋15.5＋15.2)÷３＝15.33…
小数第２位を四しゃ五入すると、
15.33…

ふりこが１往復する時間は、
15.3÷10＝1.53
小数第２位を四しゃ五入すると、
1.53→1.5秒

ヒント
１往復する時間を１回で正確（せいかく）にはかるのはむずかしいから、10往復する時間をはかって、平均を求めるといいよ！

(1) みかん５個の重さをはかると、それぞれ95g、103g、101g、99g、93gでした。これらのみかんの平均の重さは何gですか。小数第１位を四しゃ五入した重さを答えましょう。
(98g)

(2) 図と同じように、ふりこが１往復する時間を求めました。次の①～⑨にあてはまる数字をそれぞれ[　]に書きましょう。

10往復する時間を３回はかった結果

	10往復する時間(秒)
１回目	16.4
２回目	16.1
３回目	16.2

ふりこが10往復する時間の平均を、小数第２位まで求めると、
(①[16.4]＋②[16.1]＋③[16.2])÷④[3]＝⑤[16.23]
⑤の小数第２位を四しゃ五入すると、⑥[16.2]となる。
ふりこが１往復する時間を、小数第２位まで求めると、
⑥÷⑦[10]＝⑧[1.62]
⑧の小数第２位を四しゃ五入すると、ふりこが１往復する時間は、
⑨[1.6]秒となる。

ふりこの１往復する時間は、いろいろな求め方があるよ。

もんだいのてびきは 32 ページ

実力判定テスト もんだいのてびき

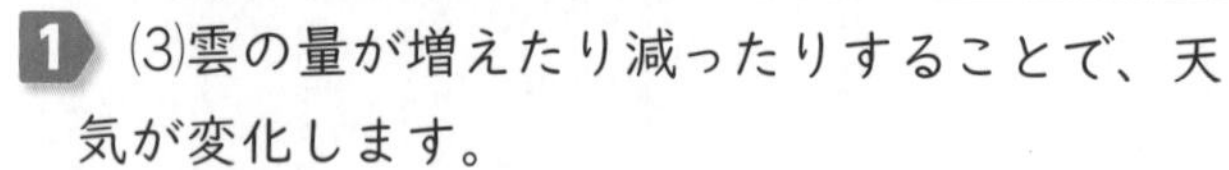

夏休みのテスト①

1 (3)雲の量が増えたり減ったりすることで、天気が変化します。

2 (2)5月2日午後3時の雲画像を見ると、大阪には雲がかかっていません。

(3)5月2日午後3時の雲画像を見ると、仙台の西の地いきには雲がありません。

3 (1)調べる条件だけを変えている2つの結果を比べます。

4 (2)図1の㋑の子葉にはデンプンがふくまれているため、㋑は青むらさき色に変化します。

夏休みのテスト②

1 (2)調べる条件だけを変えている2つの結果を比べます。

(3)(4)日光を当てて、肥料をあたえた㋑のインゲンマメが一番よく育ちます。

4 (1)㋐はそう眼実体けんび鏡、㋑は解ぼうけんび鏡です。

5 (1)台風は日本のはるか南の海の上で発生し、南のほうから日本に近づいてきます。

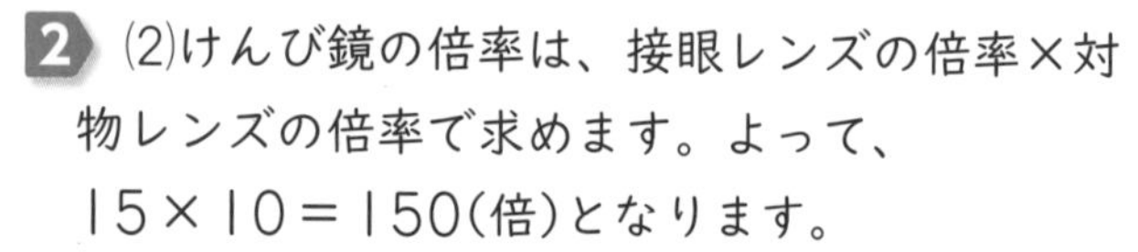

冬休みのテスト①

2 (2)けんび鏡の倍率は、接眼レンズの倍率×対物レンズの倍率で求めます。よって、15×10＝150(倍)となります。

3 (3)花粉がめしべの先につくことを受粉といいます。

4 (5)曲がって流れている川の内側(あ)では流れがおそく、たい積のはたらきが大きいため、川原ができています。

冬休みのテスト②

1 (3)(4)水よう液の重さは、水の重さととかしたものの重さの和なので、100＋10＝110(g)

2 (1)ミョウバンや食塩のとける量は、水の量を増やすと増えます。

(2)水よう液の温度を上げると、ミョウバンのとける量は増えますが、食塩のとける量はあまり変わりません。

4 (1)調べる条件だけがちがい、それ以外の条件が同じふりこの結果を比べます。

(2)ふりこの1往復する時間は、ふりこの長さによって変わります。おもりの重さやふれはばを変えても変わりません。

(3)ふりこの長さが短いほど、ふりこの1往復する時間は短くなります。

学年末のテスト①

1 (3)電流が流れる向きを変えると、電磁石の極も変わります。

2 (2)かん電池の数が多い(電流が大きい)ほど、コイルのまき数が多いほど、電磁石の強さは強くなります。

学年末のテスト②

1 (3)雲画像を見ると、大阪の西の地いきには雲がありません。天気は西から変わるので、この後、大阪の天気はくもりから晴れに変わると予想できます。

4 (1)水よう液の重さは、50＋5＝55(g)

(2)食塩は4回入れたときにとけ残りが出てきたので、水50mLに食塩は15g以上とけますが、20gはとけないことがわかります。

(4)食塩は、水よう液の温度を上げても、とける量はあまり増えません。一方、水の量を増やすと、食塩のとける量が増えます。

かくにん！ 実験器具の使い方

2 (3)液体はかくはんぼうを伝わらせて静かに注ぎます。これは、液体がろうとからはねないようにするためです。

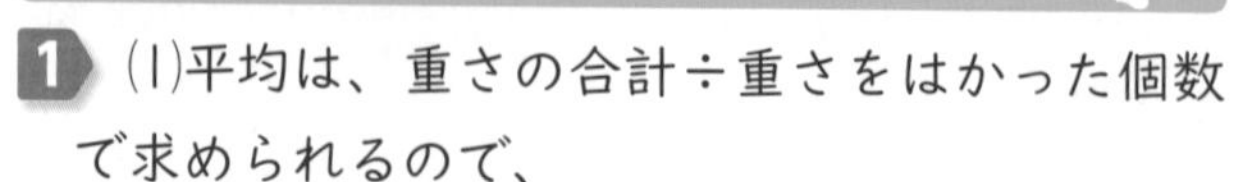

かくにん！ 数や量の平均

1 (1)平均は、重さの合計÷重さをはかった個数で求められるので、

(95＋103＋101＋99＋93)÷5＝98.2

小数第1位を四しゃ五入すると、98g

3 2 1 0 9 8 7 6 5 4
＊ ＊ D C B A